范牦牛分群管理天然草地约6万亩、示范牦牛1 000头、示范牦牛牧食行为监测与管理牦牛100头、示范牦牛早期断乳技术60头。

四、祁连山生态牧场模式

研究地点位于祁连山地区的祁连县野牛沟乡大泉村，本研究选择大泉生态畜牧业合作社作为祁连山生态牧场模式示范点。祁连山地区是祁连山国家公园建设地及黑河、托勒河、大通河发源地，是国家重要生态功能区、生态脆弱敏感地区。合作社处于祁连山国家公园缓冲区，拥有约8.6万亩天然草场和3 589头（只）牲畜，暖棚、办公区等基础设施完备；存在的问题主要有天然草地退化严重、家畜养殖较粗放、生产效率低。

祁连山生态牧场模式在以保护及修复受损自然生态系统为前提的大背景下，积极推行草畜平衡制度，针对天然草地保护、修复和合理利用，对合作社天然草场、畜群结构、放牧管理制度进行了专项研究，协同“祁连县飞地经济协会”，充分利用河西走廊绿洲饲草带，寻求祁连山牧区畜牧业可持续发展途径，集成适宜于该地区的祁连山生态牧场模式技术体系（图12.8）。

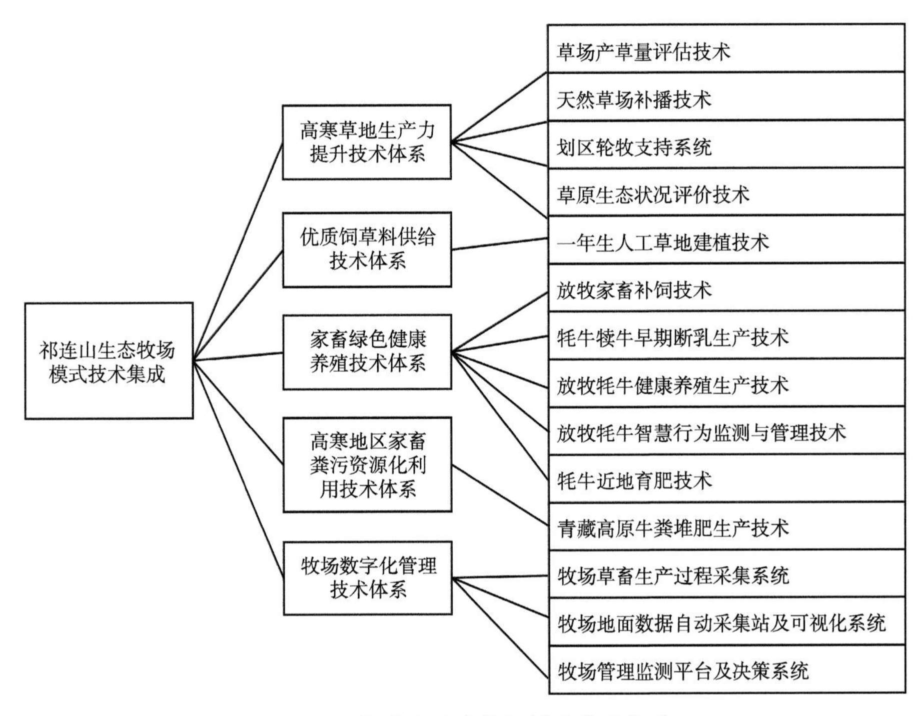

图12.8　祁连山生态牧场模式技术集成

在祁连山生态牧场技术体系集成的基础上，构建生态为先、飞地引领、协调发展的祁连山生态牧场模式。祁连山生态牧场模式包括三个子系统：本地饲草供给系统、家畜养殖系统和飞地经济系统（图12.9）。

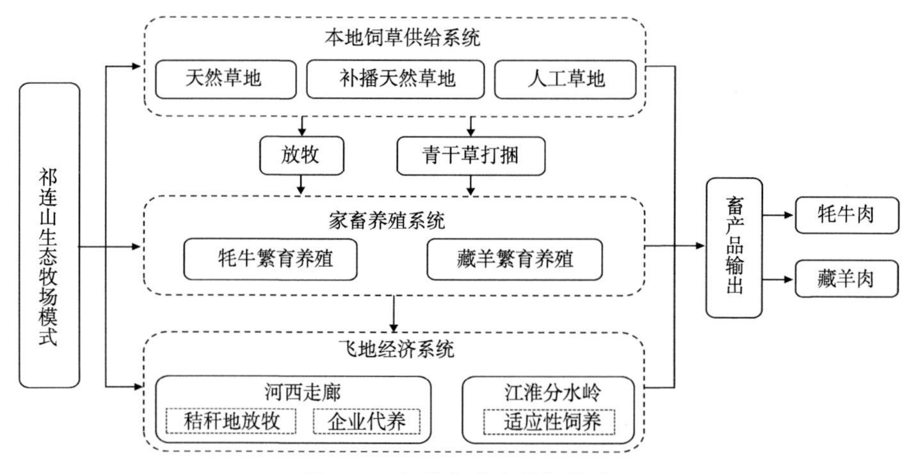

图12.9 祁连山生态牧场模式

五、湟水河智慧牧场模式

研究地点位于河湟谷地的湟中县鲁沙尔镇，本研究选择青海陵湖畜牧开发有限公司为湟水河智慧牧场模式示范点。公司所在区域为青海省东部重点开发区域，自然环境相对较好，区域的农牧业发展方向为发展特色农牧业，建成特色农畜产品生产基地。该公司拥有100亩肉牛养殖基地和2 000亩饲草种植基地，配备青贮池、堆肥场，已形成一条集养殖、种植为一体的种养结合循环产业链，具备标准化养殖肉牛的硬件设施与技术，是青海省肉牛规模化养殖场。应用智慧化技术提高产业链各环节的效率是该牧场提高整体效益的有效途径。

根据湟水河智慧牧场生产经营现状，针对牧场饲草种植、饲草料加工与配制、粪污处理等生产环节进行专项研究并示范实践成熟单项技术，集成适宜于河湟谷地地区的湟水河智慧牧场模式技术体系（图12.10）。

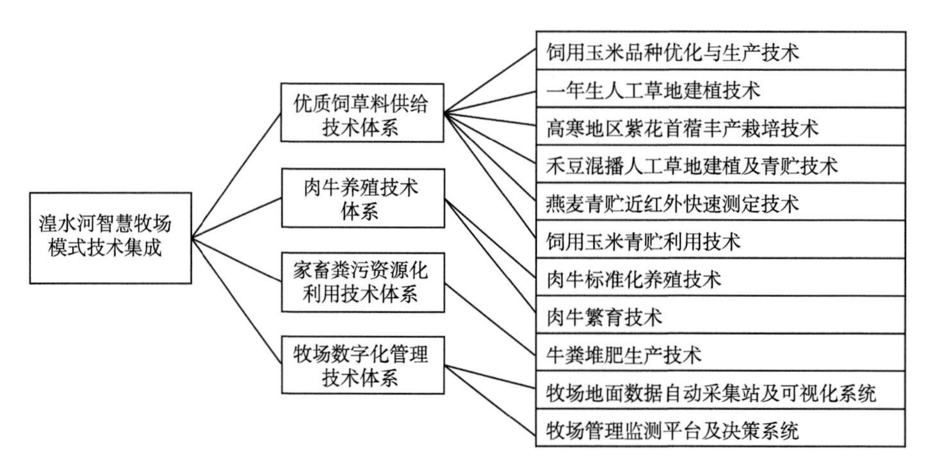

图12.10 湟水河智慧牧场模式技术集成

在湟水河智慧牧场技术体系集成的基础上，构建种养结合、标准生产、带动周边的集约化湟水河智慧牧场模式，模式包括四个子系统：饲草种植系统、饲草料购进系统、肉牛养殖系统、堆肥系统，形成农区种养一体、自繁自育、规模化生产的肉牛养殖模式（图12.11）。

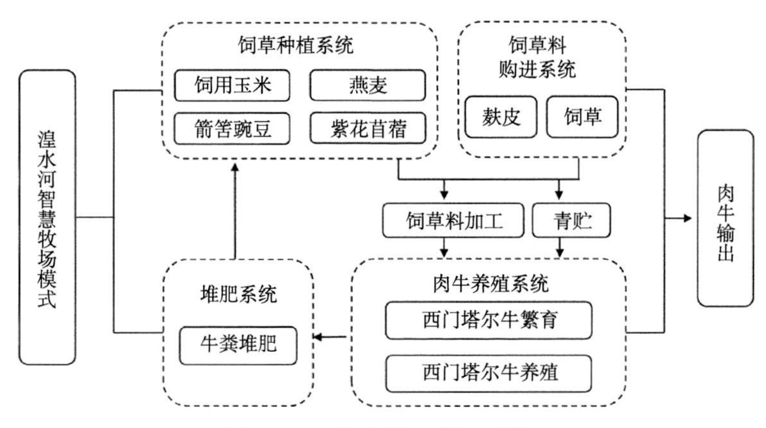

图12.11　湟水河智慧牧场模式

第十三章　现代牧场模式应用效果综合评价

青藏高原现代牧场模式是指在青藏高原同一土地管理单元上，根据草业科学、畜牧学、生态学、经济学和管理学等原理，将各种农畜品种或禽畜与饲草基地和天然草地在空间和时间上进行优化组合，形成平面镶嵌或立体配置的优化结构，成为一个草、畜、农、牧、副全面发展、良性循环的，农畜产品总量、多样性和系统的持久性优于相同社会、生态、经济条件下其他牧场的生产模式。现代牧场模式是一个多组分的大系统，各组分的性质、作用和功能各异，并相互作用、相互制约和相互联系，直接用一个指标很难全面准确地反映技术集成的好坏优劣，为此，须设置和运用一系列技术经济、功能结构指标。同时，现代牧场模式应用效果评价涉及许多不确定因素，也面临不少亟待进一步研究的复杂问题，如评价指标多、杂，导致思路混乱、计算烦琐等问题。现代牧场模式常常要涉及多个技术的集成或者多个指标的融合，评价是在多个因素相互作用下的一种综合判断。要判断哪个模式下，技术集成产生的综合效益最好，就得从各个牧场模式的生态效益、经济效益、社会效益、资源综合利用效率等多个方面进行综合比较。因此，本研究就现代牧场综合评价指标体系的建立和评价方法的应用，进行了初步的探讨。

第一节　模式应用效果综合评价指标体系的构建

现代牧场是由生态系统、经济系统、管理系统和技术系统复合而成的大系统，是自然再生产与经济、管理再生产融合的特殊复合体。其技术集成效益特征-现代牧场模式应用效果综合评价指标体系的建立，是本研究的重要研究内容，也是将生态、经济、管理和数字化利用应用于实践的关键。

一、模式效果综合评价指标体系构建的基本原则

现代牧场模式效果是现代牧场模式在青藏高原草地畜牧业生态经济系统中的应用，反映了人们对原有的草地畜牧业生产模式进行利用，改造和保护，以获得物质产品、改善环境质量、促进资源再生的能力。实际上，它包括在人类调控下的草地畜牧业生产系统中物质、能量和信息的传递、转换以及价值的形成、转移和增值的综合能力（包括现实能力和

蕴含的潜力）。由此可见，现代牧场模式效果综合评价指标体系，旨在得出现代牧场模式应用后效果的外在数值表现，从而用最概括、综合、简明的指标尽量准确地反映出现代牧场模式应用后的物质、能量、信息和价值等的综合转换能力，透视系统整体运行情况的改善，力图从宏观上、最终输出上和发展趋势上把握现代牧场模式应用的效果，而不过分追求现代牧场的某一细节，不过分强调系统某种流的运行优化和考察某一局部。

因此，现代牧场模式应用效果综合评价指标体系的建立，必须遵循以下基本原则。

1. 系统全面性原则

现代牧场应用效果的重要特点之一，是它具有一种综合能力，因而应设计一套综合指标。指标应该反映现代牧场模式应用效果的整体提升能力，能够充分反映各牧场模式应用效果的各个方面，包括牧场的稳定性、复杂性及物质流、能量流和价值流的投入输出情况，但不能杂乱无章地堆砌，只有对应用效果的各种可能表现形式（生态、经济、社会）从多方面进行系统探索，找出进行综合的基本因子，才可能建立起比较完善的指标体系。

2. 简明科学性原则

指标体系建立之后，对形成的许多指标应有所选择，保留信息量大、综合性强、又易于计算的指标，同时还必须兼顾各个主要方面，既要反映现实的物质、能量、信息和价值的综合变换能力，又要反映系统蕴含的潜力；既要体现绝对值的大小，也要体现各种转化效率的高低。指标应相互补充，指标形成的体系应全面（至少较全面）地反映牧场的各种功能提升，并构成完整的体系。

3. 稳定可比性原则

首先，各指标必须满足可得性。对现代牧场模式应用的状况，同一指标应具有完全一致的计算方法，并保持相同的量纲，以便对现代牧场模式应用效果的技术应用、科学管理以及功能整体优化进行有效的分析研究。其次，指标应该尽量用定量表述，如无法定量表示，也应该可以确定其相对重要程度，用其重要程度序数表示。

4. 灵活可操作性原则

综合评价指标在实际应用中应具有一定的灵活性，以便于青海省乃至青藏高原地区不同发展水平、不同层次评价对象的操作使用。各个指标的数据来源渠道要畅通，要具有较强的操作性。指标体系不可过于庞大、冗繁，应采用几个主要指标，力求简明，易于计算和理解。尽量采用综合指标，指标间尽量保持相互独立，无直接作用关系。有效性是指构建出来的指标体系必须与所评价牧场的内涵与结构相符，能够真正反映出牧场应用模式后的功能提升。

二、模式应用效果综合评价指标体系

为全面反映五种类型现代牧场模式应用效果情况，进一步了解不同技术集成的应用情况，在兼顾数据收集性的基础上，本研究选取了以下18个评价指标（表13.1）。

表13.1　现代牧场模式效果综合评价指标体系

目标层	准则层	方案层
模式效果综合评价指标体系	A1 生态效益	B1-1-植被覆盖度提升程度
		B1-2-生态与生产环境改良程度
		B1-3-生物多样性保护程度
		B1-4-废弃物利用程度
		B1-5-环境负载率
	A2 经济效益	B2-1-产值
		B2-2-纯收益
		B2-3-产投比
		B2-4-饲草自给提升程度
		B2-5-投资回收期
	A3 合理充分利用资源	B3-1-技术使用率
		B3-2-资源改造率
		B3-3-数字化应用程度
		B3-4-土地利用率
	A4 社会效益	B4-1-劳动力利用提升
		B4-2-生产产品种类提升
		B4-3-可持续发展指数
		B4-4-农牧民接受能力

评价指标主要分为以下4个层面。

1. 生态效益

主要反映模式应用之后对相应牧场的生态效益的提升情况，包括以下5个指标。

（1）植被覆盖度提升程度，反映模式应用后，牧场草场质量的改善，主要指技术集成之后牧场草地覆盖度的增加。

（2）生态与生产环境改良程度，实施的牧场模式或采取的技术措施对牧场所处生态环境和生产环境的提高和改良程度，包括改良水土、改善小气候及控制病虫害、气象灾害等。通过调查问卷形式获取数据，其改良程度按表13.2赋分。

表13.2　生态与生产环境改良程度赋分表

生态与生产环境改良	极差	差	较差	一般	较好	好	很好
分值/分	1	2	3	4	5	6	7

（3）生物多样性保护程度，反映模式应用之后，对草地生物多样性的提升，通过样方调查中生物多样性指标的提升来计算。

（4）废弃物利用程度，反映模式应用后，牧场资源的再循环过程，通过调查走访获取相关数据。

（5）环境负载率，反映系统不可再生资源能值与可再生资源能值的比值，环境负载率越大，系统的环境利用强度越高，同时对自然环境的压力也越大，通过能值分析的方法获得各牧场模式应用之后的环境负载率。

2. 经济效益

主要反映模式应用之后对相应牧场的经济效益的提升情况，包括以下5个指标。

（1）产值，反映模式应用之后，牧场输出各类产品的现值总和的提升，为同一量纲，计算单位面积上产值的提升程度。

（2）纯收益，反映模式应用之后，牧场单位面积各类产品的收益的提升。

（3）产投比，反映模式应用之后，产值与投入的成本之比的提升。

（4）饲草自给提升程度，反映模式应用之后，饲草自给程度的提升，通过调查走访获得相应数据。

（5）投资回收期，反映模式应用之后，牛羊出栏时间的缩短。

3. 合理充分利用资源

主要反映模式应用之后对相应牧场利用资源的提升情况，包括以下4个指标。

（1）技术使用率，反映现代牧场模式应用时，采用的技术项与所在牧场需求的技术项（理论需求项）的比值。

（2）资源改造率，反映模式应用时，采用技术集成的面积与牧场总面积之比。

（3）数字化应用程度，反映模式应用时，牧场生产经营过程中数字化、智慧化应用程度，通过调查走访和实地调研获取数据。

（4）土地利用率。

4. 社会效益

主要反映模式应用之后对相应牧场的社会效益的提升情况，包括以下4个指标。

（1）劳动力利用提升，反映模式应用之后，牧场劳动力利用提升情况。

（2）生产产品种类的提升，反映模式应用之后，牧场新增农畜产品数据。

（3）可持续发展指数，是产出率与环境承载率之比，用以衡量系统的协调性和可持续性。

（4）农牧民接受能力，反映模式应用过程中，农牧民对新技术、新模式的接受程度，通过调查走访获得相关数据。

第二节　模式应用效果综合评价方法

一、评价指标权重的确定方法

评价指标的权数是指在评价指标体系中每个指标在多指标综合评价中的重要程度，因各指标在指标体系中的重要性不同，不能等量齐观，必须客观地确定各指标的权数。权数值的准确与否直接影响综合评价的结果，因而，科学地确定指标权数在多指标综合评价中具有举足轻重的作用。目前，确定指标权数的方法主要有德尔菲法、层次分析法、强制打分法、主成分分析法、相关系数构权法等，其中最常用的是德尔菲法和层次分析法。本研究采用层次分析法确定各指标权数。

二、评价指标的权重计算和一致性检验

层次分析法计算过程的核心问题是权数的构造。其基本思路是，建立评价对象的综合评价指标体系，通过指标间的两两比较确定出各自的相对重要程度，然后通过特征值法、最小二乘法、对数最小二乘法、上三角元素法等客观运算来确定各评价指标的权重。其中，特征值法是层次分析法中最早提出的，也是使用最广泛的权数构造方法。本研究采用特征值法计算各评价指标的权重，其具体步骤如下。

1. 构造判别矩阵

通过对指标两两之间的重要程度进行比较和分析判断，构架判别矩阵。层次分析法在对评价指标的相对重要程度进行测量时，引入了九分位的相对重要的比例标度，具体评分规则见表13.3。

表13.3　权重的评分规则

甲指标与乙指标比较	极端重要	强烈重要	明显重要	比较重要	重要	较不重要	不重要	很不重要	极不重要
甲指标评价值	9	7	5	3	1	1/3	1/5	1/7	1/9

注：取8，6，4，2，1/2，1/4，1/6，1/8为上述评价值的中间值。

2. 确定权重和一致性检验

A层的判别矩阵为表13.4。

表13.4　模式应用效果综合评价A层判别矩阵

指标	生态效益	经济效益	合理充分利用资源	社会效益
生态效益	1	3	5	7

续表

指标	生态效益	经济效益	合理充分利用资源	社会效益
经济效益	1/3	1	3	5
合理充分利用资源	1/5	1/3	1	3
社会效益	1/7	1/5	1/3	1

根据王斌会等（2016）《多元统计分析及R语言建模》中mvstats包计算各指标的权重，并进行一致性检验。A层各评价指标的权重见表13.5。

表13.5　A层各指标权重

指标	生态效益	经济效益	合理充分利用资源	社会效益
权重	0.563 8	0.263 4	0.117 8	0.055 0

B1层的判别矩阵为表13.6。

表13.6　模式应用效果综合评价B1层判别矩阵

指标	植被覆盖度提升	生态与生产环境改良	生物多样性保护	废弃物利用程度	环境负载率
植被覆盖度提升	1	1	2	5	7
生态与生产环境改良	1	1	2	5	7
生物多样性保护	1/2	1/2	1	3	5
废弃物利用程度	1/5	1/5	1/3	1	2
环境负载率	1/7	1/7	1/5	1/2	1

B1层各评价指标的权重见表13.7。

表13.7　B1层各指标权重

指标	植被覆盖度提升	生态与生产环境改良	生物多样性保护	废弃物利用程度	环境负载率
权重	0.346 3	0.346 3	0.192 8	0.071 7	0.042 9

B2层的判别矩阵为表13.8。

表13.8　模式应用效果综合评价B2层判别矩阵

指标	产值	纯收益	产投比	饲草自给提升程度	投资回收期
产值	1	2	4	5	7
纯收益	1/2	1	2	3	5
产投比	1/4	1/2	1	2	3
饲草自给提升程度	1/5	1/3	1/2	1	2
投资回收期	1/7	1/5	1/3	1/2	1

B2层各评价指标的权重见表13.9。

表13.9　B2层各指标权重

指标	产值	纯收益	产投比	饲草自给提升程度	投资回收期
权重	0.462 4	0.257 5	0.141 5	0.087 2	0.051 4

B3层的判别矩阵为表13.10。

表13.10　模式应用效果综合评价B3层判别矩阵

指标	技术使用率	资源改造率	数字化应用程度	土地利用率
技术使用率	1	2	3	7
资源改造率	1/2	1	2	3
数字化应用程度	1/3	1/2	1	2
土地利用率	1/7	1/3	1/2	1

B3层各评价指标的权重见表13.11。

表13.11　B3层各指标权重

指标	技术使用率	资源改造率	数字化应用程度	土地利用率
权重	0.507 7	0.262 5	0.151 5	0.078 3

B4层的判别矩阵为表13.12。

表13.12　模式应用效果综合评价B4层判别矩阵

指标	劳动力利用提升	生产产品种类提升	可持续发展指数	农牧民接受能力
劳动力利用提升	1	3	4	7
生产产品种类提升	1/3	1	2	4
可持续发展指数	1/4	1/2	1	3
农牧民接受能力	1/7	1/4	1/3	1

B4层各评价指标的权重见表13.13。

表13.13　B4层各指标权重

指标	劳动力利用提升	生产产品种类提升	可持续发展指数	农牧民接受能力
权重	0.558 7	0.235 9	0.144 4	0.061 0

完整的现代牧场模式应用效果综合评价指标体系及各指标权重，如表13.14所示。

表13.14　现代牧场模式效果综合评价指标权重

目标层	准则层	方案层	权重
模式效果综合评价指标体系	A1 生态效益 0.563 8	B1-1-植被覆盖度提升程度，0.346 3	0.195 2
		B1-2-生态与生产环境改良程度，0.346 3	0.195 2
		B1-3-生物多样性保护程度，0.192 8	0.108 7
		B1-4-废弃物利用程度，0.071 7	0.040 4
		B1-5-环境负载率，0.042 9	0.024 2
	A2 经济效益 0.263 4	B2-1-产值，0.462 4	0.121 8
		B2-2-纯收益，0.257 5	0.067 8
		B2-3-产投比，0.141 5	0.037 3
		B2-4-饲草自给提升程度，0.087 2	0.023 0
		B2-5-投资回收期，0.051 4	0.013 5
	A3 合理充分利用资源 0.117 8	B3-1-技术使用率，0.507 7	0.059 8
		B3-2-资源改造率，0.262 5	0.030 9
		B3-3-数字化应用程度，0.151 5	0.017 8
		B3-4-土地利用率，0.078 3	0.009 2
	A4 社会效益 0.055 0	B4-1-劳动力利用提升，0.558 7	0.030 7
		B4-2-生产产品种类提升，0.235 9	0.013 0
		B4-3-可持续发展指数，0.144 4	0.007 9
		B4-4-农牧民接受能力，0.061 0	0.003 4

第三节　模式应用效果综合评价应用

5个牧场各指标的数值见表13.15。

表13.15　5个牧场各指标的数值

牧场	祁连山生态牧场	三江源有机牧场	湟水河智慧牧场	青海湖体验牧场	柴达木绿洲牧场
B11	0.14	0.06	0.09	0.15	0.05
B12	5.00	6.00	3.00	6.00	3.00
B13	5.00	3.00	1.00	4.00	2.00
B14	0.10	0.10	0.30	0.40	0.20
B15	0.49	0.54	0.32	0.71	0.83
B21	1 100.00	2 000.00	400.00	1 000.00	10 000.00
B22	200.00	150.00	30.00	40.00	850.00
B23	1.05	1.18	1.02	0.89	1.09
B24	0.40	0.38	0.23	1.00	1.00
B25	1.50	1.00	0.00	0.50	0.50
B31	0.75	0.67	1.00	0.83	0.75
B32	0.75	0.80	0.40	0.90	0.50
B33	0.10	0.20	0.40	0.30	0.30
B34	0.80	0.70	0.90	0.95	0.92
B41	103.00	460.00	18.00	280.00	110.00
B42	3.00	2.00	1.00	10.00	5.00
B43	4.21	5.12	1.20	3.54	2.54
B44	0.30	0.30	0.60	0.50	0.70

一、生态效益综合得分

按照生态效益五项指标的权重，结合各牧场五项指标的具体数值，计算各牧场模式对生态效益提升的排名，其中青海湖体验牧场得分最高，柴达木绿洲牧场得分最低（表13.16）。

表13.16　生态效益综合得分

牧场	得分/分	排名/名
青海湖体验牧场	96.50	1
祁连山生态牧场	84.98	2
三江源有机牧场	69.75	3
湟水河智慧牧场	51.18	4
柴达木绿洲牧场	46.90	5

二、经济效益综合得分

按照经济效益五项指标的权重，结合各个牧场五项指标的具体数值，计算各牧场模式对经济效益提升的排名，其中柴达木绿洲牧场得分最高，湟水河智慧牧场得分最低（表13.17）。

表13.17　经济效益综合得分

牧场	得分/分	排名/名
柴达木绿洲牧场	95.31	1
三江源有机牧场	58.45	2
祁连山生态牧场	54.15	3
青海湖体验牧场	48.18	4
湟水河智慧牧场	43.81	5

三、合理充分利用资源得分

按照合理充分利用资源四项指标的权重，结合各个牧场四项指标的具体数值，计算各牧场模式对合理充分利用提升排名资源，其中湟水河智慧牧场得分最高，三江源有机牧场得分最低（表13.18）。

表13.18　合理充分利用资源综合得分

牧场	得分/分	排名/名
湟水河智慧牧场	83.31	1
青海湖体验牧场	81.28	2
柴达木绿洲牧场	60.73	3
祁连山生态牧场	60.29	4
三江源有机牧场	55.63	5

四、社会效益综合得分

按照社会效益四项指标的权重，结合各个牧场四项指标的具体数值，计算各牧场模式对社会效益提升的排名，其中三江源有机牧场得分最高，湟水河智慧牧场得分最低（表13.19）。

表13.19　社会效益综合得分

牧场	得分/分	排名/名
三江源有机牧场	83.77	1
青海湖体验牧场	81.03	2
柴达木绿洲牧场	59.90	3
祁连山生态牧场	56.25	4
湟水河智慧牧场	42.75	5

五、模式应用效果的综合评价

按照牧场模式应用效果综合评价指标体系的权重，结合各个牧场的具体数值，计算各牧场模式应用效果提升的排名，其中青海湖体验牧场得分最高，湟水河智慧牧场得分最低（表13.20）。

表13.20　模式应用效果的综合评价

牧场	得分/分	排名/名
青海湖体验牧场	81.13	1
祁连山生态牧场	72.37	2
三江源有机牧场	65.88	3
柴达木绿洲牧场	61.99	4
湟水河智慧牧场	52.56	5

第十四章　现代牧场模式区域适应性评价指标体系建立

第一节　适应性评价指标体系构建的基本原则

青藏高原现代牧场模式区域适应性评价指标体系构建原则不同于一般的适宜性评价，应该遵循显著性、稳定性、主导性、易操作性、可比性、科学性、层次性等原则，不同之处在于应该强调牧场内部利用和结构性原则，即进行适应性评价指标体系选取时需要对现代牧场模式内部各个组分的相互联系和内部构成进行分层次剖析，明确不同现代牧场模式的特色性和典型性。

青藏高原现代牧场模式的区域适应性评价指标体系的建立，需从部分和整体两个角度分层次展开，本研究从自然因素、社会经济因素和特色因素三个角度对青藏高原现代牧场的体验、生态、智慧、有机、绿洲模式进行逐一分析，找出各种模式下各个组成部分区域适应性影响因子，在整体上考虑模式内部的结构和相互依存关系，给出构建现代牧场模式的区域适应性评价指标体系的原则。

一、针对性原则

现代牧场模式区域适应性评价指标体系，仅针对青海省乃至青藏高原高寒地区，以草畜产品生产为核心的国营牧场、生态畜牧业合作社、私人企业等的综合发展评价使用。可以用于国营牧场、联户经营式合作社、已完成股份制改造的生态畜牧业合作社，也可用于其他类型的高寒生态畜牧业经营单位。

二、真实性原则

现代牧场模式适应性评价指标体系，必须真实反映影响现代牧场发展的关键因素，包括影响草牧业为主的核心产业、配套产业发展、农畜产品加工和销售产业等关键因素。

三、易操作原则

现代牧场模式适应性评价指标体系，适用对象不仅为科研人员或职能部门人员，更希望成为牧场内部对自身发展情况进行动态管理的手段，因此在指标设置上，使用普遍性较高的指标。

四、系统性原则

现代牧场模式适应性评价指标体系，应全面系统地设置指标，尽可能从核心产业发展等影响牧场的各个角度对各类牧场进行综合评价，以期客观评价牧场的适应性发展模式情况。

五、简便化原则

现代牧场模式适应性评价指标体系设置体现系统性和易操作性，因此，应极大程度减少指标数量，尽量简化评价过程中的数据收集过程，以期提高评价指标体系被各类牧场工作人员使用的概率。

依据上述适应性评价指标体系构建原则，结合青藏高原现代牧场模式自身的特点，分层次、分步骤地进行现代牧场模式适应性评价指标的筛选。

第二节　区域适应性评价指标体系

一、模式适应性评价自然因素

饲草供给和家畜养殖的区域适应性研究，主要从自然条件进行分析。人工草地饲草和家畜养殖在某一区域能否较好地适应，主要受气候、地形、资源类型等方面因素综合作用的影响。

气候条件，可以用年均温度、生长期间的年积温和冬季的极端最低温等指标作为适应性评价的备选因子。气候因子适应等级决定了牧场模式在区域的空间分布，因此气候因子的适应性等级应按照整体空间分区结合短板限制原则进行划分，如利用年均温从整体上划分适应等级，低于某个临界值的极端条件作为短板原则加以限制，划定出不适宜等级范围。

地形条件，不同海拔具有不同的水热组合特征，对饲草生产和家畜养殖会产生很大的影响。海拔较高，交通相对不便，不利于生产管理和销售。且海拔、坡度、坡向等因素还会影响到饲草生产和家畜养殖对于生态功能的作用。根据饲草生产和家畜养殖对地形条件的研究，确定海拔、坡度、坡向等参评指标。

二、模式适应性评价社会经济因素

相似的自然条件，但不同的区域，可能分布有完全不同的牧场模式，说明社会经济因素对某种牧场模式具有重要的影响，如交通条件、技术推广水平、群众接受度、产品供销渠道等。因此，进行模式的评价时不仅要考虑自然条件的客观限制作用，更要考虑社会经济、政策导向等的影响。

本研究中对现代牧场模式与饲草生产、家畜养殖、产品供销影响类似的社会经济因素进行归纳与合并，从经营主体、区域交通状况、劳动力状况及其他影响因素等方面进行分析，得到影响现代牧场模式的社会经济因素指标。经营主体决定了牧场的经营模式，对于牧场生产、管理具有重要的影响。交通状况直接决定了现代牧场模式的产品生产和销售的便利程度，可以选取公路网密度作为评价指标之一。现代牧场模式是一种人工复合的经营模式，需要充足的劳动力资源，并且劳动力的文化程度和对模式应用的接受程度也极大地影响到现代牧场模式的适应性，可通过人口密度状况、劳动力文化水平和接受程度等指标来间接反映。

三、模式区域适应性评价特色因素

现代牧场体验模式区域适应性评价的特色因素主要包括农牧业生产经营种类、体验设施情况、技术应用程度和旅游发展情况。农牧业生产经营种类决定了发展体验模式的体验种类和数量，影响其对游客的吸引力。体验设施情况，反映的是牧场的基础设施能否满足游客的体验需求。技术应用程度主要影响游客的体验感觉。旅游发展情况主要反映周边范围的旅游情况，体现牧场游客的来源。

现代牧场生态模式区域适应性评价的特色因素主要包括保护区的重要程度、飞地经济发展情况、饲草供给情况和农畜产品的销售情况。保护区的重要程度反映牧场所处地域的生态重要性。飞地经济发展情况和饲草供给情况，反映生态保护优先，家畜养殖的时空耦合程度。销售情况，反映生态产品的市场认可度和整体销售情况。

现代牧场有机模式区域适应性评价的特色因素主要包括有机认证情况，产品生产加工情况和产品的市场认可程度。土地的有机认证和农畜产品的生产加工情况反映产品的有机程度，产品的市场认可程度，反映有机产品的市场价格。

现代牧场智慧模式区域适应性评价指标的特色因素主要包括集约化程度、标准化程度，饲草供给能力和农畜产品的网端销售情况。集约化、标准化程度反映牧场应用智慧化的程度或水平。

现代牧场绿洲模式区域适应性评价指标的特色因素主要包括灌溉情况、标准化程度、畜产品加工能力以及销售能力等。其中，灌溉反映的是饲草供给能力，标准化生产加工反映的是农畜产品的生产加工能力。

第十五章　青海湖体验牧场能值评价

第一节　能值分析理论与评价方法

一、能值分析

能值分析（emergy accounting，EMA）是由美国著名生态学家Odum于20世纪80年代，从地球生物圈能量运动角度，综合了能量生态学、系统生态学和生态经济学原理，创立的一种新的度量标准和分析方法（Odum，1996）。能值分析方法是一种建立在具有"能质"（物质的能）等级差上的系统分析理论和方法。能值概念中有效能（exergy）的提出，使我们在进行能量分析时，打破各类型能量载体之间的壁垒，不再局限于单一的能量载体—能源，而是用统一的一个标尺衡量系统内所有因素。地球上流动或汇集的所有能量均源自太阳能，太阳能处于能质的最低能质等级，是生物圈能量转化最基础的构成要素，因此以太阳能值（solar emergy）作为统一度量单位；所有其他能量载体中包含的太阳能的量就是该能量载体的太阳能值，以太阳能焦耳（solar emjoules）为单位，缩写为sej。

该方法将投入某一系统的资源、能量、产品、生态系统服务和人类信息服务等，通过单位能值（unit emergy value，UEVs）转换成统一的量纲——太阳能值，来进行后续的分析研究。能值理论与分析方法可以对系统内物质的流动和能量的传递进行细致的剖析，是系统分析和评价的重要工具，是连接经济学和生态学的桥梁，为各生态经济系统的综合分析开辟了新的定量研究方法，提供了一个比较和衡量不同物质流、能量流和价值流的共同尺度，可以客观、定量的分析资源环境与经济活动的真实价值及它们之间的关系，而不是根据人们对环境产品和服务的支付意愿进行主观评价的价值衡量，有助于调整生态环境与经济发展，对自然资源的科学评价与合理利用、经济发展方针的制定、可持续发展战略的实施，均具有重要意义。

能值分析相关基本概念如表15.1所示。

表15.1　能值相关概念

基本概念	含义
能量 energy	能量指做功的能力。能量是所有可以转化为热量的事物的属性，并以热量单位（卡或焦耳）进行测量
能值 emergy	能值指某种产品或服务在生产或形成过程中所直接或间接消耗的有效能（㶲，exergy），单位是能值焦耳（emjoule），能值不是一个物理量，是直接或间接用于生产服务或产品的可用能量的记忆，即能量记忆
能值焦耳 emjoule	能值焦耳是能值的度量单位，是emergy joule的缩写。能值焦耳表示生产一种产品所使用的能量单位，太阳能值焦耳（solar emjoules）缩写为“sej”
能值功率 empower	能值功率是指单位时间内的能值流量，单位为sej/年
㶲 exergy	㶲即可用能，是指系统与环境可逆地达到平衡状态时可以从系统中获得的最大有用功，换而言之，㶲是系统总能量中可转化为有用功的部分
单位能值 unit emergy values，UEVs	单位能值是生产单位质量或能量的产品所需的能值。UEVs为产品产出所需的总能值除以产品或服务的产出量。UEVs有以下几种类型。 （1）能值转换率（transformity）指产出单位有效能所需的太阳能值，单位为sej/J，如产出1 J木材需要4 000 sej，则1 J木材的能值转换率为4 000 sej，地球吸收的太阳光的太阳能转换率被定义为1.0 （2）特定能值（specific emergy）指产出单位质量的产品或服务所需的太阳能值，即物质的单位能值，单位为sej/g、sej/kg等 （3）单位货币能值（emergy money ratio，EMR）指单位货币相当的能值，单位为sej/元，sej/美元

二、能值基准

驱动地球生物圈的主要初级㶲是吸收的太阳辐射能、地球内部的地热能和海洋吸收的潮汐能，这三者构成地球生物圈的能值基准（geobiosphere emergy baseline，GEB）（Brown and Cohen，2019），这些能量源又转化为二级（风能、雨水能）和三级可再生资源（波浪能、径流的地理势能和化学势能等）。

计算驱动地理生物圈的主要能流对能值分析方法来说非常重要，是能值计算的基础，也是编制能值分析表的基准。最初，Odum（1988）计算出的能值基准为9.44×10^{24} sej/年；Odum等后于2000年对潮汐能和地热能重新计算，将能值基准修正为15.83×10^{24} sej/年。2010年，Brown和Ulgiati（2010）计算出的基准值为15.2×10^{24} sej/年，而Campbell等（2010）计算出的能值基准为9.26×10^{24} sej/年。Brown等（2016）最新研究得到的能值基准为12.0×10^{24} sej/年。当能值基准发生变化时，基于此基准得到的UEVs也必须随之变化。本研究以最新GEB（12.0×10^{24} sej/年）为准。能值基准与能值转换率有着密切关系，不同基准下的能值转换率可根据不同基准的位数关系进行计算，计算公式如下。

$$\text{UEV}_{\text{高}}=\text{UEV}_{\text{低}}\times(L_{\text{高}}/L_{\text{低}})$$

式中，$\text{UEV}_{\text{高}}$为高位基准下的能值转换率；$\text{UEV}_{\text{低}}$为低位基准下的能值转换率；$L_{\text{高}}$为高位能值基准；$L_{\text{低}}$为低位能值基准。

三、单位能值

UEVs即生产单位质量或能量的产品所需的能值。在能值分析中，输入某一系统的资源都可通过UEVs进行表征。图15.1为计算某一产品或服务能值转换率的方法，即产品或服务的能值转换率是输出产品或服务的能值除以产品的能量（sej/J），若系统输出产品是以质量为单位，则产品的UEVs是输出能值除以产品的质量（sej/g）。

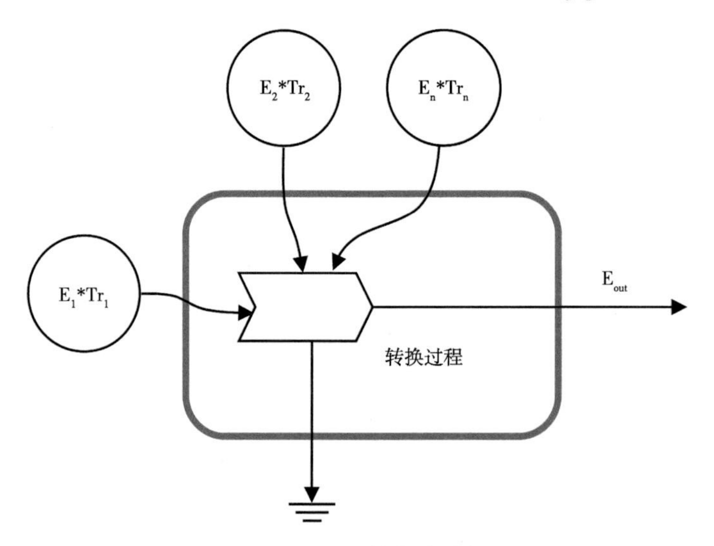

图15.1　能值转换率计算

$$Em_{out}=\sum E_n\times Tr_n$$

$$Tr_{out}=Em_{out}/E_{out}$$

式中，E_n为输入能量；E_{out}为输出能量；Em_{out}为输出能值；Tr_n为输入能值转换率；T_{out}为输出能值转换率。

货币的UEVs为EMR，指一个国家（或地区）全年总能值投入与国内生产总值（GDP）的比值，反映了当地货币的购买力，一般来说，发展中国家的EMR更高，原因是发展中国家的经济发展主要依赖于自然资源的利用开发而缺少进出口的货币交换。而发达国家进出口贸易发达、产业高度集中，其EMR远大于发展中国家。EMR计算公式如下。

$$\text{EMR}_i=\frac{U_i}{\text{GDP}_i}$$

式中，EMR_i为第i年国家的能值货币比；U_i为第i年国家的总能值投入（sej）；GDP_i为第i年国家的GDP。

国家的实际GDP与总能值投入存在近似线性相关性，本研究基于2015年中国EMR为3.33×10^{12} sej/美元（NEAD 2.0）和2015—2020年的GDP平减指数为11.33，在12.0×10^{24} sej/年的能值基线下，计算得出2020年中国人民币UEV为2.94×10^{11} sej/美元。

四、能值分析评价步骤

1. 确定系统边界

界定系统边界是能值分析过程非常重要的一个环节，决定了系统资源的投入与产品的产出，影响后续的计算过程及系统最终的评价结果。系统边界的界定要在“四维时空尺度”内考虑。“二维”面积是大多数研究对系统划分的第一尺度，如草地畜牧业生产系统评价中的饲草种植面积等。“高度、深度”作为系统评价中“第三维”纵向空间维度，如风能对作物的作用高度。“第四维”时间是几乎所有系统分析必须考虑的另一个维度，该维度限制了所研究系统或过程的时间范围，如牧草种植的1季、农业生产中的1年等。

本研究中，界定草地畜牧业系统边界包含两个层面。宏观层面上，界定草地畜牧业生产系统与背景大系统的关系；微观层面上，界定系统内饲草供给、禽畜养殖等各个生产环节的投入、产出过程及相互关系。这些关系可通过能流图来体现，这是草地畜牧业生产系统从整体上进行生态经济评价的前提。本研究的第一尺度“二维”面积以各子系统的生产场所为边界；“第三维”以“高度、深度”作为纵向空间维度，上界为地表风10 m标准高度，下界为植物根系30 cm土壤深度；“第四维”为时间边界，以一个完整的生产年度为界限。整个系统将牧场系统的边界以饲草供给为起点，以家畜出栏为终点。整个牧场生产系统分为几个亚系统。在已界定的系统边界内，通过实地调研，明确系统的主要能量来源和系统内的主要组成部分，收集自然环境、地理条件、生产技术、模式建设及运行过程的投入和产出等各方面资料，进行分类整理。

2. 绘制系统能流图

利用Odum（1983）所创立的能量语言符号及绘制系统能流图的方法（Brown and Ulgiati，2004），绘制系统能流图，从总体上反映系统的能量、物质与信息的投入、产出以及内部动态变化过程。通常情况下，系统能流图的绘制有以下几步（图15.3）。

第一步，绘制系统边界。以圆角矩形界定系统边界，把系统内各组分与系统外有关成分区分开。

第二步，确定系统内组分。基于“四维边界”原则确定系统内各组分，包括生产者、消费者、能量贮存库、亚系统等。其中，能量贮存库是驱动系统运转的内部能量源，如系统内部的地下水等。

第三步，列出系统能量来源。基于“四维边界”原则确定系统外部资源投入，草地畜牧业生态系统的资源投入按其来源可以分为两类：一类来源于自然环境，包括可更新的自然资源（太阳能、风能、雨水化学能等）和不可更新的自然资源（地表水、土壤表土层损失等），通常绘制在圆角矩形左侧；另一类资源来源于社会经济系统，包括可更新购买资源（种子、有机肥、劳动力等）和不可更新购买资源（机械、化肥、燃油、电力、疫苗等），绘制在圆角矩形上方。

第四步，绘出系统内外各组分之间能流过程。用实线表示能量流动、贮存、生产、消费、耗散等过程，用虚线表示货币流动方向。此外，在圆角矩形底部绘制能量耗散符号，与系统内各组分相连，代表其能量耗散。

草地畜牧业系统的能量的输入与输出如图15.2所示。

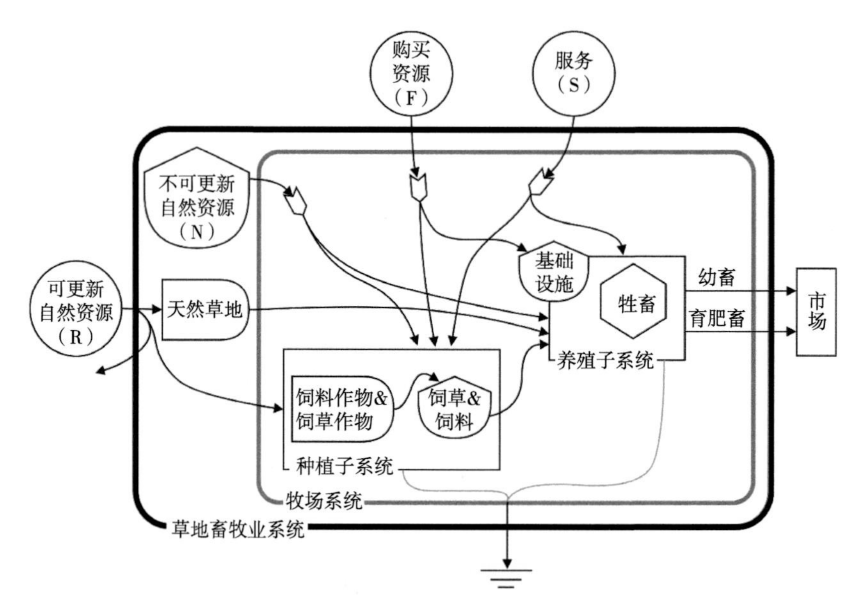

图15.2 草地畜牧业系统能值系统

3. 编制能值分析表

在编制能值分析表前，要建立能值分析评价数据库，即通过计算公式及相应的折能系数，将投入系统的自然资源、物质、劳动力等换算成系统运转过程中的物质流、能量流、货币流等。通常情况下，自然资源的投入要通过相关公式计算，而来源于社会经济系统的物质和劳动力投入仅需通过折算系数进行单位转换，使各项投入项目的单位与UEV的单位对应。对以货币为度量单位投入系统的资源，要使用当年的货币汇率和能值货币比率。其中能量流以J为单位，物质流以g为单位，货币流以美元为单位。利用如下公式将投入系统的各项资源统一转化为太阳能值。

$$Em_j=En_j\times \mathrm{UEV}_j$$

式中，j为第j种投入，Em_j为第j种投入的太阳能值，En_j为第j种投入的原始能量或质量，UEV_j为第j种投入的能值转换率。

能值分析表是计算系统能值投入与产出的基础，表中一般包括项目名称、原始数据（资源流动量）、单位、能值转换率（UEV）、太阳能值等。

4. 构建能值评价指标体系

基于能值分析表的计算结果，根据草地畜牧业生态系统的特征，结合研究目的，构建和计算反映系统生态与经济效益、系统可持续性的能值评价指标体系，对不同类型草地畜牧业生产系统进行综合分析和评价。

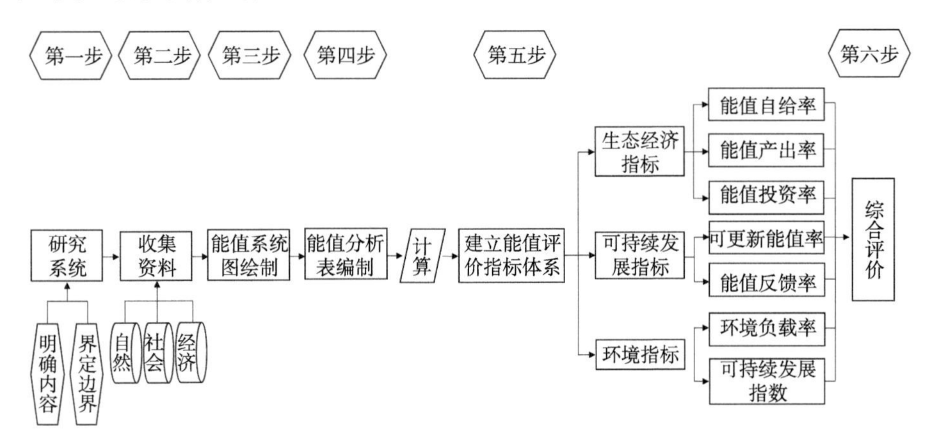

图15.3　能值评价基础步骤流程

第二节　能值转换率核算

一、饲用燕麦能值转换率核算

根据牧场能值分析的需要，本研究以青海省自然环境条件和饲用燕麦生产投入产出为基础数据，进行了饲用燕麦能值转换率的核算，具体步骤如下。

1. 原始数据计算

（1）可更新自然资源。太阳能（J/hm^2）=太阳辐射（J/m^2）×（1−反射率）×饲用燕麦生长期太阳辐射量占全年太阳辐射量比例（%）×土地面积（m^2）。计算所需各项数据见表15.2。地表接收的太阳辐射能计算结果为1.71×10^{13} J/hm^2。

表15.2　饲用燕麦生长期地表接收的太阳辐射能

项目	地表接收的太阳辐射能/（J/hm^2）	土地面积/m^2	多年平均年太阳辐射量/（J/m^2）	反射率/%	饲用燕麦生长期太阳辐射量占全年太阳辐射量比例/%
数值	1.71×10^{13}	10 000	6.4×10^{9}	20	4/12

雨水化学能（J/hm^2）=生长期降水量（m）×水密度（kg/m^3）×吉斯自由能（J/kg）×面积（m^2）×（1−径流系数）。计算所需各项数据见表15.3。雨水化学能为9.77×10^{9} J/hm^2。

表15.3　饲用燕麦生长期雨水化学能

项目	雨水化学能/（J/hm^2）	土地面积/m^2	生育期降水量/m	雨水密度/（kg/m^3）	吉斯自由能/（J/kg）	径流系数
数值	9.77×10^9	10 000	0.395 6	1 000	4 940	0.5

蒸散（J/hm^2）=蒸散量×吉斯自由能（J/kg）×水密度（kg/m^3）×面积（m^2）。计算所需各项数据见表15.4。蒸散量计算结果为1.55×10^{10} J/hm^2。

表15.4　饲用燕麦蒸散能

项目	蒸散能/（J/hm^2）	土地面积/m^2	蒸散量/m	雨水密度/（kg/m^3）	吉斯自由能/（J/kg）
数值	1.55×10^{10}	10 000	0.314	1 000	4 940

风能（J/hm^2）=风阻系数×空气密度（kg/m^3）×风速（m/s）×时间（s）×面积（m^2）。计算所需各项数据见表15.5，风能计算结果为5.87×10^9 J/hm^2。

表15.5　青海省巴卡台风能

项目	风能/（J/hm^2）	土地面积/m^2	空气密度/（kg/m^3）	风速/（m/s）	风阻系数	时间/s
数值	5.87×10^9	10 000	1.23	3.58	0.001	1.04×10^7

（2）不可更新自然资源。表层土净损失能（J/hm^2）=种植面积（m^2）×流失表土有机养分含量（%）×有机质折能系数×4 186（J/kCal）×表层土壤流失率（kg/m^2）。计算所需各项数据见表15.6。表层土净损失量为6.56×10^9 J/ha。

表15.6　饲用燕麦生长期表层土损失

项目	表层土净损失（J/hm^2）	土地面积（m^2）	流失表土有机养分含量（%）	表土流失率（kg/m^2）	有机质折能系数（kcal/kg）
数值	6.56×10^9	10 000	0.034	0.854	5 400

（3）不可更新购买资源。饲用燕麦种植不可更新资源投入主要包括柴油、化肥和机械，其单位面积投入量如表15.7所示。其中，柴油单位面积实物投入量为25.88 kg/hm^2，柴油折能系数按4.40×10^7 J/kg计算；机械投入按每套作业机械26.5 t、折旧期限15年、平均每年作业面积300 hm^2计算。

表15.7　单位面积饲用燕麦种植消耗的购买不可更新资源

项目	柴油/（J/hm^2）	氮肥/（g/hm^2）	复合肥/（g/hm^2）	机械（g/hm^2）
数值	1.11×10^9	1.50×10^5	3.00×10^5	5.89×10^3

（4）可更新购买资源。劳动力投入折能（J/hm^2）=劳动力投入量［（人·d）/hm^2］×劳动力投入折能系数［J/（人·d）］。饲用燕麦生产劳动力投入量为3（人·d）/hm^2，劳动力投入折能系数为1.26×10^7 J/（人·d），劳动力投入折能计算结果为3.78×10^7 J/hm^2。

种子投入折能（J/hm^2）=播种量（kg/hm^2）×种子折能系数（J/kg）。燕麦播种量300 kg/hm^2，燕麦种子折能系数为1.77×10^7 J/kg（贠旭疆，2002），种子投入折能计算结果为5.31×10^9 J/hm^2。

有机肥投入折能（J/hm^2）=施用量（kg/hm^2）×有机质含量（%）×有机肥折能系数（J/kg）。饲用燕麦生产有机肥施用量375 kg/hm^2，有机质含量为45%，有机肥折能系数1.35×10^7 J/kg，有机把投入折能计算结果为2.28×10^9 J/hm^2。

（5）饲用燕麦产出。农牧场饲用燕麦平均产量为7 152 kg/hm^2。燕麦结实期全株的能量折算系数分别取值为1.67×10^7 J/kg（贠旭疆，2002）。饲用燕麦全株折能为1.19×10^{11} J/hm^2。

2. 饲用燕麦能值转换率核算

根据上述原始数据计算结果，结合12.0×10^{24} sej/年基线条件下的能值转换率，计算出饲用燕麦生产各项资源投入和产品产出的太阳能值，并对其进行汇总，再用能值总投入与产出能量，计算出饲用燕麦全株的太阳能值转换率，其结果如表15.8所示。

表15.8　青海省饲用燕麦能值转换率概算

序号	项目	原始数据	单位	能值转换率（sej/unit）	太阳能值（sej）
自然资源					
1	太阳能	1.71×10^{13}	J/hm^2	1	1.71×10^3
2	风能	5.87×10^9	J/hm^2	1.95×10^3	1.14×10^3
3	雨水化学能	9.77×10^9	J/hm^2	2.37×10^4	2.32×10^{14}
4	表层土净损失	6.56×10^9	J/hm^2	9.39×10^4	6.16×10^{14}
购买资源					
5	柴油	1.11×10^9	J/hm^2	6.16×10^4	6.84×10^3
6	机械	5.89×10^3	g/hm^2	8.57×10^9	5.05×10^3
7	氮肥	1.50×10^5	g/hm^2	4.84×10^9	7.26×10^{14}
8	复合肥	3.00×10^5	g/hm^2	3.56×10^9	1.07×10^{15}
9	有机肥	2.28×10^9	J/hm^2	9.4×10^4	2.14×10^{14}
10	人力	3.78×10^7	J/hm^2	1.94×10^6	7.33×10^3
11	种子	5.31×10^9	J/hm^2	2.55×10^5	1.35×10^{15}
投入	合计	—	—	—	4.47×10^{15}

续表

序号	项目	原始数据	单位	能值转换率（sej/unit）	太阳能值（sej）
产出	饲用燕麦	7.15×10^{6}	g/hm^2	—	—
		1.19×10^{11}	J/hm^2	—	—
能值转换率（sej/g）	饲用燕麦	—	—	6.26×10^{8}	—
能值转换率（sej/J）	饲用燕麦	—	—	3.75×10^{4}	—

二、中华羊茅能值转换率核算

根据农牧场系统能值分析的需要，本研究以青海省自然环境条件和中华羊茅生产投入产出为基础数据，根据作物生产过程中能值分配的“分离规则”，进行了中华羊茅籽粒和秸秆的转换率的核算。具体步骤如下。

1. 原始数据计算

（1）可更新自然资源。太阳能（J/hm^2）=太阳辐射（J/m^2）×（1-反射率）×土地面积（m^2）。计算所需各项数据见表15.9。地表接收的太阳辐射能计算结果为5.13×10^{13} J/hm^2。

表15.9　中华羊茅生产过程地表接收的太阳辐射能

项目	地表接收的太阳辐射能/（J/hm^2）	土地面积/m^2	多年平均年太阳辐射量/（J/m^2）	反射率/%
数值	5.13×10^{13}	10 000	6.4×10^{9}	20

风能（J/hm^2）=风阻系数×空气密度（kg/m^3）×风速（m/s）×时间（s）×面积（m^2）。计算所需各项数据见表15.10，风能计算结果为5.87×10^{9} J/hm^2。

表15.10　青海省巴卡台风能

项目	风能（J/hm^2）	土地面积/m^2	空气密度/（kg/m^3）	风速/（m/s）	风阻系数	时间/s
数值	5.87×10^{9}	10 000	1.23	3.58	0.001	1.04×10^{7}

雨水化学能（J/hm^2）=降水量（m）×水密度（kg/m^3）×吉斯自由能（J/kg）×面积（m^2）×（1-径流系数）。计算所需各项数据见表15.11，雨水化学能计算结果为1.06×10^{10} J/hm^2。

表15.11　中华羊茅生产期雨水化学能

项目	雨水化学能/（J/hm^2）	土地面积/m^2	降水量/m	雨水密度/（kg/m^3）	吉斯自由能/（J/kg）	径流系数
数值	1.06×10^{10}	10 000	0.449 9	1 000	4 940	0.5

蒸散（J/hm^2）=蒸散量×吉斯自由能（J/kg）×水密度（kg/m^3）×面积（m^2）。计算所需各项数据见表15.12。蒸散量计算结果为2.43×10^9 J/hm^2。

表15.12　中华羊茅生产期蒸散

项目	蒸散（J/hm^2）	土地面积/m^2	蒸散量/m	雨水密度/（kg/m^3）	吉斯自由能/（J/kg）
数值	2.43×10^{10}	10 000	0.492	1 000	4 940

（2）不可更新自然资源。表层土净损失能（J/hm^2）=种植面积（m^2）×流失表土有机养分含量（%）×有机质折能系数×4 186（J/kCal）×表层土壤流失率（g/m^2）。计算所需各项数据见表15.13。表层土净损失量为6.56×10^9 J/hm^2。

表15.13　中华羊茅生产期表层土损失

项目	层土净损失/（J/hm^2）	土地面积/m^2	流失表土有机养分含量/%	表土流失率/（kg/m^2）	有机质折能系数/［（kcal/kg）］
数值	6.56×10^9	10 000	0.034	0.854	5 400

（3）不可更新购买资源。中华羊茅种植过程中不可更新资源投入主要包括柴油、化肥和机械，其单位面积投入量如表15.14所示。其中：多年生禾草种植时柴油单位面积投入量为6.38 kg/hm^2，柴油折能系数按4.40×10^7 J/kg计算；种植时机械投入按每套作业机械16.95 t、折旧期限15年、平均每6年作业面积200 hm^2计算，为9.42×10^2 g/hm^2；收获时机械投入按每套作业机械8.9 t、折旧期限15年、平均每年作业面积200 hm^2计算，为2.97×10^3 g/hm^2, 则总机械投入为3.91×10^3 g/hm^2。

表15.14　单位面积多年生禾草草捆生产消耗的不可更新购买资源

项目	柴油/（J/hm^2）	氮肥/（g/hm^2）	复合肥/（g/hm^2）	机械/（g/hm^2）
数值	2.81×10^8	1.50×10^5	1.50×10^5	3.91×10^3

（4）可更新购买资源。劳动力投入折能（J/hm^2）=劳动力投入量[（人·d）/hm^2]×劳动力投入折能系数［J/人·d）］。中华羊茅种植过程中生产劳动力投入量为1［（人·d）/hm^2］，劳动力投入折能系数为1.26×10^7［J/（人·d）］，每6年劳动力投入折能计算结果为1.26×10^7 J/hm^2，则种植时每年劳动投入为2.10×10^6 J/hm^2。收获时生

产劳动力投入量为1.5［（人·d）/hm^2］，则收获时劳动力投入折能计算结果为1.89 × 10^7 J/hm^2。即总劳动投入为2.1 × 10^7 J/hm^2。

种子投入折能（J/hm^2）=播种量（kg/hm^2）× 种子折能系数（J/kg）。中华羊茅播种量为30 kg/hm^2，折算系数为1.63 × 10^7 J/kg（王小龙，2016），种子投入折能计算结果为4.89 × 10^8 J/hm^2。

有机肥投入折能（J/hm^2）=施用量（kg/hm^2）× 有机肥折能系数（J/kg）。中华羊茅种植时有机肥施用量为每年750 kg/hm^2，有机肥折能系数1.35 × 10^7 J/kg，有机质含量为45%，有机把投入折能计算结果为7.59 × 10^8 J/hm^2。

（5）中华羊茅籽粒与秸秆产出。中华羊茅秸秆年产量为2 250 kg/hm^2。多年生禾草成熟期茎秆的能量折算系数为18.15 × 10^6 J/kg（来桂林，2007）。中华羊茅年产籽粒量为390 kg/hm^2。籽粒折算系数为1.63 × 10^7 J/kg。

2. 中华羊茅能值转换率核算

根据上述原始数据计算结果，结合12.0 × 10^{24} sej/年基线条件下的能值转换率，计算中华羊茅生产各项资源投入和产品产出的太阳能值，并对其进行汇总，再用能值总投入与产出能量，计算出中华羊茅的太阳能值转换率，其结果如表15.15所示。

表15.15　青海中华羊茅能值转换率概算

序号	项目	原始数据	单位	能值转换率/（sej/unit）	太阳能值/sej
自然资源					
1	太阳能	5.12×10^{13}	J/hm^2	1	5.12×10^{13}
2	风能	5.87×10^{9}	J/hm^2	1.95×10^{3}	1.14×10^{13}
3	雨水化学能	1.06×10^{10}	J/hm^2	2.37×10^{4}	2.51×10^{14}
4	蒸散	2.43×10^{10}	J/hm^2	1.96×10^{4}	4.76×10^{14}
5	表层土净损失	6.56×10^{9}	J/hm^2	9.39×10^{4}	6.16×10^{14}
购买资源					
6	柴油	2.81×10^{8}	J/hm^2	6.16×10^{4}	1.73×10^{13}
7	机械	3.91×10^{3}	g/hm^2	8.57×10^{9}	3.35×10^{13}
8	氮肥	1.50×10^{5}	g/hm^2	4.84×10^{9}	7.26×10^{14}
9	复合肥	1.50×10^{5}	g/hm^2	3.56×10^{9}	5.34×10^{14}
10	有机肥	7.59×10^{5}	J/hm^2	9.40×10^{4}	7.13×10^{10}
11	人力	2.10×10^{7}	J/hm^2	1.94×10^{6}	4.07×10^{13}
12	种子	4.89×10^{8}	J/hm^2	2.55×10^{6}	1.25×10^{14}
投入	合计	—	—	—	2.64×10^{15}

续表

序号	项目	原始数据	单位	能值转换率/（sej/unit）	太阳能值/sej
产出	中华羊茅籽粒	3.90×10^6	g/hm^2	—	—
	中华羊茅秸秆	2.25×10^5	g/hm^2	—	—
	中华羊茅籽粒	6.36×10^9	J/hm^2	—	—
	中华羊茅秸秆	4.10×10^{10}	J/hm^2	—	—
能值转换率	中华羊茅籽粒	—	sej/g	1.00×10^9	—
	中华羊茅秸秆	—	sej/g	1.00×10^9	—
	中华羊茅籽粒	—	sej/J	5.59×10^4	—
	中华羊茅秸秆	—	sej/J	5.59×10^4	—

三、早熟禾能值转换率核算

早熟禾生产过程中，除种子外，其他各项资源的能值投入与中华羊茅生产过程相同。

早熟禾种子投入折能（J/hm^2）=播种量（kg/hm^2）× 种子折能系数（J/kg）

早熟禾播种量为15 kg/hm^2，折算系数为1.63×10^7 J/kg（王小龙，2016），种子投入折能计算结果为2.45×10^8 J/hm^2。

早熟禾秸秆年产量为1 500 kg/hm^2。多年生禾草成熟期茎秆的能量折算系数为1.815×10^7 J/kg。早熟禾年产籽粒量为420 kg/hm^2。籽粒折算系数为1.63×10^7 J/kg。

根据原始数据计算结果，计算出早熟禾的太阳能值转换率，其结果如表15.16所示。

表15.16　青海冷地早熟禾能值转换率概算

序号	项目	原始数据	单位	能值转换率/（sej/unit）	太阳能值/sej
自然资源					
1	太阳能	5.12×10^{13}	J/hm^2	1	5.12×10^{13}
2	风能	5.87×10^9	J/hm^2	1.95×10^3	1.14×10^{13}
3	雨水化学能	1.06×10^{10}	J/hm^2	2.37×10^4	2.51×10^{14}
4	蒸散	2.43×10^{10}	J/hm^2	1.96×10^4	4.76×10^{14}
5	表层土净损失	6.56×10^9	J/hm^2	9.39×10^4	6.16×10^{14}

续表

序号	项目	原始数据	单位	能值转换率/（sej/unit）	太阳能值/sej
购买资源					
6	柴油	2.81×10^{8}	J/hm²	6.16×10^{4}	1.73×10^{13}
7	机械	3.91×10^{3}	g/hm²	8.57×10^{9}	3.35×10^{13}
8	氮肥	1.50×10^{5}	g/hm²	4.84×10^{9}	7.26×10^{14}
9	复合肥	1.50×10^{5}	g/hm²	3.56×10^{9}	5.34×10^{14}
10	有机肥	7.59×10^{5}	J/hm²	9.40×10^{4}	7.13×10^{10}
11	人力	2.10×10^{7}	J/hm²	1.94×10^{6}	4.07×10^{13}
12	种子	2.45×10^{8}	J/hm²	2.55×10^{6}	6.25×10^{14}
投入	合计	—	—	—	2.58×10^{15}
产出	早熟禾籽粒	1.5×10^{6}	g/hm²	—	—
	早熟禾秸秆	4.20×10^{5}	g/hm²	—	—
	早熟禾籽粒	6.85×10^{9}	J/hm²	—	—
	早熟禾秸秆	2.73×10^{10}	J/hm²	—	—
能值转换率	早熟禾籽粒	—	sej/g	1.34×10^{9}	—
	早熟禾秸秆	—	sej/g	1.34×10^{9}	—
	早熟禾籽粒	—	sej/J	7.57×10^{4}	—
	早熟禾秸秆	—	sej/J	7.57×10^{4}	—

第三节　模型构建及评价指标

一、界定系统边界与资料收集

本研究在“四维时空尺度”下对牧场系统边界进行界定：第一尺度“二维”面积以各子系统的生产场所为边界；“第三维”以“高度、深度”作为纵向空间维度，上界为地表风10 m标准高度，下界为植物根系30 cm土壤深度；“第四维”为时间边界，以一个完整的生产年度为界限。整个系统将牧场系统的边界以饲草供给为起点，以家畜出栏为终点。整个牧场生产系统分为饲草种植亚系统、藏羊饲养亚系统。

在已界定的系统边界内，通过实地调研，明确系统的主要能量来源和系统内的主要组成部分，收集自然环境、地理条件、生产技术、模式建设及运行过程的投入和产出等各方面资料，分析牧场系统的主要能量流、物质流和货币流等，依据Odum创立的能值符号语言及能值图绘制系统能流图（图15.4）。

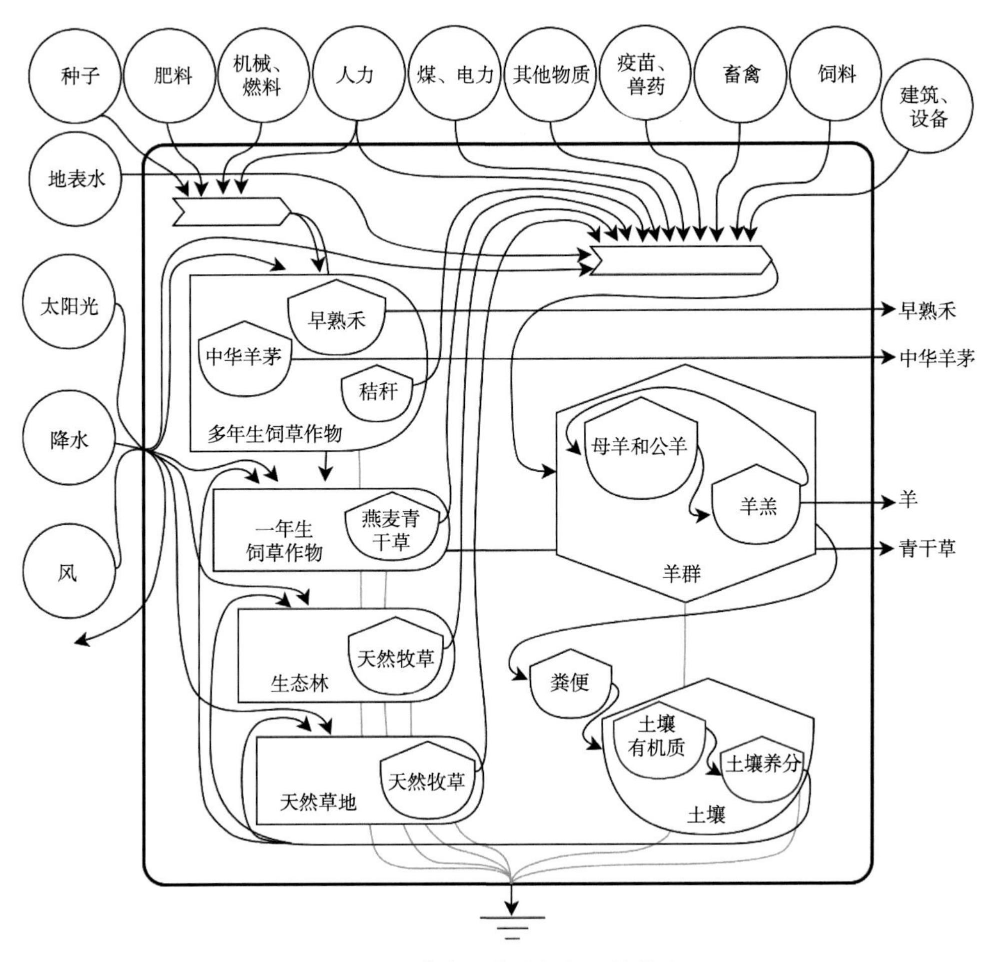

图15.4　青海湖体验牧场系统能流

图15.4描述了青海湖体验牧场草地畜牧业生产模式，从总体上反映了牧场能流特征和内部动态变化过程。根据投入系统的能量来源，牧场能值来源可分为两大类：一是自然界无偿提供的自然资源，包括可更新自然资源（R，如太阳能、雨水能等）和不可更新资源自然（N，如地下水、土壤有机质等），称为“免费资源”；二是来源于人类社会经济系统，即人类经济社会反馈投入的购买资源（F），包括不可更新购买资源（FN，如农机、化肥等）和可更新购买资源（FR，如人力、外购饲草），称为“购买能值”或“经济能值”。

在青海湖体验牧场草地畜牧业系统中，天然草地产出的天然牧草和人工草地产出的部分栽培饲草供给家畜食用，人工草地产出的草种籽粒和部分饲草外售。牧场饲养的家畜为藏羊，采用周期性的冷暖季放牧的放牧制度，采取放牧+舍饲养殖方式。

二、能值分析数据库构建

计算系统的主要能量流、物质流、经济流，编制能值分析表。根据确定的各资源相应能值转换率，结合原始数据，将牧场系统不同度量单位（J、g或美元）的生态流或经济流转换为能值单位（sej）。能值分析表一般包括项目、资源类别、流动量、太阳能值转换率、太阳能值等方面的内容。本研究中，自然资源数据来自当地气象站及“国家气象科学数据中心”。

青海湖体验牧场系统的能值分析及具体计算如表15.17所示。

表15.17　青海湖体验牧场系统能值分析

序号	项目	原始数据/（units/年）	单位	能值转换率/（sej/unit）	太阳能值（sej/年）	比例/%
本地可更新自然资源						
1	太阳能	1.12×10^{17}	J	1.00×10	1.12×10^{17}	
2	风能	2.19×10^{13}	J	1.95×10^{3}	4.27×10^{16}	
3	雨水化学能	4.67×10^{13}	J	2.37×10^{4}	1.11×10^{18}	
4	降水蒸散	5.52×10^{13}	J	1.96×10^{4}	1.08×10^{18}	36.77
本地不可更新自然资源						
5	表土净损失	6.90×10^{12}	J	9.39×10^{4}	6.48×10^{17}	22.02
6	地表水	2.07×10^{10}	J	1.86×10^{5}	3.86×10^{15}	0.13
购买资源						
7	种子	8.45×10^{11}	J	2.55×10^{5}	2.15×10^{17}	7.32
8	有机肥	4.90×10^{11}	J	9.40×10^{4}	4.60×10^{16}	1.56
9	人力	1.09×10^{11}	J	1.94×10^{6}	2.11×10^{17}	7.15
10	柴油	2.23×10^{11}	J	6.16×10^{4}	1.37×10^{16}	0.47
11	机械	1.69×10^{6}	g	8.56×10^{9}	1.45×10^{16}	0.49
12	氮肥	5.43×10^{7}	g	4.84×10^{9}	2.63×10^{17}	8.93
13	复合肥	7.55×10^{7}	g	3.56×10^{9}	2.69×10^{17}	9.13
14	玉米	7.68×10^{11}	J	1.08×10^{4}	8.29×10^{15}	0.28
15	豌豆	1.38×10^{11}	J	9.10×10^{5}	1.26×10^{17}	4.27
16	大豆	7.27×10^{6}	g	1.95×10^{9}	1.42×10^{16}	0.48
17	菜籽粕	2.82×10^{6}	g	4.62×10^{9}	1.30×10^{16}	0.44
18	青稞	1.26×10^{11}	J	4.32×10^{4}	5.43×10^{15}	0.18
19	盐	2.17×10^{5}	g	1.05×10^{9}	2.28×10^{14}	0.01
20	疫苗	2.53×10^{4}	g	1.89×10^{10}	4.78×10^{14}	0.02
21	消毒药	6.90×10^{3}	g	1.27×10^{10}	8.76×10^{13}	0.00
22	兽药	4.38×10^{4}	g	3.56×10^{9}	1.56×10^{14}	0.01

续表

序号	项目	原始数据/（units/年）	单位	能值转换率/(sej/unit)	太阳能值（sej/年）	比例/%
23	煤	1.15×10^{7}	g	5.08×10^{4}	5.84×10^{11}	0.00
24	电力	6.80×10^{10}	J	1.13×10^{5}	7.68×10^{15}	0.26
25	设备费	7.76×10^{2}	美元	2.94×10^{11}	2.28×10^{14}	0.01
26	建筑成本	6.57×10^{3}	美元	2.94×10^{11}	1.93×10^{15}	0.07
		能值总投入			2.94×10^{18}	
产出（包括服务）						
27.1	燕麦青干草	9.89×10^{5}	g			
27.2	中华羊茅秸秆	3.69×10^{5}	g			
27.3	草地早熟禾秸秆	6.56×10^{4}	g			
27.4	中华羊茅籽粒	6.60×10^{7}	g			
27.5	草地早熟禾籽粒	2.16×10^{7}	g			
27.6	羊肉（活重）	1.75×10^{8}	g			
27.7	羊肉（胴体）	9.18×10^{7}	g			
27.8	羊肉（胴体）	4.30×10^{11}	J			
27.9	羊毛	5.01×10^{6}	g			

三、能值评价指标体系

本研究从经济效益、资源利用和可持续性3个方面构建能值指标体系，对青海湖体验牧场进行研究，并分析牧场的特点及优化改进的方向和措施。青海湖体验牧场各能值指标表达式见表15.18。

表15.18　青海湖体验牧场能值指标

能值指标		单位	计算
系统能值流量	可更新自然资源（R）	sej	R
	不可更新自然资源（N）	sej	N
	可更新购买资源（FR）	sej	FR
	不可更新购买资源（FN）	sej	FN
	可更新资源（R+FR）	sej	R+FR
	不可更新资源（N+FN）	sej	N+FN
	系统能值总投入（U）	sej	R+N+FR+FN
	系统能值总产出（Y）	sej	Y
生态经济指标	能值自给率（ESR）	%	（R+N）/U
	能值产出率（EYR）	—	Y/（FR+FN）
	能值投资率（EIR）	—	（FR+FN）/（N+R）

续表

能值指标		单位	计算
可持续发展指标	可更新能值率（RER）	%	（R+FR）/U
	能值反馈率（FYR）	—	Y1/（FR+FN）
	可持续发展指数（ESI）	—	EYR/ELR
环境指标	环境负载率（ELR）	—	（N+FN）/（R+FR）

第四节　结果分析与小结

一、能值投入结构分析

2020年，青海湖体验牧场能值总投入约为2.94×10^{18} sej，其中可再生环境资源投入（R）、不可再生环境资源投入（N）、可再生购买投入（FR）和不可再生购买投入（FN）的贡献分别为36.77%、22.15%、21.71%和19.37%。青海湖体验牧场可再生资源和不可再生资源能值投入分别为1.72×10^{18} sej、1.22×10^{18} sej，分别占总投入能值的58.48%、41.52%。从自然资源和购买资源投入的角度来看，青海湖体验牧场购买资源能值投入为1.21×10^{18} sej，占能值总投入的41.08%。自然资源能值投入为1.73×10^{18} sej，占能值总投入的58.92%（图15.5）。在自然资源能值中，降水蒸散能值投入占62.41%，表土损失能值投入占37.37%，地表水能值投入占0.22%。青海湖体验牧场系统自然资源能值投入高于购买能值投入，属于依赖自然资源系统。

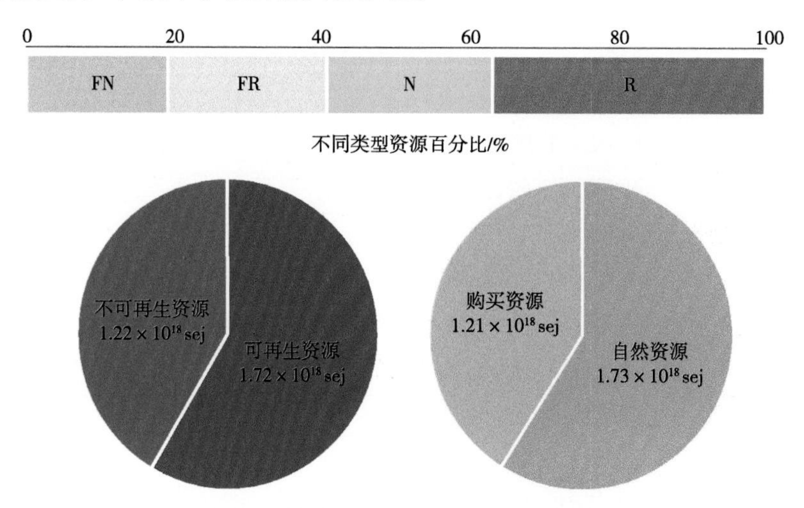

图15.5　青海湖体验牧场能值投入结构

由表15.17和图15.6可见，青海湖体验牧场系统能值投入以降水蒸散所占比重最高，其次为表土损失，分别占能值总投入的36.77%、22.02%，第三为复合肥能值投入，占9.13%，第四为氮肥能值投入，占8.93%。其投入能值与农牧场天然草地与人工草地面积大、气候及土壤因素相关。

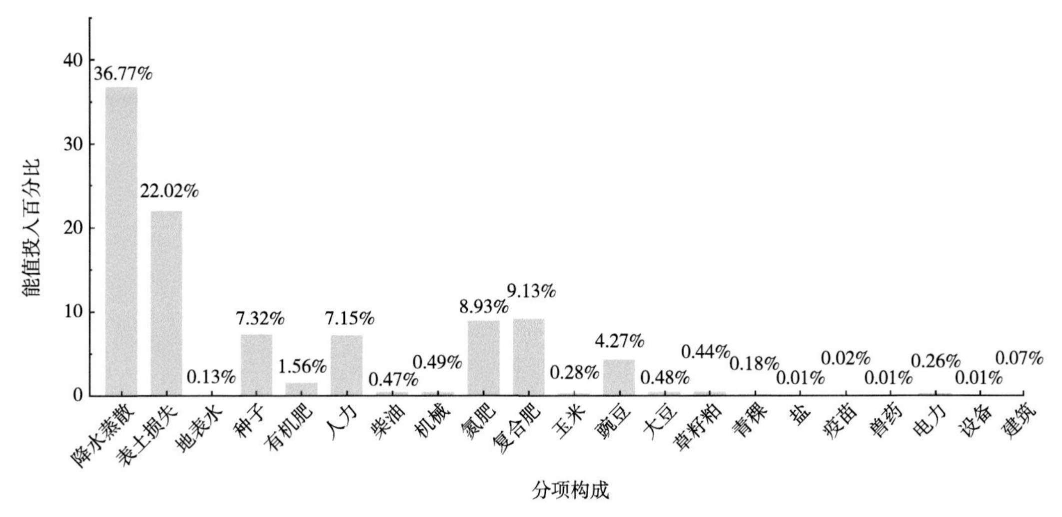

图15.6　青海湖体验牧场能值投入分项构成

二、能值评价指标分析

依据青海湖体验牧场能值投入、产出数据（表15.17），根据表15.18中的数学表达式，计算得出能值指标（表15.19）。

表15.19　青海湖体验牧场系统能值指标

类别	指标	数值
生态经济指标	能值自给率（ESR）	59.00%
	能值产出率（EYR）	2.51
	能值投资率（EIR）	0.70
可持续发展指标	可更新能值率（RER）	58.00%
	能值反馈率（FYR）	0.03
环境指标	环境负载率（ELR）	0.71
	可持续发展指数（ESI）	3.54

1. 经济性评价分析

（1）能值自给率（ESR）。能值自给率是自然资源能值投入与总能值投入之比，能够反映本地资源储量及自我支撑能力，其实质是系统资源竞争力的体现，用于评价环境资源对农牧场系统的贡献。ESR越大，说明系统的自我维持力越高，自我支撑能力越强。青海湖体验牧场能值自给率ESR为59.00%，自给率居中，说明牧场能够较好地利用当地资源。

（2）能值产出率（EYR）。能值产出率是系统产出能值与经济反馈能值之比，反馈能值来自经济系统，包括各种生产资料、劳力和燃料等。EYR可以衡量系统的生产效率，EYR>1时，说明系统产出能值大于其经济投入，EYR越高，表明系统向外界输出的能值越大，系统的生产效率越高，经济效益较高。青海湖体验牧场能值产出率EYR为2.51，表明牧场内部的能值储备较高，有较大的发展潜力。

（3）能值投资率（EIR）。能值投资率是经济系统资源能值（购买能值）与自然资源能值（无偿能值）的比值，是衡量经济发展程度和环境压力的重要指标，可以反映草地畜牧业系统的经济发展与生态环境承载力的关系，通过EIR可以判定自然资源对经济活动的负荷量，即评价草地畜牧业的系统成本。EIR越大，经济发展程度越高，环境压力也越大。青海湖体验牧场EIR为0.70，说明牧场依赖自然环境资源。

2. 可持续性评价分析

（1）可更新能值率（RER）。可更新能值率是系统可再生资源能值投入与总能值投入之比，用于评价草地畜牧业系统对可再生资源的利用能力。青海湖体验牧场可更新能值率RER为58.00%，说明牧场能较好地利用太阳能等可再生资源。

（2）能值反馈率（FYR）。能值反馈率是系统自身反馈的能值与经济系统投入能值之比，FYE值越大，系统的自组织能力越强。青海湖体验牧场系统中，饲草种植系统生产的燕麦青干草、中华羊茅秸秆和早熟禾秸秆用于藏羊的补饲，其反馈能值主要指补饲饲草的能值为0.03，表明牧场系统自组织能力较低。

3. 环境影响评价

（1）环境负载率（ELR）。环境负载率是系统不可再生资源能值与可再生资源能值的比值，ELR越大，系统的能值利用强度越高，同时对自然环境的压力也越大；相反，系统对环境的压力越小。ELR是对草地畜牧业系统具有警示意义的指标，若草地畜牧业系统长期处于较高的状态下，则会导致系统服务功能的退化甚至丧失。青海湖体验牧场环境负载率ELR为0.71，表明牧场系统对不可生资源的开发利用量较大。

（2）可持续发展指数ESI。可持续发展指数是能值产出率与能值与环境承载率之比，用以衡量系统的协调性和可持续性。若草地畜牧业系统的EYR较高，而ELR相对较低时，则该系统的发展是可持续的。根据Brown和Ulgiati（2004）的分析标准，ESI<1时，系统处于高消耗资源的状态；0<ESI<10时，系统富有活力和发展潜力，处于发展型经济形态；ESI>10时，系统对资源开发率低，处于不发达经济形态。青海湖体验牧场可持续发展指数ESI为3.54，说明牧场对草地资源进行了适当开发利用，具有发展潜力。

三、小结

根据能值分析方法，对青海湖体验牧场系统能值进行了定量核算和分析，牧场能值投入中，从自然资源和购买资源投入的角度来看，自然资源能值投入占58.92%，购买资源能值投入占41.08%；从可再生角度来看，牧场可再生资源投入占58.48%，不可再生资源占41.52%。

青海湖体验牧场能值自给率（ESR）为59%，能值产出率（EYR）为2.51，能值投资率（EIR）为0.7，表明牧场内部能值储备较高，能较充分地利用自然资源，有一定的发展潜力。

青海湖体验牧场更新能值率（RER）为58%，可持续发展指数（ESI）为3.54，表明牧场能较好地利用太阳能、降水等可再生资源，对草地资源进行了适当开发利用，且具有发展空间。

青海湖体验牧场环境负载率（ELR）为0.71，表明牧场系统对不可生资源的开发利用量较大，主要归因于牧场有较大的天然草地及人工草地，放牧与饲草种植造成了土壤有机质的流失。

参考文献

白永飞，潘庆民，邢旗，2016. 草地生产与生态功能合理配置的理论基础与关键技术[J]. 科学通报，61（2）：201–212.

拜彬强，郝力壮，刘书杰，等，2015. 补饲维生素D_3调控牛肉嫩度的研究进展及其机制[J]. 动物营养学报，27（1）：37–42.

包慧敏，2018. 基于计划行为理论的牧户草地放牧利用决策行为研究[D]. 呼和浩特：内蒙古农业大学.

边守义，李建科，王英东，等，1995. 高寒牧区放牧牦牛到低海拔异地育肥试验[J]. 草与畜杂志（4）：1–3.

蔡瑞，徐春城，2019. 堆肥用微生物及其效果研究进展[J]. 中国土壤与肥料（5）：1–7.

蔡瑞，张帅，郑猛虎，等，2023. 复合菌剂对青藏高原羊粪堆肥腐熟的影响[J]. 家畜生态学报，44（6）：71–78.

曹云，常志州，黄红英，等，2015. 添加腐熟猪粪对猪粪好氧堆肥效果的影响[J]. 农业工程学报，31（21）：220–226.

柴锦隆，2018. 模拟践踏和降水对高寒草甸土壤理化性质和微生物数量的影响[D]. 兰州：甘肃农业大学.

陈本学，李雁冰，范少辉，等，2020. 海南甘什岭白藤土壤种子库特征及幼苗更新能力[J]. 生态学杂志，39（4）：1091–1100.

陈刚，2010. 关于提升西藏地区传媒影响力的营销策略研究[J]. 西藏民族学院学报（哲学社会科学版），31（4）：52–56，124.

陈小鸿，陈先龙，李彩霞，等，2021. 基于手机信令数据的居民出行调查扩样模型[J]. 同济大学学报（自然科学版），49（1）：86–96.

陈扬，刘勤明，梁耀旭，2022. 小样本不平衡设备数据下的机器学习策略研究[J]. 上海理工大学学报，44（4）：407–416.

程才，李玉杰，张远东，等，2020. 石漠化地区苔藓结皮对土壤养分及生态化学计量特征的影响[J]. 生态学报，40（24）：9234–9244.

崔姹，王明利，胡向东，2018. 我国草牧业推进现状、问题及政策建议——基于山西、青海草牧业试点典型区域的调研[J]. 华中农业大学学报（社会科学版）（3）：73–80.

邓杰文，石杨，李斌，等，2022. 微生物在沙化土壤修复中的应用研究进展[J]. 应用与环境生物学报，28（5）：1367-1374.

丁成翔，杨晓霞，董全民，2020. 青藏高原高寒草原放牧方式对植被、土壤及微生物群落的影响[J]. 草地学报，28（1）：159-169.

董红敏，左玲玲，魏莎，等，2019. 建立畜禽废弃物养分管理制度促进种养结合绿色发展[J]. 中国科学院院刊，34（2）：180-189.

董全民，周华坤，施建军，等，2018. 高寒草地健康定量评价及生产——生态功能提升技术集成与示范[J]，青海科技（25）：15-24.

董世魁，杨明岳，任继周，等，2020. 基于放牧系统单元的草地可持续管理：概念与模式[J]. 草业科学，37（3）：403-412.

董怡玲，尹亚丽，李世雄，等，2022. 混单播措施下极度退化草地植被和土壤碳氮恢复效果研究[J]. 草业科学，39（8）：1579-1586.

董昱，闫慧敏，杜文鹏，等，2019. 基于供给—消耗关系的蒙古高原草地承载力时空变化分析[J]. 自然资源学报，34（5）：1093-1107.

杜春雨，2021. 基于主被动遥感数据协同的森林AGB估算及其饱和点分析[D]. 哈尔滨：东北林业大学.

杜文鹏，闫慧敏，封志明，等，2020. 基于生态供给-消耗平衡关系的中尼廊道地区生态承载力研究[J]. 生态学报，40（18）：6445-6458.

樊瑾，李诗瑶，王融融，等，2021. 荒漠草原生物结皮演替对结皮层及层下土壤细菌群落结构的影响[J]. 生态学杂志，40（7）：2033-2044.

冯敬舒，2019. 架子牛快速育肥技术[J]. 现代畜牧科技 （5）：14-15.

冯琴，王斌，海艺蕊，等，2022. 毛苕子不同播种量与燕麦混播对群落竞争及燕麦生物量分配的影响[J]. 草地学报，30（9）：2423-2429.

傅伯杰，欧阳志云，施鹏，等，2021. 青藏高原生态安全屏障状况与保护对策[J]. 中国科学院院刊，36（11）：1298-1306.

干珠扎布，胡国铮，高清竹，等，2019. 藏北高原草地生态治理与畜牧业协同发展模式研究[J]. 中国工程科学，21（5）：93-98.

高广磊，丁国栋，赵媛媛，等，2014. 生物结皮发育对毛乌素沙地土壤粒度特征的影响[J]. 农业机械学报，45（1）：115-120.

高宏元，2022. 青海省门源县天然草地地上生物量的遥感估测研究[D]. 兰州：兰州大学.

高树琴，段瑞，王竑晟，等，2021. 北方农牧交错带在保障国家大粮食安全中发挥重要作用[J]. 中国科学院院刊，36（6）：643-651.

高小刚，2019. 三江源区不同建植年限下草地群落结构和CO_2交换特征的变化[D]. 兰州：兰州大学.

苟文龙，李平，张建波，等，2019. 多花黑麦草+箭筈豌豆混播草地地上生物量和营养品质动态研究[J]. 草地学报，27（2）：473-481.
古琛，贾志清，杜波波，等，2022. 中国退化草地生态修复措施综述与展望[J]. 生态环境学报，31（7）：1465-1475.
郭军凯，2010. 青藏高原——气候变暖最敏感的地区[J]. 中学地理教学参考（Z1）：55-56.
韩彩霞，张丙昌，张元明，等，2016. 古尔班通古特沙漠南缘苔藓结皮中可培养真菌的多样性[J]. 中国沙漠，36（4）：1050.
贺韵雅，于海峰，逄圣慧，2011. 生物土壤结皮的生物学功能及其修复研究[J]. 地球与环境，39（1）：91-96.
侯帅君，2021. 多次刈割对青藏高原栽培草地生产力和温室气体排放的影响[D]. 兰州：兰州大学.
侯宪宽，董全民，施建军，等，2015. 青海草地早熟禾单播人工草地群落结构特征及土壤理化性质研究[J]. 中国草地学报，37（1）：65-69.
侯向阳，2017. 西部半干旱地区应大力发展旱作栽培草地[J]. 草业科学，34（1）：161-164.
贾伟，臧建军，张强，等，2017. 畜禽养殖废弃物还田利用模式发展战略[J]. 中国工程科学，19（4）：130-137.
姜哲浩，康文娟，柳小妮，等，2018. 施肥和补播对高寒草甸草原载畜能力的影响[J]. 草原与草坪，38（6）：68-78.
景美玲，马玉寿，李世雄，等，2017. 大通河上游16种多年生禾草引种试验研究[J]. 草业学报，26（6）：76-88.
来桂林，2007. 基于能值分析的青海省三角城种羊场生态系统可持续发展评价[D]. 兰州：甘肃农业大学.
李兵，郑晓伟，岳冰，2012. 基于逻辑框架法的养殖场污染治理项目绩效评估[J]. 项目管理技术，10（12）：52-57.
李炳垠，卜崇峰，李宜坪，等，2018. 毛乌素沙地生物结皮覆盖土壤碳通量日动态特征及其影响因子[J]. 水土保持研究，25（4）：174-180.
李国学，李玉春，李彦富，2003. 固体废物堆肥化及堆肥添加剂研究进展[J]. 农业环境科学学报，22（2）：252-256.
李慧贤，2018. 青藏高原农牧过渡区牦犏牛异地育肥效果对比试验[J]. 中国牛业科学，44（1）：8-9，19.
李积兰，李希来，2016. 高寒草甸矮嵩草的环境适应性研究进展[J]. 生态科学，35（2）：156-165.
李景芳，叶东东，陆东林，等，2015. 牦牛的生物学特性和生产性能[J]. 新疆畜牧业（4）：39-41.
李娟，张龙，雷春龙，等，2019. 黄芪黄酮的研究进展[J]. 畜牧与饲料科学，40（3）：65-67.

李林栖，马玉寿，李世雄，等，2017. 返青期休牧对祁连山区中度退化草原化草甸草地的影响[J]. 草业科学，34（10）：2016-2023.

李猛，何永涛，张林波，等，2017. 三江源草地ANPP变化特征及其与气候因子和载畜量的关系[J]. 中国草地学报，39（3）：49-56.

李念，孙维君，秦翔，等，2016. 祁连山老虎沟地区高寒草甸蒸散发估算[J]. 干旱区资源与环境，30（6）：173-178.

李双成，王晓玥，谢爱丽，等，2017. 基于多层感知器模型的MODIS地表温度降尺度研究[J]. 环境科学研究，30（12）：1889-1897.

李思达，2022. 青藏高原地区早熟禾与其它牧草混播草地生产性能和适应性评价[D]. 西宁：青海大学.

李文玉，2020. 基于深度学习的三江源区草地地上生物量估算研究[D]. 长沙：中南林业科技大学.

李新凯，卜崇峰，李宜坪，等，2018. 放牧干扰背景下藓结皮对毛乌素沙地土壤水分与风蚀的影响[J]. 水土保持研究，25（6）：22-28.

李兴龙，师尚礼，黄宗昌，等，2021. 黄土丘陵区不同饲草混播模式对种间关系的影响[J]. 草地学报，29（6）：1318-1326.

李耀辉，孟宪红，张宏升，等，2021. 青藏高原—沙漠的陆—气耦合及对干旱影响的进展及其关键科学问题[J]. 地球科学进展，36（3）：265-275.

李月芬，刘泓杉，王月娇，等，2018. 退化草地的生态化学计量学研究现状及发展动态[J]. 吉林农业大学学报，40（3）：253-257.

刘海新，2019. 内蒙古草地生产力时空分析及产草量遥感估算和预测[D]. 济南：山东科技大学.

刘及东，2010. 基于气候产草量模型与遥感产草量模型的草地退化研究[D]. 呼和浩特：内蒙古农业大学.

刘建红，黄鑫，何旭洋，等，2018. 基于MODIS的青海草原产草量及载畜平衡估算[J]. 草业科学，35（10）：2520-2529.

刘培培，张娇娇，刘书杰，等. 2016. 犊牛早期断奶对青海湖地区母牦牛牧食行为的影响[J]. 草业学报，25（12）：84-93.

刘玉祯，2023. 放牧方式对高寒草地生态系统多功能性的调控机制[D]. 西宁：青海大学.

刘玉祯，刘文亭，冯斌，等，2021. 坡向和海拔对高寒山地草甸植被分布格局特征的影响[J]. 草地学报，29（6）：1166-1173.

陆仲磷，阎萍，王槐田，2003. 中国牦牛科学技术发展回顾与展望[J]. 中国草食动物（3）：33-36.

罗其友，刘洋，唐华俊，等，2018. 新时期我国农业结构调整战略研究[J]. 中国工程科学，

20（5）：31-38.
罗征鹏，熊康宁，许留兴，2020. 生物土壤结皮生态修复功能研究及对石漠化治理的启示[J]. 水土保持研究，27（1）：394-404.
罗其友，刘洋，唐华俊，等，2018. 新时期我国农业结构调整战略研究[J]. 中国工程科学，20（5）：31-38.
洛加，2017. 青海："种养"双促生态富民[J]. 中国畜牧业（19）：28-29.
吕黄珍，韩鲁佳，杨增玲，等，2008. 猪粪麦秸反应器好氧堆肥工艺参数优化[J]. 农业机械学报，39（3）：101-105.
马玉寿，郎百宁，李青云，等，2002. 江河源区高寒草甸退化草地恢复与重建技术研究[J]. 草业科学（9）：1-5.
马玉寿，李世雄，王彦龙，等，2017. 返青期休牧对退化高寒草甸植被的影响[J]. 草地学报，25（2）：290-295.
牛小莹，李春堂，张海滨，等，2011. 欧拉羊在甘南半农半牧区与山谷型藏羊的适应性对比[J]. 畜兽医杂志，30（3）：31-34.
农业农村部种植业管理司，2021. 有机肥料：NY/T 525—2021[S]. 北京：中国农业出版社.
乔羽，赵允格，马昕昕，等，2022. 放牧强度对黄土丘陵沟壑区生物土壤结皮分布格局的影响[J]. 西北农林科技大学学报：自然科学版，50（8）：9.
秦福雯，徐恒康，刘晓丽，等，2019. 生物结皮对高寒草地植物群落和土壤化学性质的影响[J]. 草地学报，27（2）：285-290.
屈革荣，2021. 施肥对荒漠草原退化草地植被特征的影响研究[J]. 农业灾害研究，11（3）：45-46，49.
任继周，葛文华，张自和，1989. 草地畜牧业的出路在于建立草业系统[J]. 草业科学（5）：1-3.
任继周，侯扶江，胥刚，2011. 草原文化基因传承浅论[J]. 中国农史，30（4）：15-19.
尚占环，董全民，施建军，等，2018. 青藏高原"黑土滩"退化草地及其生态恢复近10年研究进展——兼论三江源生态恢复问题[J]. 草地学报，26（1）：1-21.
沈禹颖，杨轩，李向林，等，2016. 栽培草地与食物安全[J]. 科学中国人（25）：20-27.
时小可，颉建明，冯致，等，2015. 三种微生物菌剂对羊粪高温好氧堆肥的影响[J]. 中国农学通报，31（2）：45-48.
史培军，李博，李忠厚，等，1994. 大面积草地遥感估产技术研究：以内蒙古锡林郭勒草原估产为例[J]. 草地学报，2（1）：9-13.
史晓亮，王馨爽，2018. 黄土高原草地覆盖度时空变化及其对气候变化的响应[J]. 水土保持研究，25（4），189-194.
宋建超，鱼小军，魏孔涛，等，2021. 施氮对高寒区垂穗披碱草饲草生产性能及营养品质的影响[J]. 草地学报，29（7）：1555-1564.
苏延桂，李新荣，贾小红，等，2012. 温带荒漠区藻结皮固氮活性沿时间序列的变化[J]. 中国沙漠，32（2）：421.
孙建财，杨沙，武玉坤，等，2022. 高寒混播草地优势草种生态位与种间竞争力分析[J]. 草地学报，30（5）：1273-1279.
孙金金，汪鹏斌，徐长林，等，2019. 不同施肥水平对果洛高寒草甸草地的影响[J]. 草原与草坪，39（4）：25-30.
孙兴亮，郝晓华，王建，等，2022. 基于光谱-环境随机森林回归模型的MODIS积雪面积比例反演研究[J]. 冰川冻土，44（1）：147-158.
汤江武，2008. 猪粪好氧堆肥高效菌筛选、工艺优化及应用研究[D]. 杭州：浙江大学.
唐永昌，2014. 农牧交错区牛羊异地育肥模式调查[J]. 中国牛业科学，40（3）：51-53.
田广庆，2011. 青海柴达木地区荒漠化现状及防治对策研究[D]. 杨凌：西北农林科技大学.
田莉华，周青平，王加亭，等，2016. 青藏高原草地畜牧业生产现状、问题及对策[J]. 西南民族大学学报（自然科学版），42（2）：119-126.
童海刚，2020. 浅谈肉牛快速育肥的关键技术[J]. 畜牧兽医科技信息（4）：103.
汪波，宋丽君，王宗凯，等，2018. 我国饲料油菜种植及应用技术研究进展[J]. 中国油料作物学报，40（5）：695-701.
王丹，2020. 羔羊的快速育肥技术[J]. 饲料博览（9）：82.
王德利，王岭，2019. 草地管理概念的新释义[J]. 科学通报，64（11）：1106-1113.
王德利，王岭，辛晓平，等，2020. 退化草地的系统性恢复：概念、机制与途径[J]. 中国农业科学，53（13）：2532-2540.
王莉，孙宝忠，保善科，等，2015. 补饲和放牧牦牛肉品质及肌肉微观结构差异[J]. 肉类研究，29（6）：5-10.
王琪，吴成永，陈克龙，等，2019. 基于MODIS NPP数据的青海湖流域产草量与载畜量估算研究[J]. 生态科学，38（4）：178-185.
王邵军，2020. “植物-土壤”相互反馈的关键生态学问题：格局、过程与机制[J]. 南京林业大学学报（自然科学版），44（2）：1-9.
王涛，2011. 中国风沙防治工程[M]. 北京：科学出版社.
王小龙，2016. 基于生命周期评价与能值分析的循环农业评价理论、方法与实证研究[D]. 北京：中国农业大学.
王鑫厅，王炜，梁存柱，等，2015. 从正相互作用角度诠释过度放牧引起的草原退化[J]. 科学通报，60（Z2）：2794-2799.
王迎新，2020. 草畜互作对高寒生态系统结构和功能的影响[D]. 兰州：兰州大学.
卫世腾，宋敞珠，张莲芳，2022. 青海省畜牧业技术推广体系建设浅析[J]. 山东畜牧兽医，

43（6）：55-57.
肖波，赵允格，邵明安，2007. 陕北水蚀风蚀交错区两种生物结皮对土壤理化性质的影响[J]. 生态学报，11：4662-4670.
肖敏，李世林，赵晓东，等，2017. 金川牦牛引进到红原地区的适应性观察[J]. 湖北畜牧兽医，38（7）：10-11.
邢晓语，杨秀春，徐斌，等，2021. 基于随机森林算法的草原地上生物量遥感估算方法研究[J]. 地球信息科学学报，23（7）：1312-1324.
邢云飞，王晓丽，刘永琦，等，2020. 不同建植年限人工草地植物群落和土壤有机碳氮特征[J]. 草地学报，28（2）：521-528.
徐田伟，赵新全，张晓玲，等，2020. 青藏高原高寒地区生态草牧业可持续发展：原理、技术与实践[J]. 生态学报，40（18）：6324-6337.
许明，王蕊，汤萃文，2020. 草地生物量遥感估算方法综述[J]. 甘肃科技，36（21）：55-58.
许世圆，2022. 青海省河南蒙古族自治县生态空间重要性评价及分区管制研究[D]. 杨凌：西北农林科技大学.
旭日干，任继周，南志标，等，2016. 保障我国草地生态与食物安全的战略和政策[J]. 中国工程科学，18（1）：8-16.
阎萍，潘和平，2004. 不同季节牧草营养成分与牦牛血液激素含量变化的研究[J]. 甘肃农业大学学报（1）：50-52.
杨莉萍，陈玲，韦人，等，2013. 北方规模奶牛场犊牛断奶期的饲养管理[J]. 中国乳业（8）：42-43.
杨婷婷，丁路明，齐小晶，等，2016. 不同草地所有权下家庭牧场生产效率比较分析[J]. 生态学报，36（5）：1360-1367.
杨晓鹏，李平，董臣飞，等，2020. 多花黑麦草+燕麦混播草地地上生物量和营养品质动态研究[J]. 草地学报，28（1）：149-158.
杨鑫光，李希来，马盼盼，等，2021. 不同施肥水平下高寒矿区煤矸石山植被和土壤恢复效果研究[J]. 草业学报，30（8）：98-108.
杨有芳，字洪标，刘敏，等，2017. 高寒草甸土壤微生物群落功能多样性对广布弓背蚁蚁丘扰动的响应[J]. 草业学报，26（1）：43-53.
姚宏佳，王宝荣，安韶山，等，2022. 黄土高原生物结皮形成过程中土壤胞外酶活性及其化学计量变化特征[J]. 干旱区研究，39（2）：456-468.
姚喜喜，宫旭胤，张利平，等，2018. 放牧和长期围封对祁连山高寒草甸优势牧草营养品质的影响[J]. 草地学报，26（6）：1354-1362.
叶菁，2015. 翻耙、踩踏对苔藓结皮的生长及土壤水分，水蚀的影响[D]. 杨凌：中国科学院研究生院（教育部水土保持与生态环境研究中心）.

游浩妍，2013. 基于地理加权回归的草原产草量遥感估算模型研究[D]. 阜新：辽宁工程技术大学.

俞旸，杨晓霞，董全民，等，2019. 农业供给侧结构性改革下的青海省现代草地畜牧业发展研究[J]. 青海社会科学（6）：123-129.

负旭疆，2002. 高寒地区营养体农业的原理与效率研究[D]. 兰州：甘肃农业大学.

岳锦涛，杨新苗，殷广涛，2021. 基于手机信令数据的郊区公路交通状态分析[J] . 交通科技与经济，23（3）：1-8，15.

张娇娇，闫琦，刘培培，等，2017. 低海拔异地育肥牦牛与本地杂交肉牛（秦川×西门塔尔）在不同非蛋白氮水平饲粮条件下血液生理生化指标及生长性能的差异[J]. 动物营养学报，29（11）：3942-3950.

张景路，朱雅丽，张绘芳，等，2022. 基于Landsat 8遥感影像的阿尔泰山天然林生物量估测[J]. 中南林业科技大学学报，42（6）：33-44.

张君，徐尚荣，彭巍，等，2012. 犊牛断乳对产后母牦牛发情周期恢复的研究[J]. 青海畜牧兽医杂志，42（2）：1-3.

张敏娜，2020. 放牧对草地土壤资源异质性、植物多样性及生产力的调控机制[D]. 长春：东北师范大学.

张鹏鹏，2021. 基于机器学习的小麦穗检测及其产量卫星遥感预测研究[D]. 扬州：扬州大学.

张思琪，张科利，曹梓豪，等，2021. 喀斯特坡面生物结皮发育特征及其对土壤水分入渗的影响[J]. 应用生态学报，32（8）：2875.

张天然，2016. 基于手机信令数据的上海市域职住空间分析[J]. 城市交通，14（1）：15-23.

张小芳，张春平，董全民，等，2020. 三江源区高寒混播草地群落结构特征的研究[J]. 草地学报，28（4）：1090-1099.

张元明，王雪芹，2010. 荒漠地表生物土壤结皮形成与演替特征概述[J]. 生态学报（16）：4484-4492.

张子慧，吴世新，赵子飞，等，2022. 基于机器学习算法的草地地上生物量估测——以祁连山草地为例[J]. 生态学报，42（22）：8953-8963.

赵慧芳，李晓东，张东，等，2020. 基于MODIS数据的青海省草地地上生物量估算及影响因素研究[J]. 草业学报，29（12）：5-16.

赵亮，李奇，赵新全，2020. 三江源草地多功能性及其调控途径[J]. 资源科学，42（1）：78-86.

赵明伟，王妮，施慧慧，等，2019. 2001—2015年间我国陆地植被覆盖度时空变化及驱动力分析[J]. 干旱区地理，42（2）：324-331.

赵娜，赵新全，赵亮，等，2016. 植物功能性状对放牧干扰的响应[J]. 生态学杂志，35（7）：1916-1926.

赵玮媛，2019. 黄南州有机畜牧业战略发展研究[D]. 武汉：华中师范大学.

赵翊含，侯蒙京，冯琦胜，等，2022. 基于Landsat 8和随机森林的青海门源天然草地地上生物量遥感估算[J]. 草业学报，31（7）：1-14.

赵有璋，2013. 大力发展现代肉羊产业是平抑羊肉市场价格理性回归的根本途径[J]. 现代畜牧兽医（3）：1-2.

赵有璋，2013. 中国养羊学[M]. 北京：中国农业出版社.

赵玉婷，2021. 黄河源区高寒草地生态安全评价[D]. 兰州：兰州大学.

赵梓渝，魏冶，庞瑞秋，等，2017. 基于人口省际流动的中国城市网络转变中心性与控制力研究——兼论递归理论用于城市网络研究的条件性[J]. 地理学报，72（6）：1032-1048.

仲延凯，包青海，孙维，1991. 内蒙古白音锡勒牧场地区天然草场合理割草制度的研究[J]. 生态学报，11（3）：242-249.

周晓兵，张丙昌，张元明，2021. 生物土壤结皮固沙理论与实践[J].中国沙漠，41（1），164-173.

周智彬，徐新文，2004. 塔里木沙漠公路防护林土壤酶分布特征及其与有机质的关系[J]. 水土保持学报（5）：10-14.

ARIAS O，VINA S，UZAL M，et al.，2017. Composting of pig manure and forest green waste amended with industrial sludge[J]. Science of the Total Environment，586：1228-1236.

BAKKER E S，RITCHIE M E，HAN O，et al.，2010. Herbivore impact on grassland plant diversity depends on habitat productivity and herbivore size[J]. Ecology Letters，9（7）：780-788.

BARGER N N，WEBER B，GARCIA-PICHE F，et al.，2016. Patterns and controls on nitrogen cycling of biological soil crusts[M]//Biological soil crusts：an organizing principle in drylands[M]. Springer：Cham.

BELNAP J，LANGE O L，2001. Biological soil crusts：Structure，function and management[M]. Germany，Berlin：Springer-Verlag.

BROWN M T，2004. A picture is worth a thousand words：energy systems language and simulation[J]. Ecological Modelling，178（1）：83-100.

BROWN M T，CAMPBELL D E，DE VILBISS C，et al.，2016. The geobiosphere emergy baseline：A synthesis [J]. Ecological Modelling，339：92-95.

BROWN M T，ULGIATI S，2004. Emergy Analysis and Environmental Accounting[M]. New York：Elsevier.

BROWN M T，ULGIATI S，2010. Updated evaluation of exergy and emergy driving the geobiosphere：A review and refinement of the emergy baseline[J]. Ecological Modelling,

221：2501–2508.

BROWN M T，ULGIATI S，2004. Energy quality，emergy，and transformity：H. T. Odum's contributions to quantifying and understanding systems[J]. Ecological Modelling，178（1–2）：201–213.

BROWN M T，ULGIATI S，2016. Assessing the global environmental sources driving the geobiosphere：A revised emergy baseline[J]. Ecological Modelling，339：126–132.

BROWN M T，COHEN M，2019. Emergy Ecosystems and Network Analysis[M]. 2nd ed. Oxford：Elsevier，307–318.

CHEN P F，RONG Y P，ZHU Y U，et al.，2006. Determination of moisture in alfalfa by microwave oven[J]. Chinese Journal of Grassland，28（3）：53–55.

CHIQUOINE L P，ABELLA S R，BOWKER M A，2016. Rapidly restoring biological soil crusts and ecosystem functions in a severely disturbed desert ecosystem[J]. Ecological Applications，26（4）：1260–1272.

DALEZIOS N，DOMENIKIOTIS C，OUKAS A，et al.，2021. Cotton yield estimation based on NOAA/AVHRR produced NDVI[J]. Physics and Chemistry of the Earth，Part B：Hydrology，Oceans and Atmosphere，26（3）：247–251.

DE SOUZA K A，COOKE R F，SCHUBACH K M，et al.，2018. Performance，health and physiological responses of newly weaned feedlot cattle supplemented with feed-grade antibiotics or alternative feed ingredients[J]. Animal，12（12）：2521–2528.

DONG S K，SHANG Z H，GAO J X，et al.，2020. Enhancing sustainability of grassland ecosystems through ecological restoration and grazing management in an era of climate change on Qinghai-Tibetan Plateau[J]. Agriculture，Ecosystems & Environment，287：106684.

ELDRIDGE D J，GREENE R S B，1994. Microbiotic soil crusts：A view of the roles in soil and ecological processes in the range lands of Australia[J]. Australian Journal of Soil Research，32：389–415.

EN A，AKSA B，RD A，2020. Effects of prediction accuracy of the proportion of vegetation cover on land surface emissivity and temperature using the NDVI threshold method[J]. International Journal of Applied Earth Observation and Geoinformation，85：101984.

ERMOLAEV E，SUNDBERG C，PELL M，et al.，2019. Effects of moisture on emissions of methane，nitrous oxide and carbon dioxide from food and garden waste composting[J]. Journal of Cleaner Production，240：118165.

FANT J B，PRICE A L，LARKIN D J，2016. The influence of habitat disturbance on genetic structure and reproductive strategies within stands of native and non-native Phragmites australis（common reed）[J]. Diversity and Distributions，22（12）：1301–1313.

FENG S, LIU H W, NG C W W, 2020. Analytical analysis of the mechanical and hydrological effects of vegetation on shallow slope stability[J]. Computers and Geotechnics, 118（C）: 103335.

GANJURJAV H, HU G Z, ZHANG Y, et al., 2020. Warming tends to decrease ecosystem carbon and water use efficiency in dissimilar ways in an alpine meadow and a cultivated grassland in the Tibetan Plateau[J]. Agricultural and Forest Meteorology, 323: 109079.

GE M, ZHOU H, SHEN Y, et al., 2020. Effect of aeration rates on enzymatic activity and bacterial community succession during cattle manure composting[J]. Bioresource Technology, 304（1）: 122928.

GROSS K, 2016. Biodiversity and productivity entwined[J]. Nature, 529（7586）: 293–294.

GROSS N, BAGOUSSE Y L, LIANCOURT P, et al., 2017. Functional trait diversity maximizes ecosystem multifunctionality[J]. Nature Ecology & Evolution, 1（5）: 132.

GUO N, WU Q, SHI F, et al., 2021. Seasonal dynamics of diet-gut microbiota interaction in adaptation of yaks to life at high altitude[J]. Biofilms and Microbiomes, 7（1）: 38.

GUO R, LI G, JIANG T, et al., 2012. Effect of aeration rate, C/N ratio and moisture content on the stability and maturity of compost[J]. Bioresource Technology, 112: 171–178.

HADACHI A, POURMORADNASSERI M, KHOSHKHAH K, 2020. Unveiling large-scale commuting patterns based on mobile phone cellular network data[J]. Journal of Transport Geography, 89: 102871.

HERRERO-JÁUREGUI C, SCHMITZ M F, PINEDA F D, 2016. Effects of different clipping intensities on above-and below-ground production in simulated herbaceous plant communities[J]. Plant Biosystems-An International Journal Dealing with all Aspects of Plant Biology, 150（3）: 468–476.

HOU L, XIA F, CHEN Q, et al., 2021. Grassland ecological compensation policy in China improves grassland quality and increases herders' income[J]. Nature Communications, 12（1）: 1–12.

HUANG Q, YANG Y, XU Y, et al., 2021. Citywide road-network traffic monitoring using large-scale mobile signaling data[J]. Neurocomputing, 444: 136–146.

HUFKENS K, KEENAN T F, FLANAGAN L B, et al., 2016. Productivity of North American grasslands is increased under future climate scenarios despite rising aridity [J]. Nature Climate Change, 6: 710–714.

JIA Y, JIN S, SAVI P, et al., 2019. GNSS-R Soil Moisture Retrieval Based on a XGboost Machine Learning Aided Method: Performance and Validation[J]. Remote Sensing, 11（14）: 1655.

JIANG Z, MENG Q, NIU Q, et al., 2020. Understanding the key regulatory functions of red mud in cellulose breakdown and succession of β-glucosidase microbial community during composting[J]. Bioresource Technology, 318（4）: 124265.

JOHN R, CHEN J, GIANNICO V, et al., 2018. Grassland canopy cover and aboveground biomass in Mongolia and Inner Mongolia: Spatiotemporal estimates and controlling factors[J]. Remote Sensing of Environment, 213: 34–48.

JUNIOR A F, CALONEGO J C, ROSOLEM C A, et al., 2020. Increase of nitrogen-use efficiency by phosphorus fertilization in grass-legume pastures[J]. Nutrient Cycling in Agroecosystems, 118（2）: 1–11.

KARIHHO B E, NUNEZ F J, 2015. Evolution of resistance and tolerance to herbivores: testing the trade-off hypothesis [J]. PeerJ, 3（3）: e789.

KELLER A B, WALTER C A, BLUMENTHAL D M, et al., 2022. Stronger fertilization effects on aboveground versus belowground plant properties across nine U. S. grasslands [J]. Ecology, 104（2）: 1–15.

LI C X, DE J R, SCHMID B, et al., 2019. Spatial variation of human influences on grassland biomass on the Qinghai-Tibetan plateau[J]. Science of the Total Environment, 665: 678–689.

LI G, ZHU Q, NIU Q, et al., 2021. The degradation of organic matter coupled with the functional characteristics of microbial community during composting with different surfactants[J]. Bioresource Technology, 321: 124446.

LI M, HE X, TANG J, et al., 2021. Influence of moisture content on chicken manure stabilization during microbial agent-enhanced composting[J]. Chemosphere, 264（Pt 2）: 128549.

LI W, SUN Y N, YAN X T, et al., 2014. Flavonoids from Astragalus membranaceus and their inhibitory effects on LPS-stimulated pro-inflammatory cytokine production in bone marrow-derived dendritic cells[J]. Archives of Pharmacal Research, 37（2）: 186–192.

LI X R, ZHANG Y M, ZHAO Y G, 2009. A study of biological soil crusts: recent development, trend and prospect[J]. Advances in Earth Science, 24（1）: 11–24.

LI Y J, YU W C, WANG H, et al., 2014. Effects of rest grazing on organic carbon storage in Stipa Baicalensis steppe in Inner Mongolia[J]. Acta Ecologica Sinica, 34（3）: 170–177.

LI Y, LI C, LI M, et al., 2019. Influence of Variable Selection and Forest Type on Forest Aboveground Biomass Estimation Using Machine Learning Algorithms[J]. Forests, 10（12）: 1–22.

LI Z, LU H, REN L, et al., 2013. Experimental and modeling approaches for food waste composting: a review[J]. Chemosphere, 93（7）: 1247–1257.

LI Z，LU H，REN L，et al.，2013. Experimental and modeling approaches for food waste composting：a review. Chemosphere，93（7）：1247–1257.

LIU M，DRIES L，HEIJMAN W，et al.，2018. The impact of Ecological Construction Programs on Grassland Conservation in Inner Mongolia，China[J]. Land Degradation and Development，29（14）：326–336.

LIU P，DONG Q，LIU S，et al.，2018. Postpartum oestrous cycling resumption of yak cows following different calf weaning strategies under range conditions[J]. Animal Science Journal，89：1492–1530.

LIU S，MENG J，LAN Y，et al.，2021. Effect of corn straw biochar on corn straw composting by affecting effective bacterial community[J]. Preparative Biochemistry & Biotechnology，51（8）：792–802.

LIU X，LI L，GUO X，et al.，2018. Effects of water-replenishment and turning-technique on the maturity of green waste compost[J]. Science Technology and Engineering，18（7）：281–287.

LIU Y Y，WANG Q，ZHANG Z Y，et al.，2019. Grassland dynamics in responses to climate variation and human activities in China from 2000 to 2013[J]. Science of the Total Environment，690：27–39.

LONG R，DING L，SHANG Z，et al.，2008. The yak grazing system on the Qinghai-Tibetan plateau and its status[J]. Rangeland，30：241–246.

LUO S，DE D G B，JIANG B，et al.，2017. Soil biota suppress positive plant diversity effects on productivity at high but not low soil fertility[J]. Journal of Ecology，105（6）：1766–1774.

MA Z W，ZENG Y F，WU J，et al.，2021. Plant litter influences the temporal stability of plant community biomass in an alpine meadow by altering the stability and asynchrony of plant functional groups[J]. Functional Ecology，36（1）：148–158.

ODUM H T，1983. Systems ecology：an introduction[M]，New York：Wiley.

ODUM H T，1988. Self-organization，transformity，and information[J]. Science，242：1132–1139.

ODUM H T，1996. Environmental accounting：emergy and decision making[M]. New York：John Wiley.

ODUM H T，1996. Environmental accounting-emergy and environmentaldecision making. child development [M]. New York：Wiley.

ODUM H T，2000. Handbook of emergy evaluation folio 2#：emergy of global processes[M]. Gainesville：Center for Environmental Policy.

ODUM H T，BROWN M T，BRANDT-WILLIAMS S L，2000. Handbook of emergy evaluation folio 1：introduction and global budget[M]. Gainesville：Center for Environmental Policy.

PAN D F，LI X C，DE K J，et al.，2019. Food and habitat provisions jointly determine competitive and facilitative interactions among distantly related herbivores[J]. Functional Ecology，33（12）：2381–2390.

PEREIRA A M，COIMBRA S，2019. Advances in plant reproduction：from gametes to seeds[J]. Journal of Experimental Botany，70（11）：2933–2936.

PIIPPO S，MARKKOLA A，HARMA E，et al.，2011. Do compensatory shoot growth and mycorrhizal symbionts act as competing above- and below-ground sinks after simulated grazing?[J]. Plant Ecology，212（1）：33–42.

RODRIGUEZ-CABALLERO E，BELNAP J，BÜDEL B，et al.，2018. Dryland photoautotrophic soil surface communities endangered by global change[J]. Nature Geoscience，11（3）：185–189.

SHANG Z H，DEGEN A A，RAFIQ M K，et al.，2020. Carbon Management for promoting local livelihood in the Hindu Kush Himalayan （Hkh） Region[M]. Cham：Springer International Publishing.

SHEN Z W，MATTHEW C，NAN Z B，et al.，2015. Fruit set in perennial vetch （*Vicia unijuga*）：reproductive system and insect role in pollination[J]. Journal of Applied Entomology，139（10）：791–799.

SI L，PENG X，ZHOU J，et al.，2019. The suitability of growing mulberry（*Morus alba* L.）on soils consisting of urban sludge composted with garden waste：a new method for urban sludge disposal[J]. Environmental Science and Pollution Research，26（2）：1379–1393.

SIMS D A，RAHMAN A F，CORDOVA V D，et al.，2015. A new model of gross primary productivity for North American ecosystems based solely on the enhanced vegetation index and land surface temperature from MODIS[J]. Remote Sensing of Environment，112（4）：1633–1646.

SUN J，MA B，LU X，2018. Grazing enhances soil nutrient effects：Trade-offs between aboveground and belowground biomass in alpine grasslands of the Tibetan Plateau[J]. Land Degradation & Development，29（2）：337–348.

TIQUIA S M，TAM N F Y，HODGKISS I J，1998. Changes in chemical properties during composting of spent pig litter at different moisture contents[J]. Agriculture，Ecosystems and Environment，67（1）：79–89.

TODD S，HOFFER R，MILCHUNAS D，1998. Biomass estimation on grazed and ungrazed rangelands using spectral indices[J]. International Journal of Remote Sensing，19（3）：

427–438.

VALENTINE J F，BLYTHE E F，MADHAVAN S，et al.，2004. Effects of simulated herbivory on nitrogen enzyme levels，assimilation and allocation in Thalassia testudinum[J]. Aquatic Botany，79（3）：235–255.

VAN SOEST P J，ROBERTSON J B，LEWIS B A，1991. Methods for dietary fiber，neutral detergent fiber，and nonstarch polysaccharides in Relation to animal nutrition[J]. Journal of Dairy Science，74（10）：3583–3597.

WANG W，LI C，LI F，et al.，2016. Effects of early feeding on the host rumen transcriptome and bacterial diversity in lambs[J]. Scientific Reports，6：32479.

WANG Y，LEHNERT L W，HOLZAPFEL M，et al.，2018. Multiple indicators yield diverging results on grazing degradation and climate controls across Tibetan pastures[J]. Ecological Indicators，93：1199–1208.

WANG Y，REN Z，MA P P，et al.，2020. Effects of grassland degradation on ecological stoichiometry of soil ecosystems on the Qinghai-Tibet Plateau[J]. Science of The Total Environment，722：137910.

WEI D，QI Y H，MA Y M，et al.，2021. Plant uptake of CO_2 outpaces losses from permafrost and plant respiration on the Tibetan Plateau[J]. Proceedings of the National Academy of Sciences，33：e2015283118.

WEST N E，1990. Structure and function of microphytic soil crusts in wild-land ecosystems of arid to semi-arid regions[J]. Advances in Ecological Research，20：179–223.

WU J，ZHAO Y，YU H，et al.，2019. Effects of aeration rates on the structural changes in humic substance during co-composting of digestates and chicken manure[J]. Science of the Total Environment，658：510–520.

XI B，HE X，DANG Q，et al.，2015. Effect of multi-stage inoculation on the bacterial and fungal community structure during organic municipal solid wastes composting[J]. Bioresource Technology，196：399–405.

XU H，ZHANG Y，SHAO X，et al.，2022. Soil nitrogen and climate drive the positive effect of biological soil crusts on soil organic carbon sequestration in drylands：A Meta-analysis[J]. Science of The Total Environment，803：150030.

YANG F，LI Y，HAN Y H，et al.，2019. Performance of mature compost to control gaseous emissions in kitchen waste composting[J]. Science of the Total Environment，657：262–269.

YANG X，HU Q，HAN Z，et al.，2018. Effects of exogenous microbial inoculum on the structure and dynamics of bacterial communities in swine carcass composting[J]. Canadian Journal of Microbiology，64（12）：1042–1053.

YANG Y Y，KIM J G，2017. The life history strategy of Penthorum chinense：Implication for the restoration of early successional species[J]. Flora，233：109–117.

YU R P，ZHANG W P，YU Y C，et al.，2020. Linking shifts in species composition induced by grazing with root traits for phosphorus acquisition in a typical steppe in Inner Mongolia[J]. Science of The Total Environment，712：136495.

YUAN J，LI H，YANG Y，2020. The Compensatory tillering in the forage grass *hordeum brevisubulatum* after simulated grazing of different severity[J]. Frontiers in Plant Science，11：792.

ZENG Z T，GUO X Y，XU P，et al.，2018. Responses of microbial carbon metabolism and function diversity induced by complex fungal enzymes in lignocellulosic waste composting[J]. Science of the Total Environment，643：539–547.

ZHANG M N，LI G Y，LIU B，et al.，2020. Effects of herbivore assemblage on the spatial heterogeneity of soil nitrogen in eastern Eurasian steppe[J]. Journal of Applied Ecology，57（8）：1551–1560.

ZHANG T T，CHENG X M，WEI X L，et al.，2021. Research progress on desert lichen crust[J]. Mycosystema，40（1）：1–13.

ZHANG W，YU C，WANG X，et al.，2020. Increased abundance of nitrogen transforming bacteria by higher C/N ratio reduces the total losses of N and C in chicken manure and corn stover mix composting[J]. Bioresource Technology，297：122410.

ZHANG Y D，CHENG J，ZHENG N，et al.，2020. Different milk replacers alter growth performance and rumen bacterial diversity of dairy bull calves[J]. Livestock Science，231：103862.

ZHANG Y，ZHANG Y，GU J，et al.，2016. Effect of frequency on emission of H2S and NH3 in kitchen waste composting[J]. Environmental Engineering，34（4）：127–131.

ZHAO X Q，ZHAO L，LI Q，et al.，2018. Using balance of seasonal herbage supply and demand to inform sustainable grassland management on the Qinghai–Tibetan Plateau[J]. Frontiers of Agricultural Science and Engineering，5（1）：1–8.

ZHOU W，LI J L，YUE T X，2020. Remote sensing monitoring and evaluation of degraded grassland in China：accounting of grassland carbon source and carbon sink[M]. Singapore：Springer Singapore.

国家现代肉羊产业技术体系系列丛书·之十三

GUO JIA XIAN DAI ROU YANG CHAN YE JI SHU TI XI XI LIE CONG SHU

羊常见疾病诊断图谱与防治技术

张克山　高　娃　菅复春　主编

中国农业科学技术出版社

图书在版编目（CIP）数据

羊常见疾病诊断图谱与防治技术 / 张克山，高娃，菅复春主编．—北京：中国农业科学技术出版社，2013.11
ISBN 978－7－5116－1406－3

Ⅰ．①羊…　Ⅱ．①张…②高…③菅…　Ⅲ．①羊病－诊断－图谱②羊病－防治－图谱
Ⅳ．①S858.26－64

中国版本图书馆 CIP 数据核字（2013）第 249726 号

责任编辑　贺可香
责任校对　贾晓红

出 版 者　中国农业科学技术出版社
北京市中关村南大街 12 号　邮编：100081
电　　话　(010)82106638(编辑室)　(010)82109702(发行部)
(010)82109709(读者服务部)
传　　真　(010)82106650
网　　址　http://www.castp.cn
经 销 者　各地新华书店
印 刷 者　北京科信印刷有限公司
开　　本　787 mm×1 092 mm　1/16
印　　张　9.75
字　　数　280 千字
版　　次　2013 年 11 月第 1 版　2014 年 5 月第 3 次印刷
定　　价　60.00 元

《国家现代肉羊产业技术体系系列丛书》编委会

《羊常见疾病诊断图谱与防治技术》编委会

主　　编：张克山　高　娃　菅复春

副 主 编：刘湘涛　刘晓松　宁长申

编者单位：（按姓氏笔画顺序）

刘湘涛（中国农业科学院兰州兽医研究所）
逯忠新（中国农业科学院兰州兽医研究所）
尚佑军（中国农业科学院兰州兽医研究所）
张克山（中国农业科学院兰州兽医研究所）
刘永杰（中国农业科学院兰州兽医研究所）
刘晓松（内蒙古农牧业科学院兽医研究所）
高　娃（内蒙古农牧业科学院兽医研究所）
赵世华（内蒙古农牧业科学院兽医研究所）
常建华（内蒙古农牧业科学院兽医研究所）
凤　英（内蒙古农牧业科学院兽医研究所）
宋爱军（内蒙古农牧业科学院兽医研究所）
陈　伟（内蒙古农牧业科学院兽医研究所）
刘　威（内蒙古农牧业科学院兽医研究所）
宁长申（河南农业大学牧医工程学院）
张龙现（河南农业大学牧医工程学院）
菅复春（河南农业大学牧医工程学院）
王荣军（河南农业大学牧医工程学院）
张素梅（河南农业大学牧医工程学院）
王学兵（河南农业大学牧医工程学院）
陈其新（河南农业大学牧医工程学院）

总　序

随着人们生活水平的提高和饮食观念的更新，日常肉食已向高蛋白、低脂肪的动物食品方向转变。羊肉瘦肉多、脂肪少、肉质鲜嫩、易消化、膻味小、胆固醇含量低，是颇受消费者欢迎的“绿色”产品，而且肉羊产业具有出栏早、周转快、投入较少的突出特点。

目前，肉羊业发展最具有国际竞争力的国家为新西兰、澳大利亚和英国等发达国家，他们已建立了完善的肉羊繁育体系、产业化经营体系，并拥有自己的专用肉羊品种。这些国家的肉羊良种化程度和产业化技术水平都很高，占据着整个国际高档羊肉的主要市场。

我国肉羊产业发展飞快，短短五十年，已由一个存栏量只有 4 000 多万只的国家发展成为世界第一养羊大国。目前，我国绵羊、山羊品种资源丰富，存栏量近 3 亿只，全国各省、自治区、直辖市均有肉羊产业分布。养羊业不仅是边疆和少数民族地区农牧民赖以生存和这些地区经济发展的支柱产业，而且在农区发展势头更为迅猛。近年来，我国已先后引进许多国外优良肉用羊品种，为我国肉羊业发展起到了积极的推动作用，养羊业已成为转变农业发展方式、调整产业结构、促进农民增收的主要产业之一，在畜牧业乃至农业中占有重要地位。

但是，我国肉羊的规模化生产还处于刚刚起步阶段。从国内养羊的总体情况来看，良种化程度低，尚未形成专门化的肉羊品种；养殖方式粗放，大多采用低投入、低产出、分散的落后生产经营方式；在饲养管理、屠宰加工、销售服务等环节还存在许多质量安全隐患；羊肉及其产品的深加工研究和开发力度不够，缺乏有影响、知名度高的名牌羊肉产品；公益性的社会化服务体系供给严重不足。

2009 年 2 月国家肉羊产业技术体系建设正式启动，并制定出一系列的重大技术方案，旨在解决我国肉羊产业发展中的制约因素，提升我国养羊业的科技创新能力和产业化生产水平。

国家现代肉羊产业技术体系凝聚了国内肉羊育种与繁殖、饲料与营养、疫病防控、屠宰加工和产业经济最为优秀的专家和技术推广人员，我相信由他们编写的“国家现代肉羊产业技术体系系列丛书”的陆续出版，对我国肉羊养殖新技术的推广应用以及肉羊产业可持续发展，一定会起到积极的推动作用。

国家现代肉羊产业技术体系首席科学家
中国工程院院士

2010 年 4 月 12 日

前　言

畜牧业已经成为我国农业经济的支柱产业，养羊业在畜牧业生产中的比重日益增加。然而随着我国养羊业的规模化发展以及频繁的调运，羊传染病、寄生虫病和普通病已经严重制约我国养羊业的健康发展，部分人畜共患性羊传染病严重威胁公共卫生安全。我国羊病防治的整体水平较低，技术能力明显不足，除少数重大疾病外，绝大多数羊病“缺医、少药、无技术”，这种状况与快速发展的养羊业极不相称。为使广大基层兽医工作者和教学、科研人员更形象地理解和掌握羊病及其防治相关知识，编者汇集了多年积累的羊病病例图片和防治经验，将羊常见疾病以图文并茂的方式呈现给读者，力求通俗易懂，简单实用，体现专业性和通俗性的统一。以供养羊从业者、基层兽医人员、学生等相关人员参考使用，希望本书的出版能对我国羊病的防控与净化产生积极影响，推动我国羊产业健康发展。

本书在结构上分羊传染病、寄生虫病、普通病和附录四个部分。运用303副图片详细介绍了79种羊常见疾病的病原（因）、流行特点、症状、病理变化、诊断和防治技术。由于篇幅所限附录部分只提供了和羊病防控相关的法律法规和标准的名称，具体内容读者可从书店购买或网上下载。书中推荐的免疫程序、药物及使用剂量仅供参考，在生产实践中请在兽医指导下严格按各药物（疫苗）使用说明进行，本书编者对任何在羊病防治中所发生的对患病动物或财产所造成的损失不承担任何责任。

感谢国家现代肉羊产业技术体系首席科学家对本书的资助，感谢中国农业科学院兰州兽医研究所家畜疫病病原生物学国家重点实验室对本书出版的支持，感谢西北农林科技大学动物医学院权富生教授提出的宝贵修改意见，同时也向参考文献的作者表示诚挚的谢意。

编者

2013年10月

目　录

第一章　羊传染病 …… (1)
一、羊口蹄疫 …… (1)
二、羊痘 …… (3)
三、羊小反刍兽疫 …… (5)
四、羊蓝舌病 …… (7)
五、羊痒病 …… (8)
六、羊口疮 …… (9)
七、绵羊肺腺瘤 …… (12)
八、羊梅迪—维斯纳病 …… (13)
九、山羊关节炎—脑炎 …… (15)
十、羊伪狂犬 …… (16)
十一、羊施马伦贝格病 …… (17)
十二、羊布鲁氏杆菌病 …… (19)
十三、羊链球菌 …… (21)
十四、羊肠毒血症 …… (23)
十五、羊结核病 …… (24)
十六、羔羊痢疾 …… (25)
十七、羊破伤风 …… (26)
十八、羊巴氏杆菌 …… (27)
十九、羊传染性角膜结膜炎 …… (28)
二十、羊传染性胸膜肺炎 …… (29)
二十一、羊衣原体 …… (31)
第二章　羊寄生虫病 …… (34)
一、羊球虫病 …… (34)
二、羊巴贝斯虫病 …… (37)
三、羊泰勒虫病 …… (39)
四、羊弓形虫病 …… (41)
五、羊隐孢子虫病 …… (43)
六、羊边虫病 …… (45)
七、羊片形吸虫病 …… (48)
八、羊阔盘吸虫病 …… (51)

九、羊歧腔吸虫病 …………………………………………………………… (52)
十、羊前后盘吸虫病 ………………………………………………………… (54)
十一、羊日本分体吸虫病 …………………………………………………… (56)
十二、羊棘球蚴病 …………………………………………………………… (59)
十三、羊脑多头蚴病 ………………………………………………………… (61)
十四、羊细颈囊尾蚴病 ……………………………………………………… (64)
十五、羊绦虫病 ……………………………………………………………… (65)
十六、羊毛圆线虫病 ………………………………………………………… (68)
十七、羊食道口线虫病 ……………………………………………………… (69)
十八、羊仰口线虫病 ………………………………………………………… (71)
十九、羊肺线虫病 …………………………………………………………… (72)
二十、羊鞭虫病 ……………………………………………………………… (75)
二十一、羊疥螨病 …………………………………………………………… (76)
二十二、羊痒螨病 …………………………………………………………… (78)
二十三、羊狂蝇蛆病 ………………………………………………………… (79)
二十四、羊硬蜱病 …………………………………………………………… (81)
二十五、羊虱病 ……………………………………………………………… (84)
第三章　羊普通病 …………………………………………………………… (86)
一、羊口炎 …………………………………………………………………… (86)
二、羊食管阻塞 ……………………………………………………………… (87)
三、羊前胃弛缓 ……………………………………………………………… (88)
四、羊瘤胃积食 ……………………………………………………………… (90)
五、羊瘤胃臌胀 ……………………………………………………………… (91)
六、羊创伤性网胃—腹膜炎 ………………………………………………… (93)
七、羊皱胃阻塞 ……………………………………………………………… (94)
八、羊胃肠炎 ………………………………………………………………… (96)
九、羊吸入性肺炎 …………………………………………………………… (97)
十、羊酮病 …………………………………………………………………… (99)
十一、羊佝偻病 ……………………………………………………………… (100)
十二、羔羊白肌病 …………………………………………………………… (102)
十三、羊食毛症 ……………………………………………………………… (103)
十四、羊尿结石 ……………………………………………………………… (105)
十五、羊脱毛症 ……………………………………………………………… (108)
十六、羊维生素A缺乏症 …………………………………………………… (110)
十七、山羊遗传性甲状腺肿 ………………………………………………… (112)
十八、羊硒中毒 ……………………………………………………………… (114)
十九、羊瘤胃酸中毒 ………………………………………………………… (117)
二十、羊有机磷中毒 ………………………………………………………… (118)
二十一、羊硝酸盐和亚硝酸盐中毒 ………………………………………… (120)

二十二、羊尿素中毒 …………………………………………………………… (121)
二十三、羊直肠脱出 …………………………………………………………… (121)
二十四、羊创伤 ………………………………………………………………… (123)
二十五、羊脐疝 ………………………………………………………………… (124)
二十六、羊腹壁疝 ……………………………………………………………… (125)
二十七、羊蹄腐烂病 …………………………………………………………… (126)
二十八、羊乳房炎 ……………………………………………………………… (127)
二十九、羊子宫内膜炎 ………………………………………………………… (130)
三十、羊难产 …………………………………………………………………… (132)
三十一、羊生产瘫痪 …………………………………………………………… (134)
三十二、羊流产 ………………………………………………………………… (135)
三十三、羊胎衣不下 …………………………………………………………… (136)
附录 ……………………………………………………………………………… (139)
参考文献 ………………………………………………………………………… (140)

第一章　羊传染病

一、羊口蹄疫

本病是由口蹄疫病毒引起的一种急性、热性、高度接触性传染性病。临床症状以羊跛行及蹄冠、齿龈出现水泡和溃烂为主要特征，被列为必须通报的一类动物疫病。

病原　口蹄疫病毒（FMDV）属小 RNA 病毒科口蹄疫病毒属，共有 A、O、C、Asia1 和南非型（SAT-1、SAT-2 和 SAT-3）7 个血清型。FMDV 颗粒呈球形，无囊膜，直径 28 ~ 30 纳米（图 1 – 1）。病毒模式结构分析可见中心是紧密 RNA，外裹一层衣壳（约 5 纳米），呈二十面体，由 4 种结构蛋白组成的 60 个不对称亚单位构成（图 1 – 2）。

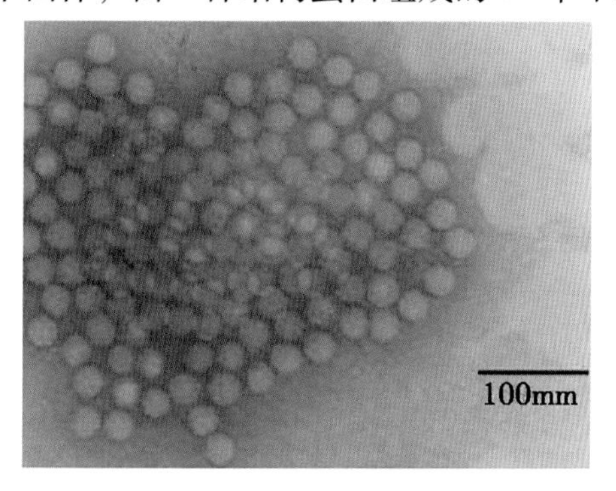

图 1 – 1　口蹄疫病毒粒子电镜图

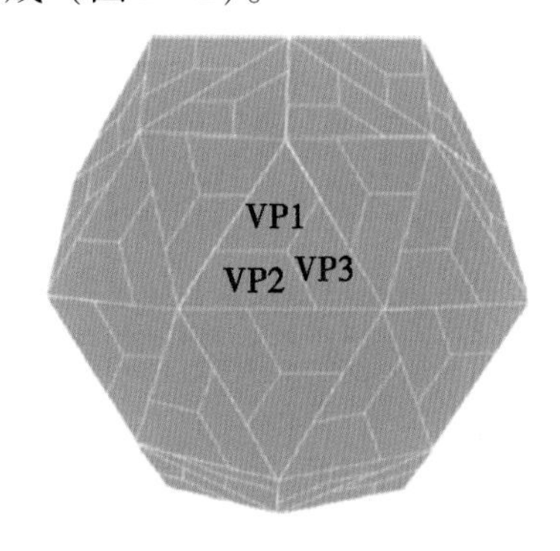

图 1 – 2　口蹄疫病毒模式图

流行特点　易感动物有牛、羊、猪、骆驼等各种偶蹄动物，许多野生偶蹄动物也可感染。动物对 FMDV 的易感性与动物的生理状态（妊娠、哺乳、免疫状况）、饲养条件和免疫程度等因素有关。发病动物和处于潜伏期动物的组织、器官以及分泌物、排泄物等都含有 FMDV。持续性感染的动物虽不表现临床症状，但它们都具有向外界排毒的能力。感染动物排出病毒的数量与动物种类、感染时间、发病的严重程度以及病毒毒株有直接关系。病羊发病后排毒期可长达 7 天。

症状　病羊体温升高至 40 ~ 41℃，精神沉郁，食欲减退或废绝，脉搏和呼吸加快。口腔、蹄、乳房等部位出现水疱、溃疡和糜烂（图 1 – 3，图 1 – 4）。严重病例可见咽喉、气管、前胃等黏膜上出现圆形烂斑和溃疡。绵羊蹄部症状明显，口腔黏膜变化较轻（图 1 – 5）。山羊症状多见于口腔，呈弥漫性口黏膜炎，水疱见于硬腭和舌面，蹄部病变较轻，个别病例乳房可见水泡（图 1 – 6）。

病理变化　除口腔、蹄部的水疱及烂斑外，病羊消化道黏膜有出血性炎症，心肌色泽较淡，质地松软，心外膜与心内膜有弥散性及斑点状出血，心肌切面有灰白色或淡黄色、针头大小的斑点或条纹，如虎斑称为“虎斑心”（图 1－7）。

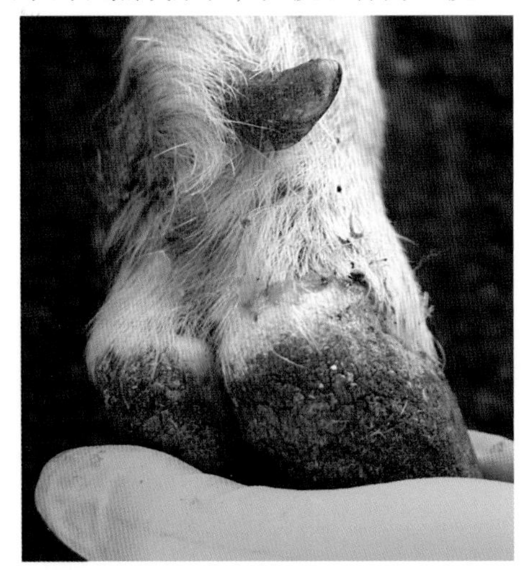

图 1－3　羊蹄冠部有白色水泡

图 1－4　羊蹄壳脱落

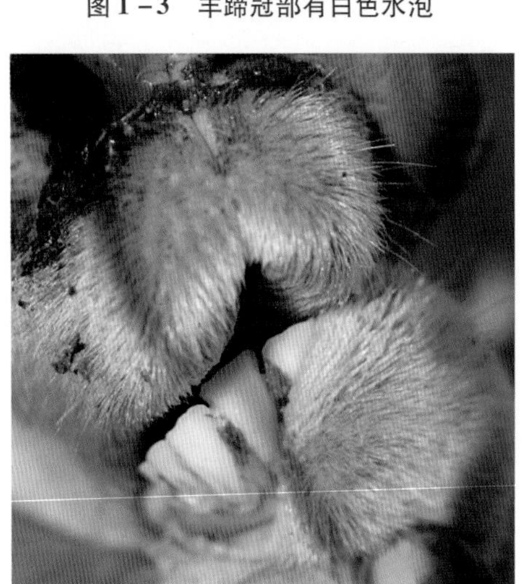

图 1－5　羊齿龈溃烂

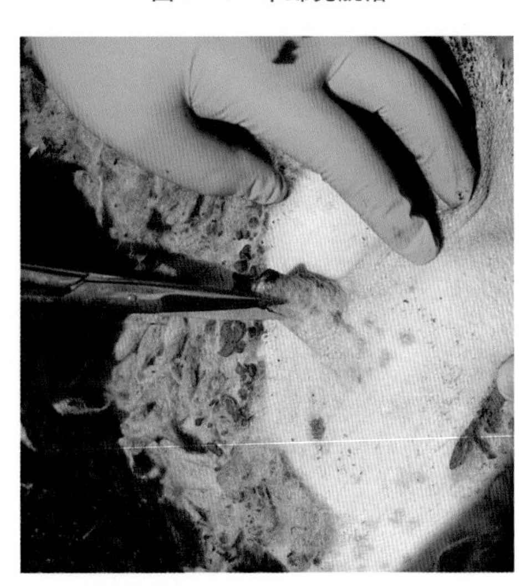

图 1－6　羊乳房水泡

诊断　由于和 FMD 症状类似的疫病（如羊口疮、腐蹄病、水疱性口炎等）在临床症状上不易区分，因此，任何可疑病例必须借助实验室方法进行确诊。血清学诊断主要有病毒中和试验（VNT）、正向间接血凝试验（IHA）和液相阻断 ELISA（LPB-ELISA）等，其中，VNT、LPB-ELISA 和 3ABC 抗体 ELISA 是国际贸易中指定的使用方法。病原学诊断主要有补体结合试验、病毒中和试验、反向间接血凝试验、间接夹心 ELISA 和 RT-PCR 技术。

防制　FMD 防制的基本措施有：①对病羊、同群羊及可能感染的动物强制扑杀；②对易感动物实施免疫接种；③限制动物、动物产品及其他染毒物的移动；④严格和强化动物卫生监督措施；⑤流行病学调查与监测；⑥疫情预报和风险分析。一旦发生疫情应严格按照《重大动物疫病应急预案》、《国家突发重大动物疫情应急预案》和《口蹄疫防治技术规范 》进行处置。

图 1－7　羊“虎斑心”

二、羊痘

本病是由羊痘病毒引起的绵羊或山羊的一种急性、热性、接触性传染病，以体表无毛或少毛处皮肤和黏膜发生痘疹为特征，被列为必须通报的一类动物疫病。

病原　绵羊痘病毒和山羊痘病毒均属痘病毒科，病毒颗粒呈椭圆形或砖形，大小约为 167 纳米 ×292 纳米（图 1－8）。表面有短管状物覆盖，病毒核心两面凹陷呈盘状（图 1－9）。羊痘病毒在易感细胞的胞浆内复制，形成嗜酸性包涵体。

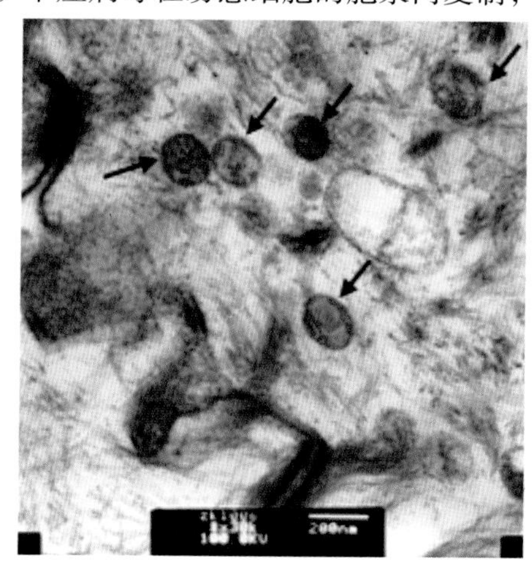

图 1－8　羊痘病毒透射电镜观察

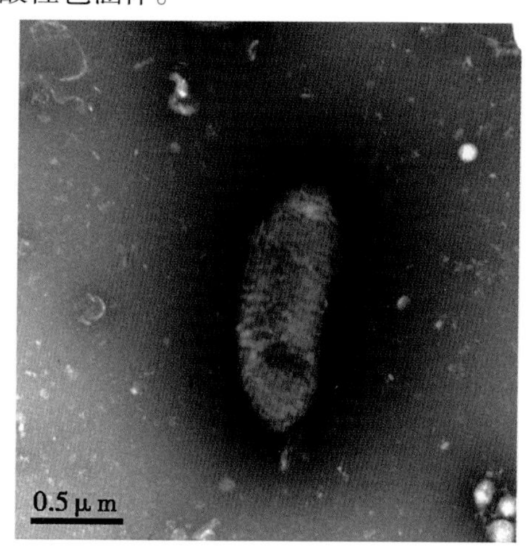

图 1－9　羊痘病毒负染电镜观察

流行特点　感染的病羊和带毒羊是传染源。病羊唾液内经常含有大量病毒，健康羊因接触病羊或污染的圈舍及用具感染。主要通过呼吸道感染，其次是消化道。绵羊痘病毒主要感染绵羊，山羊痘病毒主要感染山羊。自然情况下，羊痘一年四季均可发生。

症状　病羊病初发热，呼吸急促，眼睑肿胀，鼻孔流出浆液浓性鼻涕。1～2 天后，皮肤出现肿块（图 1－10），并于无毛或少毛部位的皮肤处（特别是在颊、唇、耳、尾下和腿内侧）出现绿豆大的红色斑疹（图 1－11，图 1－12），再经 2～3 天丘疹内出现淡黄色透明液体，中央呈脐状下陷，成为水疱，继而疱液呈脓性为脓疱。脓疱随后干涸而成痂皮，痂皮呈黄褐色。非典型羊痘全身症状较轻，有的脓疱融合形成大的融合痘（图 1－13，图 1－

14)；脓疱伴发出血形成血痘。重症病羊常继发肺炎和肠炎。

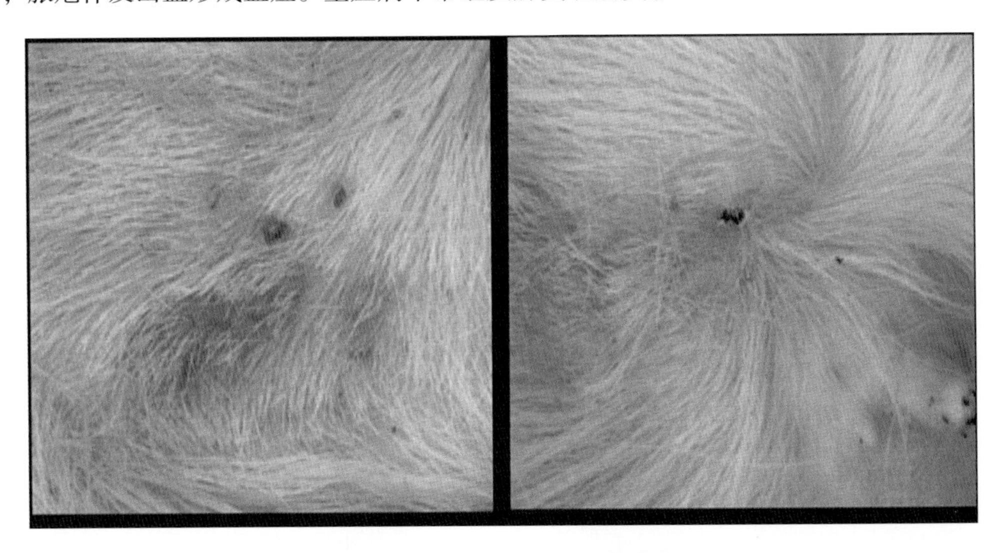

图 1－10　无毛和少毛区红色丘疹

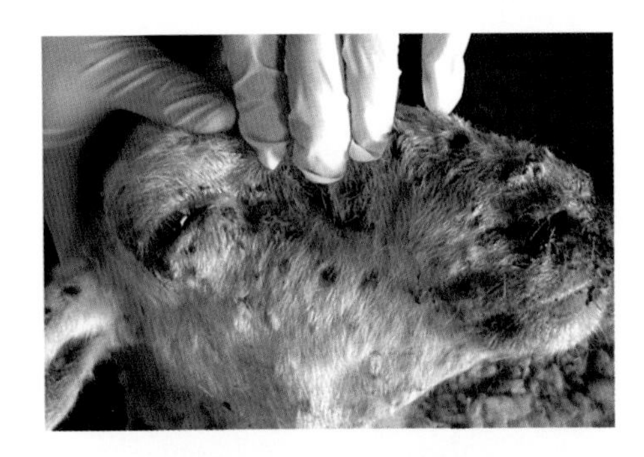

图 1－11　面部痘结溃烂

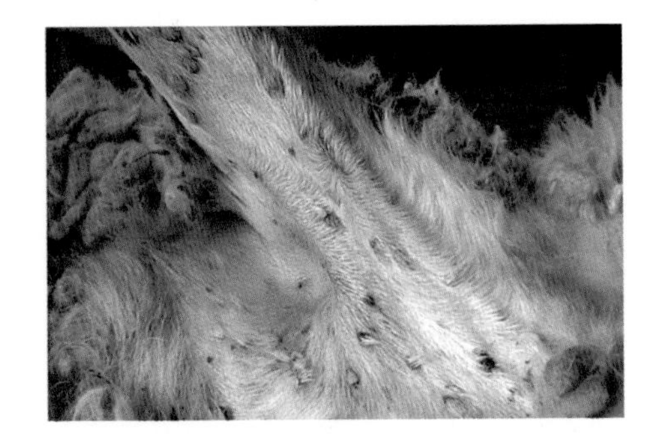

图 1－12　腋下痘结溃烂

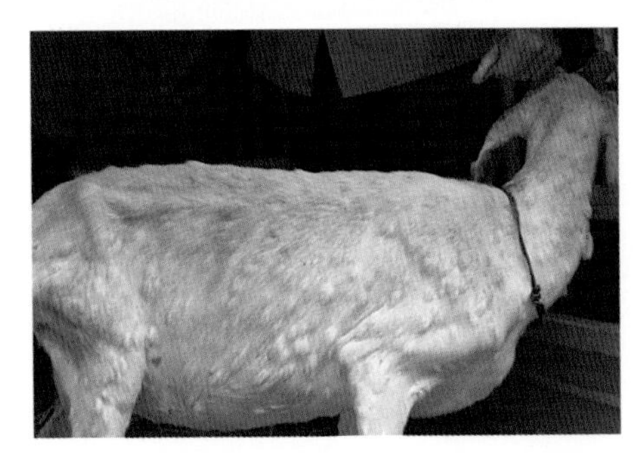

图 1－13　全身痘疹

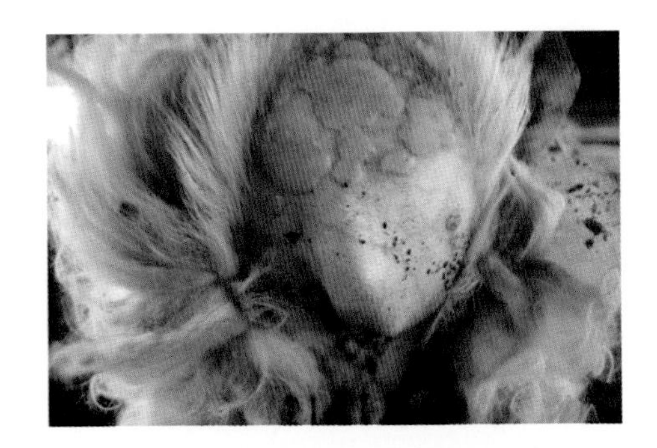

图 1－14　尾根部痘疹

病理变化　剖检可见皮肤和口腔黏膜的痘疹，鼻腔、喉头、气管及前胃和皱胃黏膜有大小不等的圆形痘疹（图 1－15），肺脏痘疹病变主要位于膈叶，其次为心叶和尖叶（图 1－16）。镜检痘疹部主要病变是皮肤真皮浆液性炎症，充血、水肿，中性粒细胞和淋巴细胞浸润（图 1－17）。表皮细胞轻度肿胀，大量增生、水泡变性，表皮层明显增厚，向外突出。表皮细胞胞浆中可见包涵体。真皮充血、水肿，在血管周围和胶原纤维束之间出现单核细胞、巨噬细胞和成纤维细胞，变性的表皮细胞可见包涵体，真皮充血、水肿和炎性细胞浸润

（图 1－18）。

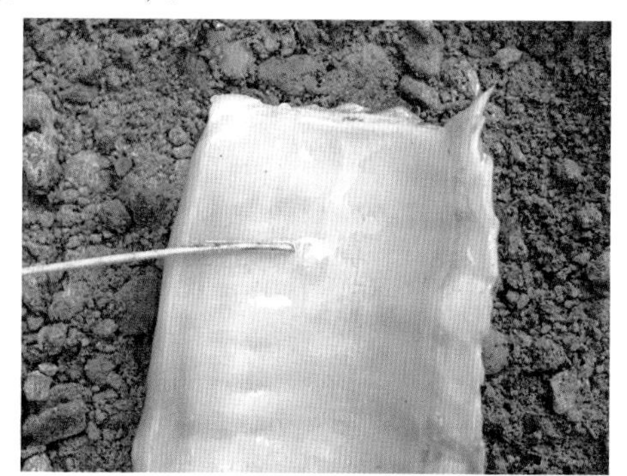

图 1－15　病羊气管痘疹

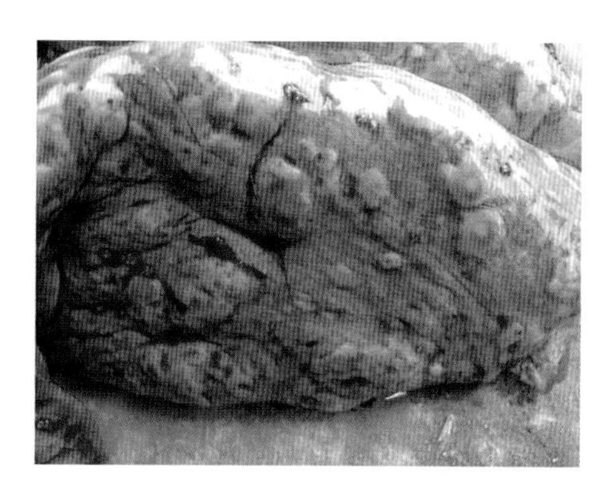

图 1－16　病羊肺脏痘疹

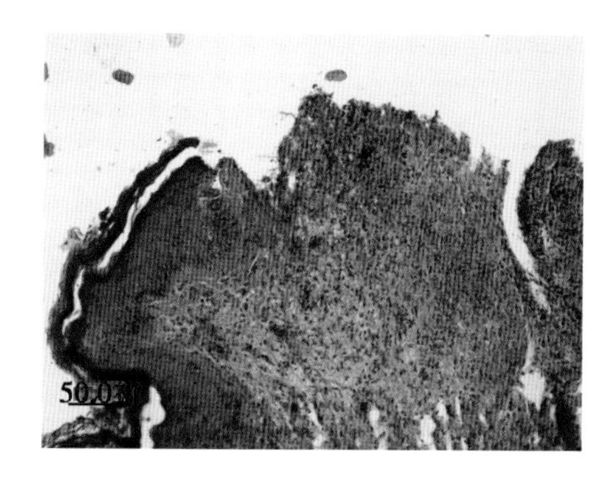

图 1－17　病理切片 H. E 染色（100×）

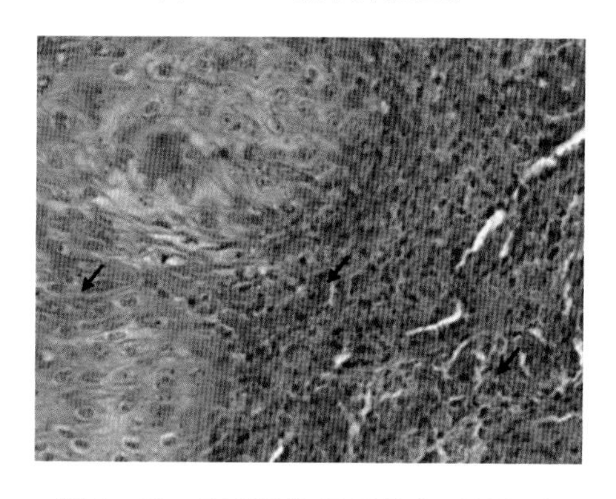

图 1－18　病理切片 H. E 染色（200×）

诊断　根据流行病学、临诊症状、病理变化和组织学特征可做出初步诊断。利用电镜观察，PCR 特异性目的基因扩增和中和试验可进行确诊。

防制　羊场和养羊户应选择健康的良种公羊和母羊，坚持自繁自养。保持羊圈环境的清洁卫生。羊舍定期进行消毒，有计划的进行羊痘疫苗免疫接种。一旦发生疫情应严格按照《重大动物疫病应急预案》、《国家突发重大动物疫情应急预案》和《绵羊痘、山羊痘防治技术规范》进行处置。

三、羊小反刍兽疫

该病是由小反刍兽疫病毒引起的小反刍动物的一种急性、烈性、接触性传染病，主要感染山羊、绵羊及一些野生小反刍动物，临床症状以发热、口炎、腹泻、肺炎为特征，被列为必须通报的一类动物疫病。

病原　小反刍兽疫病毒（PPRV）属于副黏病毒科，麻疹病毒属。该病毒只有 1 个血清型，根据基因组序列差异可将其分为 4 个群。病毒颗粒呈多形性，多为圆形或椭圆形，直径 130～390 纳米（图 1－19）。PPRV 可以在绵羊或山羊胎肾、犊牛肾、人羊膜和猴肾的原代或传代细胞上生长繁殖，也可以在 MDBK、BHK-21 等细胞株（系）繁殖并产生 CPE。PPRV 对酒精、乙醚和一些去垢剂敏感，乙醚在 4℃ 12 小时可将其灭活。大多数化学消毒剂如酚类、2% NaOH 等作用 24 小时可以灭活该病毒。

流行特点　该病传染源主要为患病动物和隐性感染动物，处于亚临床状态的病羊尤其危险。病畜的分泌物和排泄物均可传播本病。PPRV 主要以直接、间接接触方式传播，呼吸道为主要感染途径。病毒可经受精及胚胎移植传播。PPRV 主要感染山羊、绵羊等小反刍兽，但不同品种的羊敏感性有差别，通常山羊比绵羊更易感，另外，猪和牛也可感染 PPRV，但通常无临床症状，也不能够将其传染给其他动物，值得注意和警惕的是，这种非靶标动物感染有可能导致小反刍兽疫病毒血清型的改变。本病在多雨季节和干燥寒冷季节多发。

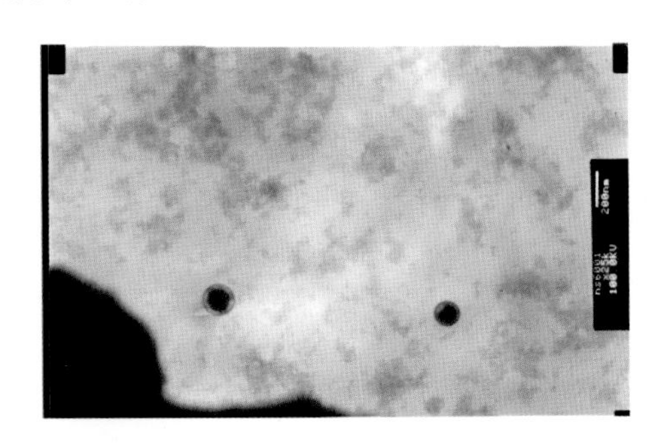

图 1－19　PPRV 病毒粒子电镜照片

症状　急性型体温可上升至 41℃，持续 3～5 天。感染动物烦躁不安，背毛无光，口鼻干燥，食欲减退。流黏液脓性鼻漏，呼出恶臭气体（图 1－20）。口腔黏膜充血，颊黏膜广泛性损害、导致多涎，随后出现坏死性病灶（图 1－21），口腔黏膜出现小的粗糙红色浅表坏死病灶，以后变成粉红色，感染部位包括下唇、下齿龈等（图 1－22）。严重病例可见坏死病灶波及齿垫、腭、颊部及其乳头、舌头等处。后期出现带血水样腹泻，严重脱水（图 1－23），消瘦，随之体温下降。出现咳嗽、呼吸异常。

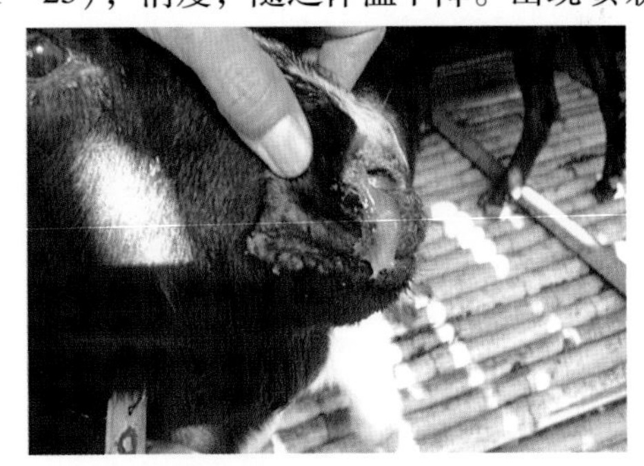

图 1－20　脓性鼻涕

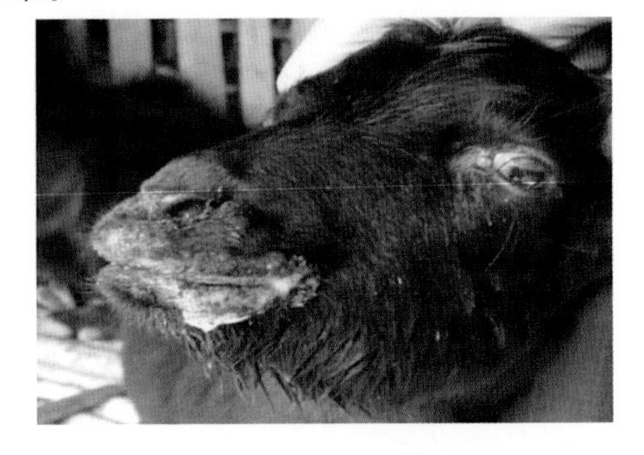

图 1－21　病羊流涎

病理变化　剖检可见结膜炎、坏死性口炎和肺炎等病变（图 1－24），皱胃常出现病变，瘤胃、网胃、瓣胃很少出现病变，病变部常出现有规则、有轮廓的糜烂，创面红色、出血。肠可见糜烂或出血，尤其在结肠、直肠结合处呈特征性线状出血或斑马样条纹（图 1－25）。淋巴结肿大，脾有坏死性病变。在鼻甲、喉、气管等处有出血斑。

诊断　根据流行病学、临床症状、病理变化和组织学特征可做出初步诊断。结合病毒分离培养、病毒中和实验（VNT）、酶联免疫吸附试验（ELISA）和 RT-PCR 分子检测技术可确诊。

防制　新传入该病的国家和地区应严密封锁疫区，隔离消毒，扑杀患畜。使用弱毒疫苗进行免疫预防接种。目前，我国除在西藏部分地区发现 PPR 外，尚未在其他地区发现该病，

应在与 PPR 流行国家接壤的边境地区实施强制免疫接种，建立免疫保护带，严防该病传入；同时加强边境及内地地区疫情监测，一旦确诊该病应严格按照《重大动物疫病应急预案》和《国家突发重大动物疫情应急预案》进行处置。

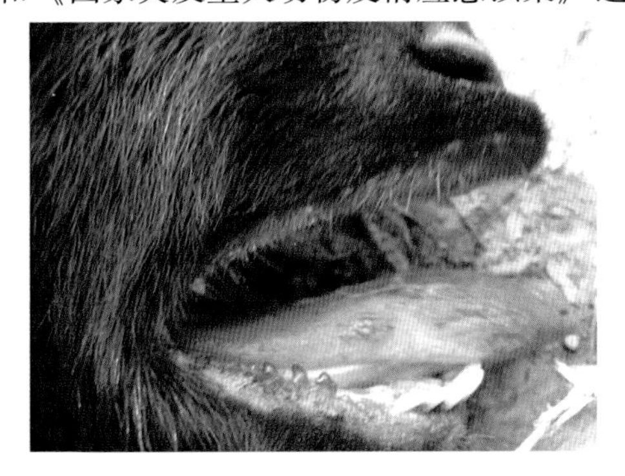

图 1－22 口腔黏膜充血

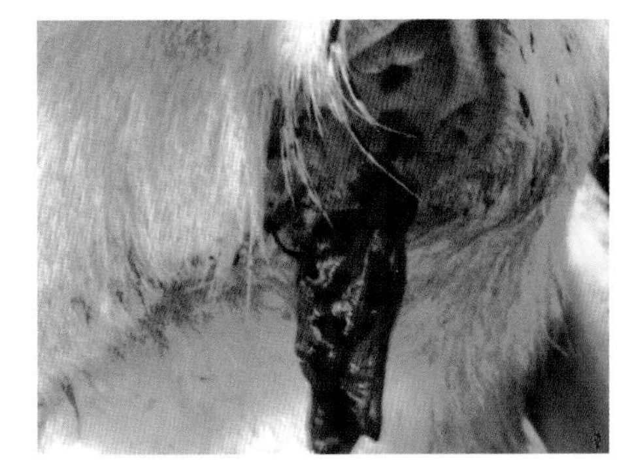

图 1－23 病羊腹泻

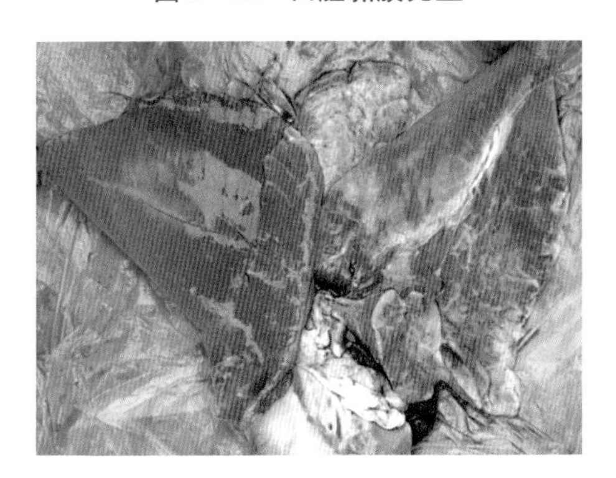

图 1－24 病羊肺炎

图 1－25 结肠直肠斑马样条纹

四、羊蓝舌病

本病是由蓝舌病病毒引起的一种主要发生于绵羊的非接触性虫媒性传染病，以发热、白细胞减少和胃肠道黏膜严重卡他性炎症为主要特征，被列为必须通报的一类动物疫病。

病原 蓝舌病病毒（BTV）是呼肠孤病毒科，环状病毒属（Orbivirus）蓝舌病病毒亚群的成员。目前发现，BTV 有 24 个血清型，各个国家和地区血清型的分布各不相同。BTV 颗粒呈 20 面体对称，无囊膜，病毒衣壳呈双层结构。BTV 基因组为双股 RNA 结构，在干燥的感染血清或者血液中长期存活。BTV 对乙醚、氯仿和 0.1% 去氧胆酸钠有一定抵抗力。

流行特点 患病动物和隐性携带者是主要传染源，感染动物血液病毒达 4 个月之久。牛、山羊、鹿、羚羊等动物也能感染发病，但症状轻或无明显症状，成为隐性带毒者。BTV 主要通过吸血昆虫传播，库蠓是 BTV 的主要传染媒介（图 1－26，图 1－27）。各种品种、性别和年龄的绵羊都可感染发病，1 岁左右的青年羊发病率和死亡率高。BTV 的发生具有明显的地区性和季节性，这与传染媒介库蠓的分布、活动区域及季节密切相关。BTV 多发生于湿热的晚春、夏季和早秋，特别多见于池塘、河流多的低洼地区。

症状 急性型表现为体温升高到 41℃以上，体温升高后不久，病羊表现流涕、流涎，上唇水肿，可蔓延到整个面部（图 1－28），口腔黏膜充血、发绀呈紫色，接着出现口腔连同唇、颊、舌黏膜上皮糜烂，随着病程的发展口和舌组织发生溃疡（图 1－29）。继发感染进一步引起坏死，口腔恶臭。病羊消瘦，便秘或腹泻，有时发生带血性的下痢。多并发肺炎和胃肠炎而死亡。亚急性型表现为病羊显著消瘦，机体虚弱，头颈强直，运动不灵，跛行。

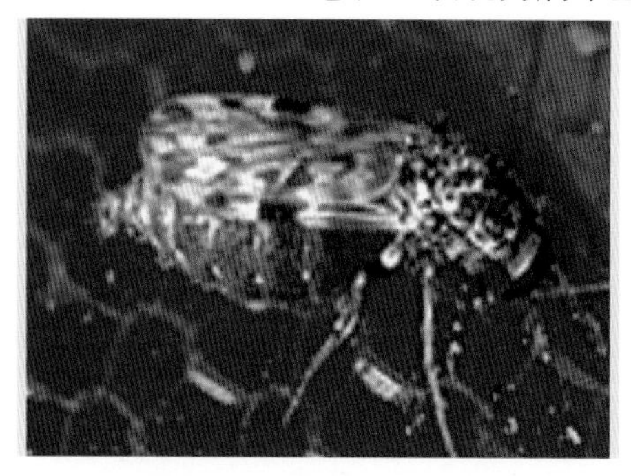

图 1－26　传播媒介库蠓

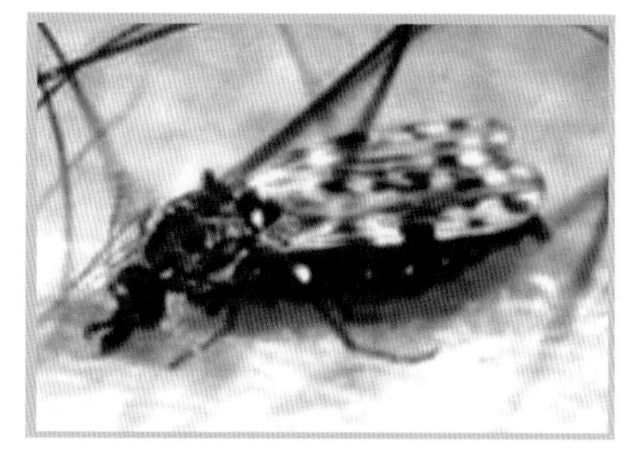

图 1－27　传播媒介库蠓

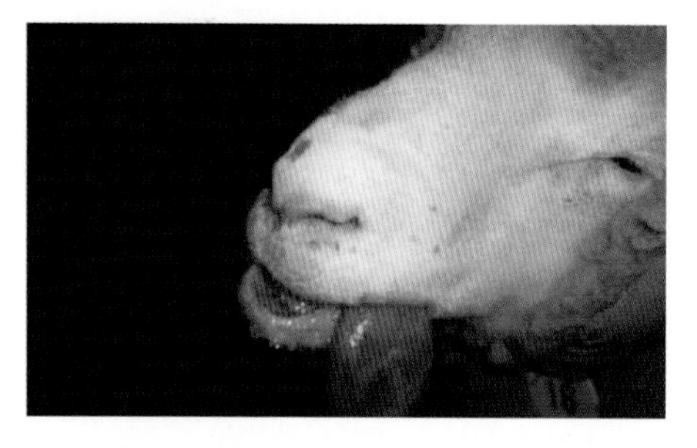

图 1－28　病羊口腔黏膜充血，舌面溃疡

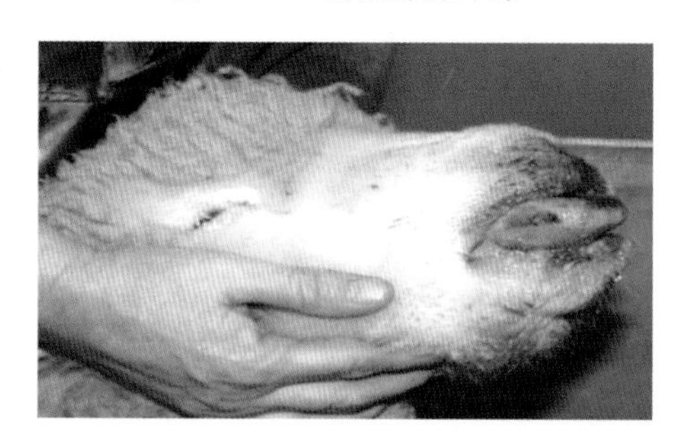

图 1－29　舌黏膜糜烂

病理变化　病死羊口腔、瘤胃、心脏、肌肉、皮肤和蹄部呈现糜烂出血点、溃疡和坏死。口腔出现糜烂，舌、齿龈、硬腭、颊粘膜和唇水肿，绵羊舌发绀，故有蓝舌病之称。呼吸道、消化道和泌尿道黏膜及心肌、心内外膜均有出血点。严重病例，消化道黏膜有坏死和溃疡。脾脏通常肿大。

诊断　根据流行病学、临床症状、病理变化和组织学特征可做出初步诊断。实验室确诊的方法有病毒分离、RT-PCR 分子诊断、琼脂扩散试验、中和试验、补体结合反应和免疫荧光抗体技术等。

防制　加强检疫，严禁从暴发蓝舌病的国家和地区引进羊，加强冷冻精液的管理，严禁用带毒精液进行人工授精。库蠓是本病的主要传播媒介，根据库蠓活动具有明显季节性的特点，组织人力、物力、财力集中在每年的库蠓繁殖月份，大量喷撒灭蠓药品或通过雾熏，控制和消灭媒介昆虫。在流行地区每年发病季节前 1 个月接种相应血清型疫苗，一旦羊群确诊为蓝舌病严格按照《重大动物疫病应急预案》、《国家突发重大动物疫情应急预案》进行处置。

五、羊痒病

本病是由朊蛋白引起的成年绵羊和山羊传染性海绵状脑病，临床特征为搔痒，又称搔痒病或摇摆病。

病原　病原体是一种有核酸结构的蛋白质侵染颗粒，将其称为朊蛋白。朊蛋白折叠存在

两种形式。一种是细胞朊蛋白（PrPC），另一种是与痒病有关的朊蛋白（PrPSc），这种蛋白在被感染动物的大脑里沉积，两种异构体有相同的氨基酸序列，只是分子的折叠不同。

流行特点　病羊和带毒羊是本病的传染源。本病虽然发病率低，但病畜死亡率100%。目前认为主要是接触性传染，自然感染的母羊所产羔羊的发病率较高。痒病因子可能通过口服途径进入机体。不同品种、性别的羊均可发生痒病，主要是2~5岁绵羊。通常呈散发性流行，感染羊群内只有少数羊发病，传播缓慢。羊群一旦感染痒病，很难根除。

症状　临诊表现为进行性共济失调、震颤、姿势不稳、痴呆或知觉过敏、行为反常等神经症状（图1-30），致死率达100%。初期症状为不安、兴奋、震颤及磨牙，如不仔细观察，不易发现。典型症状是搔痒；病羊在硬物上摩擦身体，或用后蹄搔痒。当走动时，病羊四肢高抬，步伐较快。最后消瘦衰弱，以至卧地不起，终归死亡。

图1-30　病羊乏力、消瘦、瘙痒
（引自《Goat medicine》第二版）

病理变化　典型病理变化为中枢神经组织变性及空泡样病变，无炎症反应。脑干灰质神经细胞呈海绵样变性，最终产生空泡，形成海绵样病理变化。脑髓及脊髓两侧有对称性神经原海绵样变性。组织病理学病变局限于神经系统，以神经元空泡化，灰质海绵状病变为特征，神经胶质和星状细胞增生，病变通常为两侧对称。

诊断　根据临床搔痒、不安和运动失调，体温正常，结合是否由疫区引进种羊或父母代有痒病史做出初步诊断。确诊要结合组织病理学检查，病原学诊断方法主要有痒病相关纤维检测、动物试验、免疫组织化学方法、蛋白印迹法等。

防制　目前，无疫苗可用，禁止从痒病疫区引进羊、羊肉、羊精液和胚胎等；禁止用病死羊加工成动物蛋白质饲料；禁止用反刍动物蛋白饲喂牛、羊。确诊为痒病的病羊必须扑杀焚烧和无害化处理。

六、羊口疮

该病是由羊口疮病毒（ORFV）引起的以绵羊、山羊感染为主的一种急性、高度接触性人兽共患传染病。以病羊口唇等皮肤和黏膜发生丘疹、水疱、脓疱和痂皮为特征，俗称“羊口疮”。

病原　口疮病毒又称传染性脓疱皮炎病毒，属于痘病毒科，副痘病毒属，病毒颗粒长220~250纳米，宽125~200纳米，表面结构为管状条索斜形交叉呈“8”字形缠绕线团状（图1-31，图1-32）。含有ORFV的结痂在低温冰冻的条件下感染力可保持数年之久；本

病毒对高温较为敏感，65℃ 30 分钟可将其全部杀死。常用消毒药为 2% 氢氧化钠，10% 石灰乳，1% 醋酸，20% 草木灰溶液。

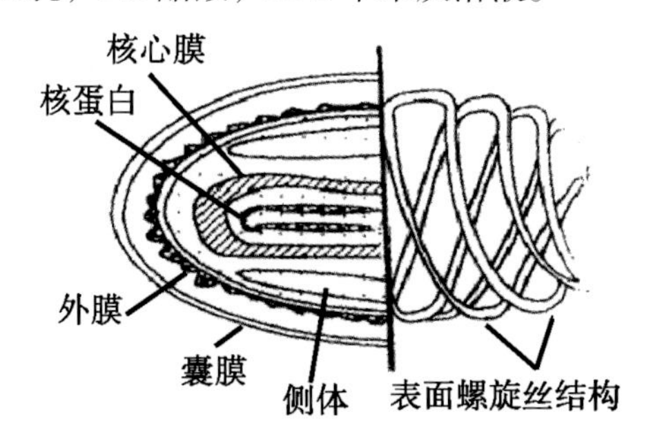

图 1－31　羊口疮病毒模式图

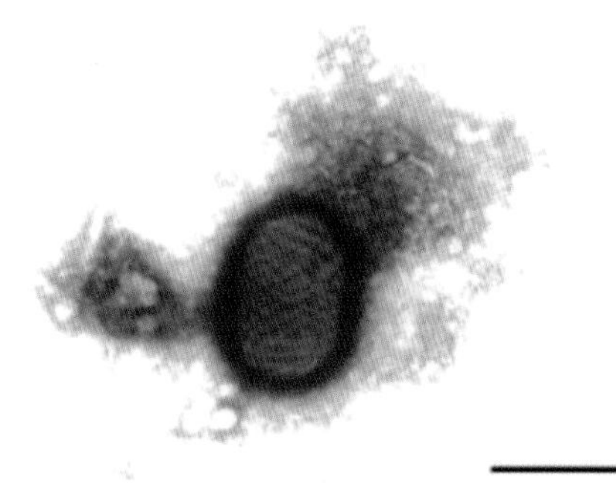

图 1－32　羊口疮病毒粒子电镜观察

流行特点　发病羊和隐性带毒羊是本病的主要传染来源，病羊唾液和病灶结痂含有大量病毒，主要通过受伤的皮肤、黏膜感染；特别是口腔有伤口的羊接触病羊或被污染的饲草、工具等易造成本病的传播。人主要是通过伤口接触发病羊或被其污染的饲草、工具等造成感染。山羊、绵羊最为易感，尤其是羔羊和 3～6 月龄小羊对本病毒更为敏感。红鹿、松鼠、驯鹿、麝牛、海狮等多种野生动物也可感染；本病多发于春季和秋季，羔羊和小羊发病率高达 90%，因继发感染、天气寒冷、饮食困难等原因死亡率高达 50% 以上。

症状　本病在临床上一般分为蹄型、唇型和外阴型 3 种病型，混合型感染的病例时有发生。首先在口角、上唇或鼻镜部位发生散在的小红斑点，逐渐变为丘疹、结节，压之有脓汁排出（图 1－33）；继而形成小疱或脓疱，蔓延至整个口唇周围及颜面、眼睑和耳廓等部（图 1－34），形成大面积易出血的污秽痂垢，痂垢下肉芽组织增生，嘴唇肿大外翻呈桑葚状突起（图 1－35）。若伴有坏死杆菌等继发感染，则恶化成大面积的溃疡。羔羊齿龈溃烂（图 1－36），公羊表现为阴鞘口皮肤肿胀，出现脓疱和溃疡（图 1－37）。蹄型羊口疮多见于一肢或四肢蹄部感染（图 1－38）。通常于蹄叉、蹄冠或系部皮肤形成水泡、脓肿，破裂后形成溃疡。继发感染时形成坏死和化脓，病羊跛行，喜卧而不能站立。人感染羊口疮主要表现为手指部的脓疮（图 1－39、图 1－40）。

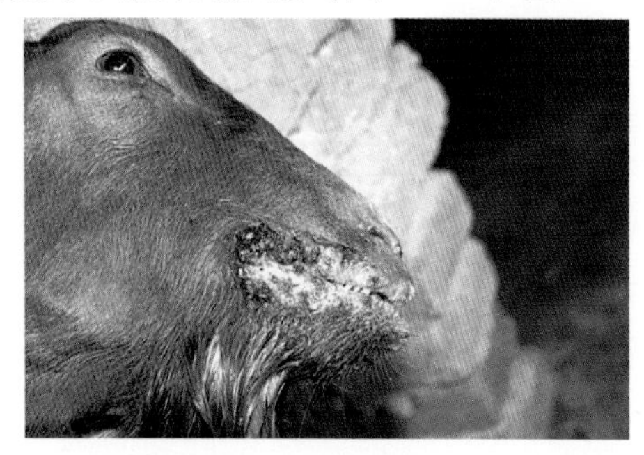

图 1－33　唇型羊口疮

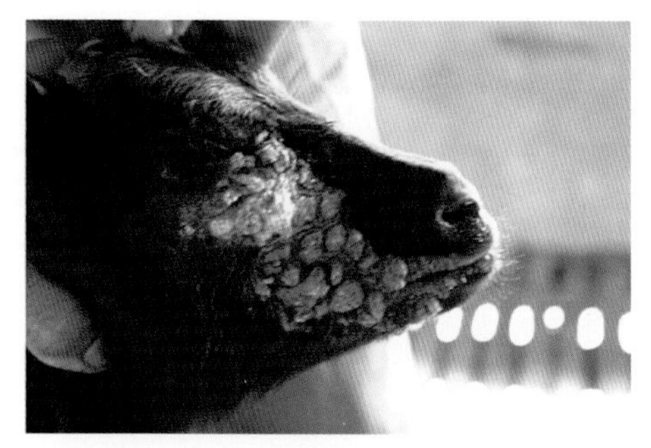

图 1－34　唇型羊口疮继发感染

病理变化　开始为上皮细胞变性、肿胀、充血、水肿和坏死，细胞浆内出现大小和形状不一的空泡；接着表皮细胞增生并发生水泡变性，聚集有多形核白细胞，使表皮层增厚而向表面隆突，真皮充血，渗出加重；随着中性粒细胞向表皮移行并聚集在表皮的水泡内，水泡

逐渐转变为脓疮。随着病理的发展，角质蛋白包囊越集越多，最后与表皮一起形成痂皮。严重者剖检可见肺部出现痘节（图 1－41、图 1－42）。

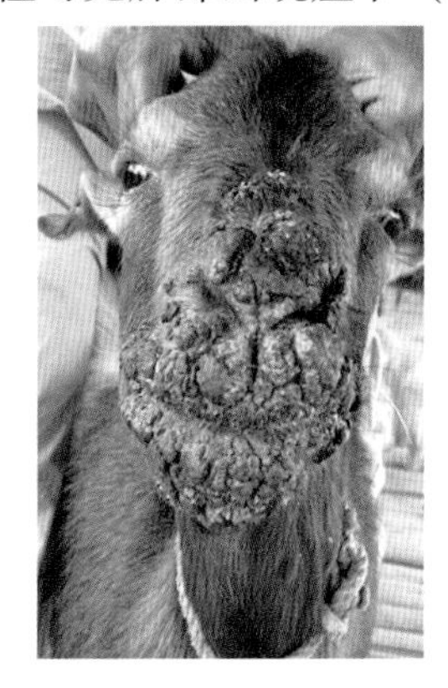

图 1－35　唇型羊口疮继发感染

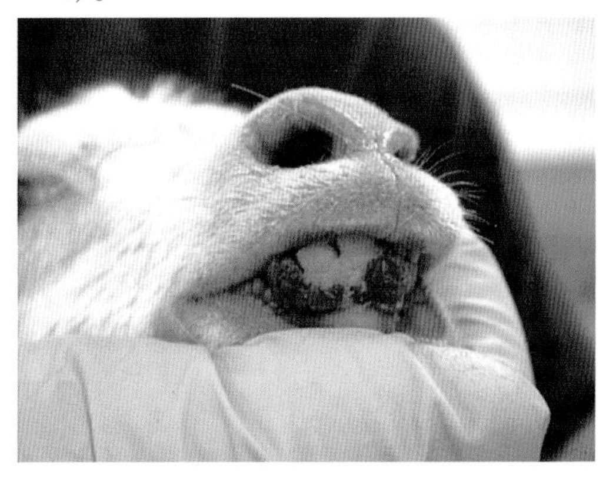

图 1－36　羔羊口疮菜花状齿龈

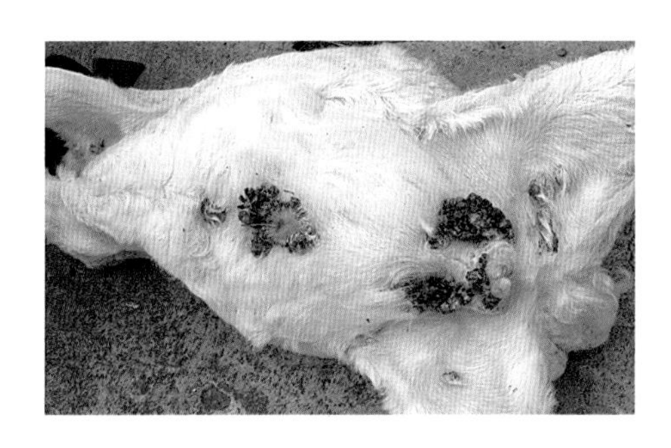

图 1－37　外阴型羊口疮

图 1－38　蹄型羊口疮

诊断　根据流行病学、临床症状，特别是春、秋季节羔羊易感等特征可做出初步诊断。但本病应与羊痘、溃疡性皮炎、坏死杆菌病、蓝舌病等进行鉴别诊断。当鉴别诊断有疑惑时，可进行病毒分离培养，以及特异性病原目的基因 PCR 扩增。

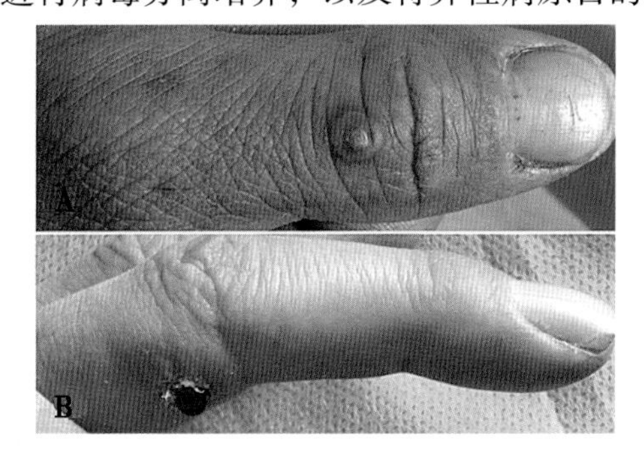

图 1－39　人感染羊口疮病毒

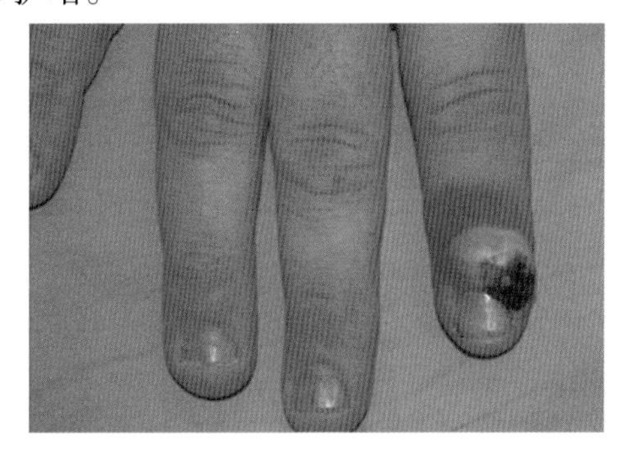

图 1－40　人感染羊口疮病毒

预防　禁止从疫区引进羊只。新购入的羊严格隔离后方可混群饲养。在本病流行的春季和秋季保护皮肤黏膜不发生损伤，特别是羔羊长牙阶段，口腔黏膜娇嫩，易引起外伤，应尽量剔除饲料或垫草中的芒刺和异物，避免在有刺植物的草地放牧。适时加喂适量食盐，以减少啃土、啃墙，防止发生外伤。每年春、秋季节使用羊口疮病毒弱毒疫苗进行免疫接种，由于羊痘、羊口疮病毒之间有部分的交叉免疫反应，在羊口疮疫苗市场供应不充足的情况下，建议加强羊痘疫苗的免疫来降低羊口疮的发病率。

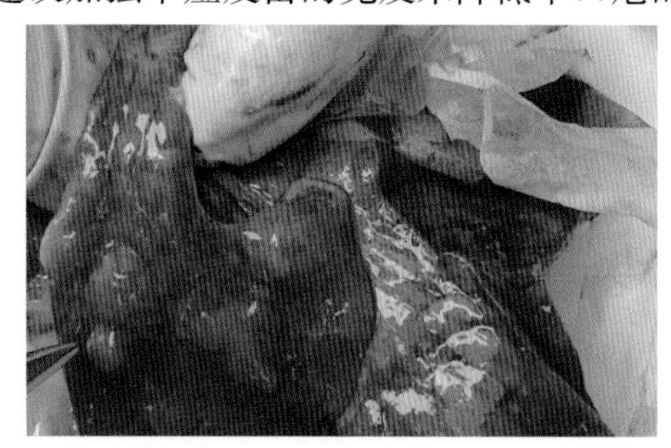
图 1-41 羊口疮肺脏痘结

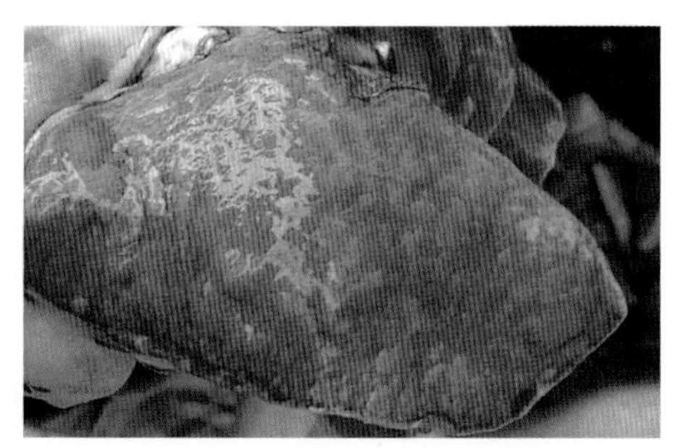
图 1-42 羊口疮肺脏痘结

治疗 对于外阴型和唇型的病羊，首先使用 0.1% ~0.2% 的高锰酸钾溶液清洗创面，再涂抹碘甘油、2% 龙胆紫、抗生素软膏或明矾粉末。对于蹄型病羊可将蹄浸泡在 5% 甲醛液体 1 分钟，冲洗干净后用明矾粉末涂抹患部。乳房可用 3% 硼酸水清洗，然后涂以青霉素软膏。为防止继发感染，可肌肉注射青霉素钾或钠盐 5 毫克/千克体重，病毒灵或病毒唑 0.1 克/千克体重、每日 1 次，3 日为 1 个疗程，2 ~3 个疗程即可痊愈。

发病控制措施 首先隔离病羊，对圈舍、运动场进行彻底消毒；给病羊柔软、易消化、适口性好的饲料，保证充足的清洁饮水；对病羊进行对症治疗，防止继发感染；对未发病的羊群紧急接种疫苗，提高其特异性免疫保护效力。由于羊口疮是人畜共患传染病，尤其是手上有伤口的饲养人员容易感染，因此注意做好个人防护以免感染。人感染羊口疮时伴有发热和怠倦不适，经过微痒、红疹、水疱、结痂过程，局部可选用 1% ~2% 硼酸液冲洗去污，0.9% 生理盐水湿敷止疼，阿昔洛韦软膏涂擦患部即可痊愈。

七、绵羊肺腺瘤

该病是由绵羊肺腺瘤病毒引起绵羊的一种慢性、进行性、接触性肺脏肿瘤性疾病，以患羊咳嗽、呼吸困难、消瘦、大量浆液性鼻漏、Ⅱ型肺泡上皮细胞肿瘤性增生为主要特征，又称绵羊肺癌（或驱赶病）。

病原 绵羊肺腺瘤病毒（OPAV）属于逆转录病毒科，乙型逆转录病毒属的 D 型或 B/D 嵌合型逆转录病毒。本病毒不易在体外培养，只能用病料经鼻、气管接种易感绵羊，发病后从肺脏及其分泌物中获得病毒。病毒核衣壳直径 95 ~115 纳米，其外有囊膜（图 1-43，图 1-44）。OPAV 对外界抵抗力不强，对氯仿和酸性环境敏感，56℃ 30 分钟可将其灭活。

流行特点 不同品种、性别和年龄的绵羊均能发病，山羊偶尔发病。通过病羊咳嗽和喘气将病毒排出，经呼吸道传播，也有通过胎盘传染而使羔羊发病的报道。羊群长途运输，尘土刺激，细菌及寄生虫感染等均可诱发本病的发生。本病可因放牧赶路而加重，故称驱赶病。3 ~5 岁的成年绵羊发病较多。

症状 早期病羊精神不振，被毛粗乱，逐渐消瘦，结膜呈白色，无明显体温反应。出现咳嗽、喘气、呼吸困难症状。在剧烈运动或驱赶时呼吸加快。后期呼吸快而浅，吸气时常见头颈伸直，鼻孔扩张，张口呼吸。病羊常有混合性咳嗽，呼吸道泡沫状积液是本病的特有症状，听诊时呼吸音明显，容易听到升高的湿性啰音。当支气管分泌物聚积在鼻腔时，则随呼

吸发出鼻塞音。若头下垂或后躯居高时，可见到泡沫状黏液和鼻中分泌物从鼻孔流出（图 1－45），严重时病羊鼻孔中可排出大量泡沫样液体（图 1－46）。感染羊群的发病率为 2% ～ 4%，病死率接近 100%。

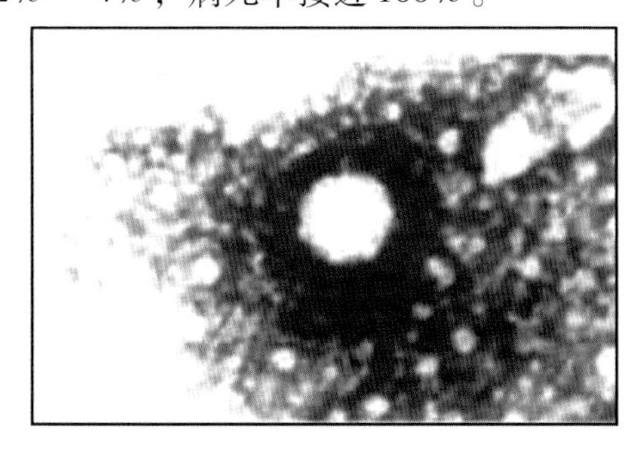

图 1－43　OPAV 粒子负染电镜观察

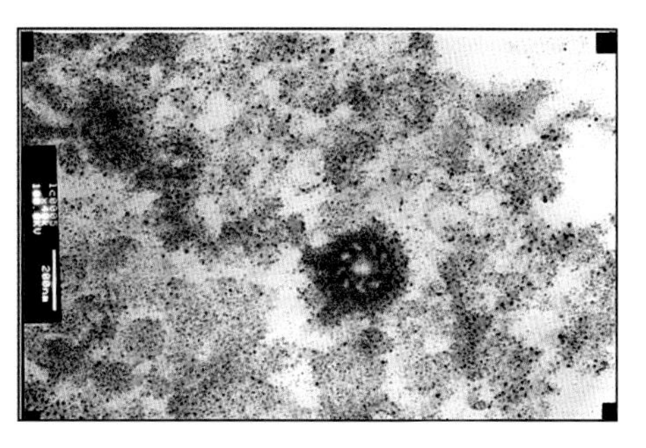

图 1－44　OPAV 粒子透射电镜观察

图 1－45　病羊鼻腔内流出泡沫

图 1－46　病羊鼻腔内流出的液体

病理变化　剖检变化主要集中在肺脏和气管。病羊的肺脏比正常大 2～3 倍（图 1－47、图 1－48）。在肺的心叶、尖叶和膈叶的下部，可见大量灰白色乃至浅黄褐色结节，其直径 1～3 厘米，外观圆形、质地坚实，密集的小结节发生融合，形成大小不一、形态不规则的大结节。气管和支气管内有大量泡沫（图 1－49、图 1－50）。组织学变化可见肺脏胶原纤维增生（图 1－51）和肺脏Ⅱ型肺泡上皮细胞大量增生（图 1－52），形成许多乳头状腺癌灶，乳头状的上皮细胞突起向肺泡腔内扩张（图 1－53）。

诊断　根据病史、临床症状、病理剖检和组织学变化可做出初步诊断。病原学诊断包括特异性病原检测、动物接种试验和 PCR 技术。本病与羊巴氏杆菌病、蠕虫性肺炎等的临床症状相似，应注意鉴别诊断。

防制　本病目前尚无有效疗法和针对性疫苗。发病时病羊全部屠宰并做无害化处理。在非疫区，严禁从疫区引进绵羊和山羊，如引进种羊，须严格检疫后隔离，进行长时间观察，作定期临床检查。如无异常症状再混群。消除和减少诱发本病的各种因素，加强饲养管理，改善环境卫生。

八、羊梅迪—维斯纳病

该病是由梅迪/维斯纳病毒感染引起的一种慢性进行性、接触性传染病，特征是潜伏期长，病程缓慢，临床表现为间质性肺炎或脑膜炎。

病原 梅迪/维斯纳病毒（MVV）在分类上属于逆转录病毒科，慢病毒属。在电镜下观察病毒颗粒为球形或六角形。病毒颗粒直径 80～120 纳米，本病毒对乙醚、氯仿、乙醇、过碘酸盐和胰酶敏感。病毒可被 2% 甲醛、4% 苯酚和 50% 酒精灭活。

图 1－47 病羊肺脏肿大（1）

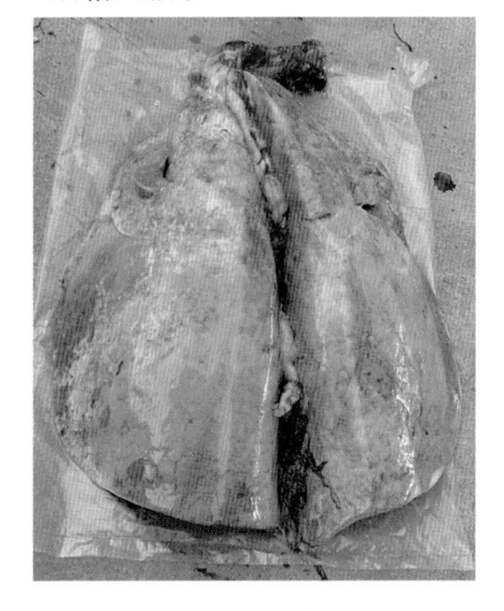

图 1－48 病羊肺脏肿大（2）

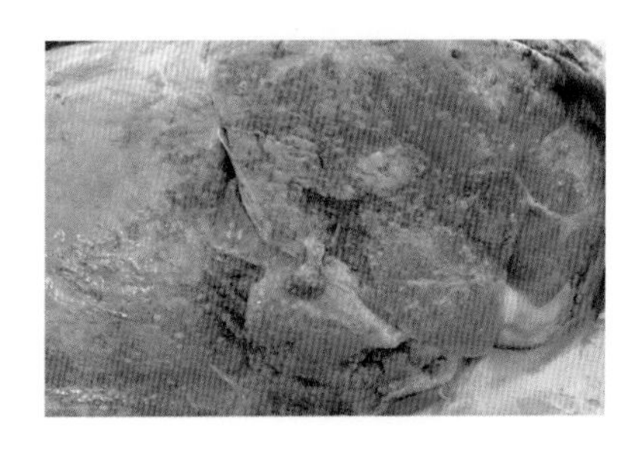

图 1－49 病羊肺脏溃烂

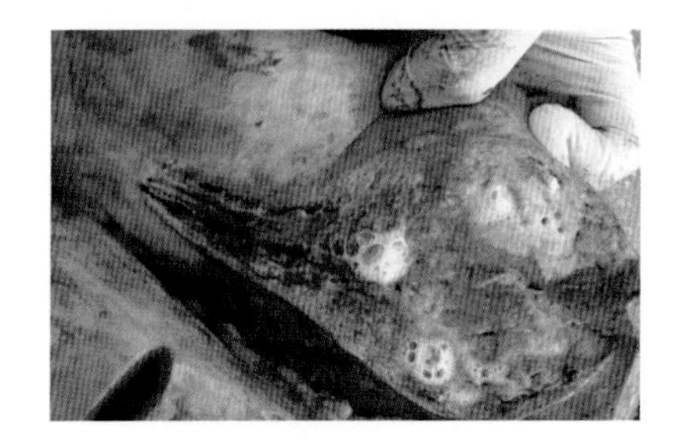

图 1－50 病羊支气管内泡沫

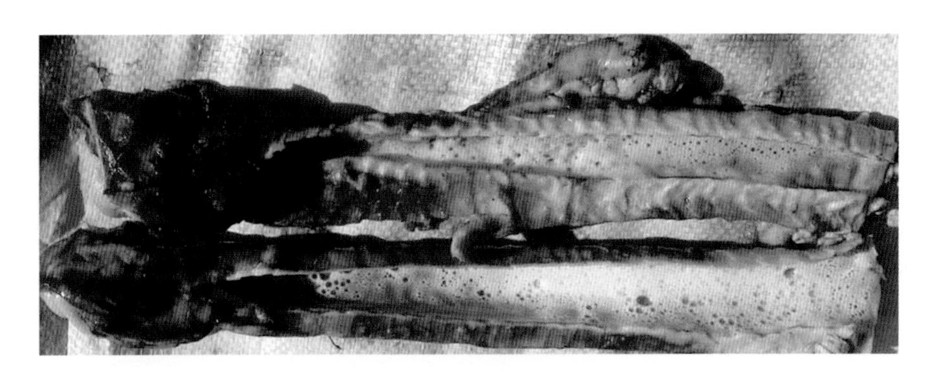

图 1－51 病羊气管内泡沫

流行特点 患病动物和带毒动物是本病的主要传染源。经呼吸道、直接接触和胎盘及乳汁传播。多见于 2 岁以上的成年绵羊。一年四季均可发生，在羊群中呈缓慢性散发，饲养密度过大则有助于本病的传播。

症状 临床症状为肺炎、干咳、喘息和消瘦，病程较慢。听诊时在肺背侧可听见啰音，

叩诊时在肺的腹侧发现实音，体温一般正常。

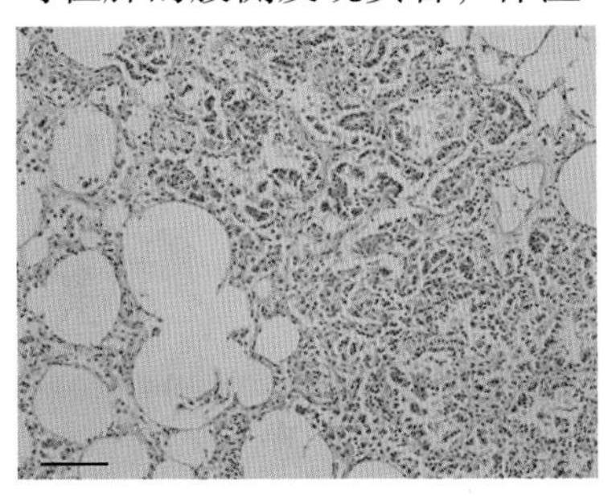

图 1－52　Ⅱ型肺泡上皮细胞增生（200×）

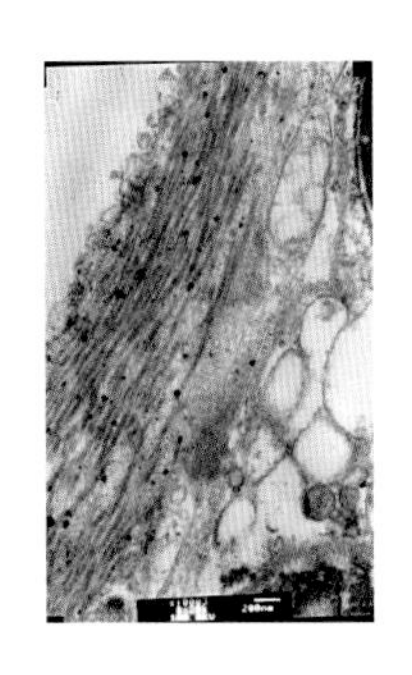

图 1－53　投射电镜肺脏胶原纤维增生

病理变化　该病的病理变化以淋巴组织增生为特征。脑组织小动脉和关节出现变性退化。

诊断　根据临床症状和流行特点初步诊断，实验室诊断主要是针对病原 gag 和 pol 基因的特异性 RT-PCR，以及琼脂扩散试验、补体结合试验及病毒中和试验等。

防制　采取综合性生物安全措施防止引种输入该病，目前尚无特效疗法，只能采取对症治疗。

九、山羊关节炎—脑炎

本病是由山羊关节炎—脑脊髓炎病毒引起的一种疾病，临床表现为成年羊关节炎、乳腺炎、慢性进行性肺炎和脑炎。

病原　山羊关节炎—脑炎病毒属于逆转录病毒科，慢病毒属。该病毒直径为 80～100 纳米，有囊膜，基因组为单股正链 RNA。

流行特点　患病山羊及潜伏期隐性带毒山羊是本病的主要传染源。该病主要以消化道传播为主。在自然条件下，只在山羊间相互传染发病，绵羊不感染。各种年龄的山羊均有易感性，而以成年羊感染发病的居多。

症状　关节炎型 表现为患病羊腕关节肿大、跛行，膝关节和跗关节发生炎症。一般症状缓慢出现，病情逐渐加重，进而关节肿大，活动不便，常见前肢跪地膝行。个别病羊肩前淋巴结肿大。发病羊多因长期卧地、衰竭或继发感染而死亡。脑脊髓炎型病羊精神沉郁、跛行，随即四肢僵硬，共济失调，一肢或数肢麻痹，横卧不起，四肢划动（图 1－54）。

病理变化　肺切面有泡沫样黏液流出，肺脏表面有大小不等的坏死灶，有严重的肉变，并伴有肺炎。脑膜和脉络丛充血，脑实质软化。关节炎类型为非化脓性肿大，常伴随膝关节肿胀，切开时关节液混浊呈淡红色、量多，关节软骨组织及周围软组织发生钙化（图 1－55）。

诊断　根据病史、症状和病理变化可作出初步诊断，确诊需进一步做实验室诊断。诊断山羊关节炎—脑炎最常用的血清学方法有琼脂扩散试验和酶联免疫吸附试验。

防制　目前无特异性治疗药物，也无疫苗可用。提倡自繁自养，加强检疫，防止引种性输入，对感染羊群应采取检疫、扑杀、隔离、消毒和培育健康羊群的方法进行净化。

图 1 -54　病羊四肢划动，横卧不起

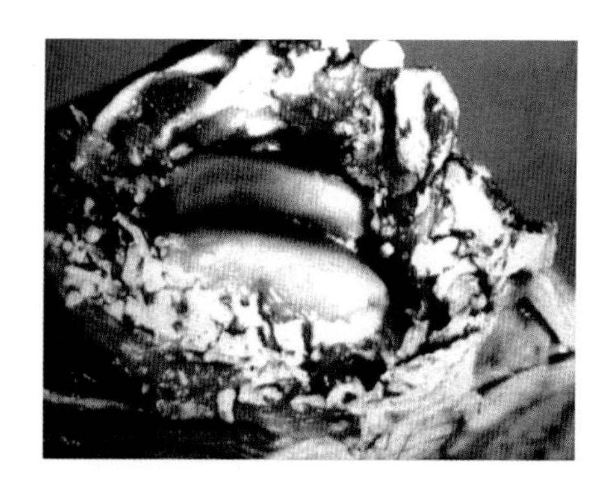

图 1 -55　关节滑膜增生
（引自丁伯良等，2004）

十、羊伪狂犬

本病是由伪狂犬病毒感染引起羊的一种急性传染病，临床表现为奇痒、发热和脑脊髓炎，死亡率较高。

病原　本病毒为疱疹病毒科伪狂犬病毒属，病毒颗粒呈圆形或椭圆形外观（图 1 - 56），长约 12 纳米，宽约 9 纳米。位于细胞核内无囊膜的病毒颗粒直径 110 ~ 150 纳米。伪狂犬病毒对外界抵抗力较强，是疱疹病毒中抵抗力较强的一种，2% 苛性钠可迅速使其灭活。

流行特点　病羊、带毒羊以及带毒鼠类为本病的主要传染源，猪和鼠为该病的天然宿主，羊和其他动物感染多与带毒的鼠或猪接触有关。本病主要通过消化道、呼吸道途径感染，也可经受伤的皮肤、黏膜以及交配传染，或者通过胎盘发生垂直传播。本病一般呈群发性或地方性流行，冬、春季节多发。

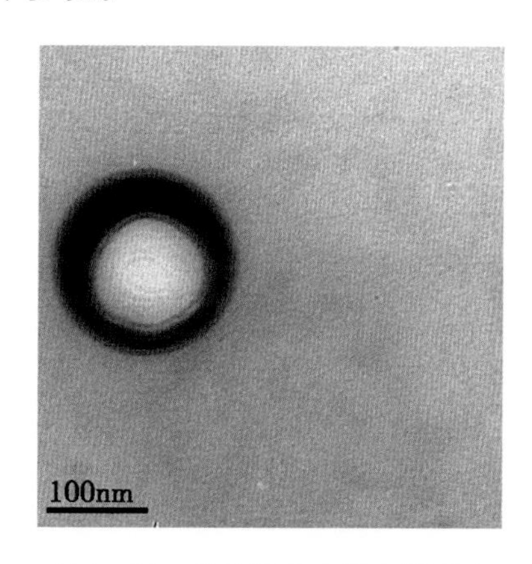

图 1 -56　羊伪狂犬病毒电镜观察

症状　病羊呼吸加快，体温升高到 41.5℃，肌肉震颤，目光呆滞。唇部、眼睑或整个头部迅速出现奇痒，常见前肢在硬物摩擦发痒部位，有时啃咬痒部并发出凄惨叫声或撕脱痒部皮毛。接着全身肌肉出现痉挛性收缩，迅速发展至咽喉麻痹及全身衰竭，死亡率接近 100%（图 1 - 57）。

病理变化　病羊奇痒部位皮下组织有浆液性出血性浸润，皮肤擦伤处脱毛、水肿。组织

学病变主要表现为神经节炎或中枢神经系统呈弥漫性非化脓性脑膜脑脊髓炎，同时有明显的血管套及弥散性局部胶质细胞反应。

诊断　根据流行病学、剖检变化结合病羊奇痒和高死亡率可以初步怀疑为该病，但确诊需实验室诊断。病原学诊断方法有病毒分离、免疫荧光试验（FA）、兔体接种试验、双抗体夹心ELISA、反向间接血凝试验（RPHA）和PCR分子诊断。血清学诊断方法有间接血凝试验（IHA）、微量血清中和试验（MSN）、酶联免疫吸附试验（ELISA）、乳胶凝集试验（LAT）等。

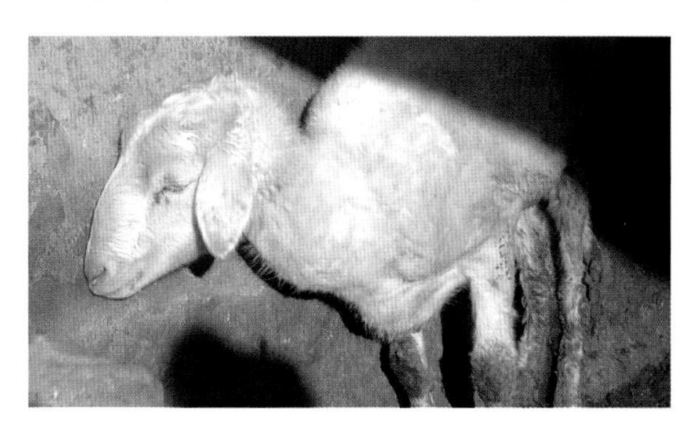

图1－57　因伪狂犬病毒感染而死亡的羊

防制　本病无特异性治疗药物。预防应加强羊群的饲养管理，做好羊场的灭鼠工作，严格将猪羊分开饲养。疫区可用羊伪狂犬病弱毒疫苗进行免疫接种。

十一、羊施马伦贝格病

该病是由施马伦贝格病毒感染引起的羊的一种新型病毒性传染病，病羊临床表现为发热、腹泻、乏力等症状，导致母羊早产或难产。

病原　该病毒首次检出地位于德国的施马伦贝格镇，故命名为施马伦贝格病毒，它属于布尼亚病毒科，正布尼亚病毒属的辛波血清型，该病毒是一种单链RNA病毒。由3段基因组成，分别为S、M、L基因，编码5种结构和非结构蛋白（图1－58）。

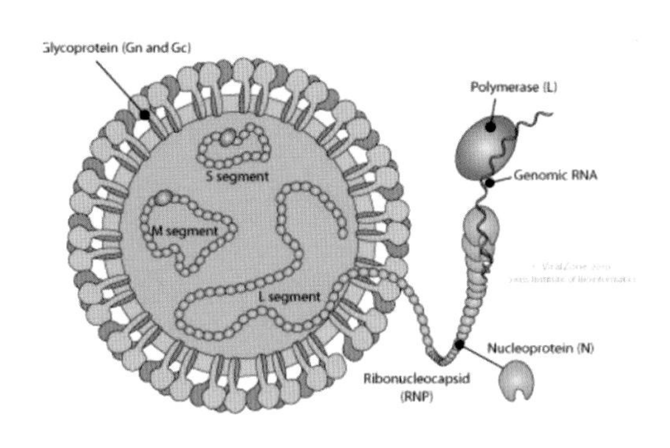

图1－58　病毒结构示意图

流行特点　现阶段研究人员对该病毒的来源和暴发的原因尚不知晓，但其已经蔓延至整个欧洲，该病毒为虫媒病毒，主要通过蚊子和蠓进行传播。可以感染牛和羊，目前的研究结果表明该病毒不能在动物与动物间水平传播，可以垂直传播。

症状 病羊表现为发热、腹泻、乏力等临床症状，表现为新生幼畜出现畸形、小脑发育不全、脊柱弯曲、关节无法活动以及胸腺肿大等症状（图1－59、图1－60、图1－61、图1－62、图1－63），幼畜多数在出生时已经死亡，这一病症在绵羊中最为常见，母羊并没有明显的感染症状，该病多发于羔羊出生的高峰季节。

病理变化 剖检可见脑部出血（图1－64）、积水（图1－65、图1－66），病理切片显示，被病毒感染的羔羊脊髓部出现明显的神经元缺失（图1－67、图1－68）。

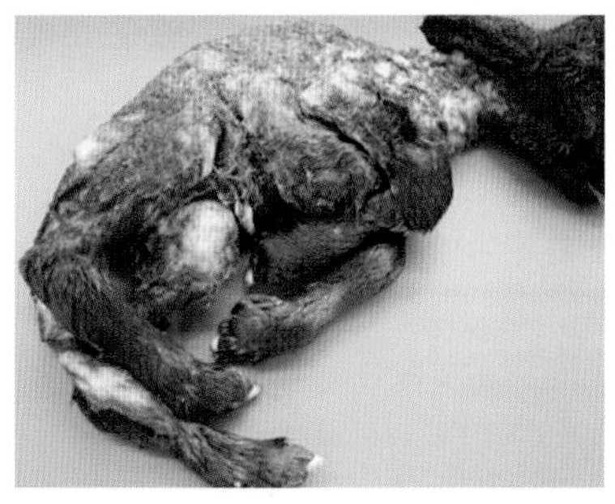

图1－59 因病毒感染而死亡的羔羊
（引自 F. J. Conraths，2012）

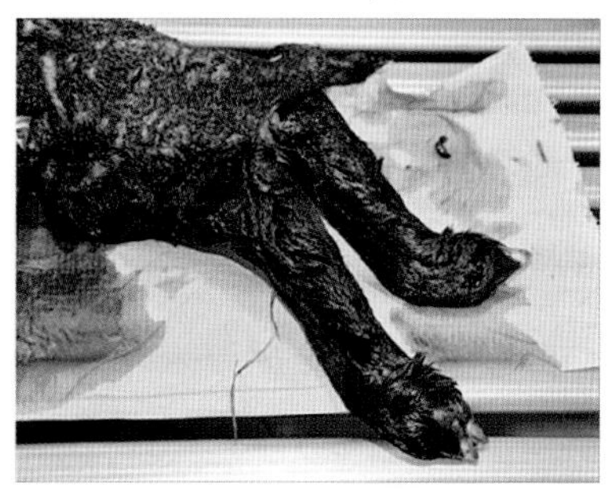

图1－60 新生羔羊关节弯曲，后肢变形
（引自 L. Steukers，2012）

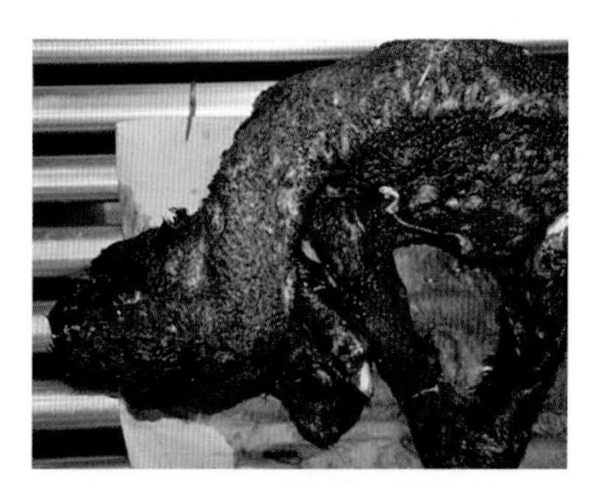

图1－61 新生羔羊颈部倾斜
（引自 L. Steukers，2012）

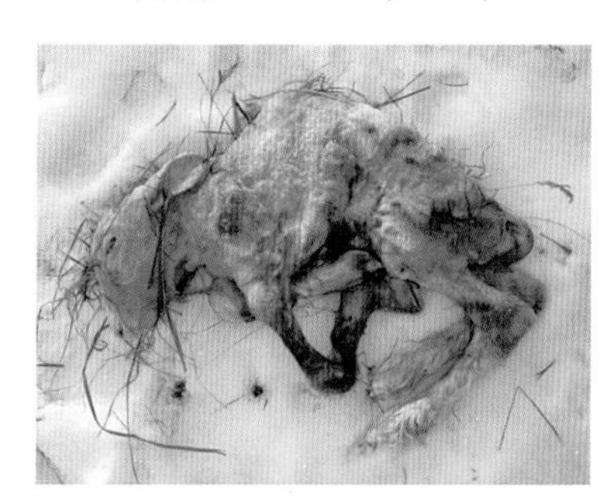

图1－62 因病毒感染而死亡的羔羊
（引自 F. J. Conraths，2012）

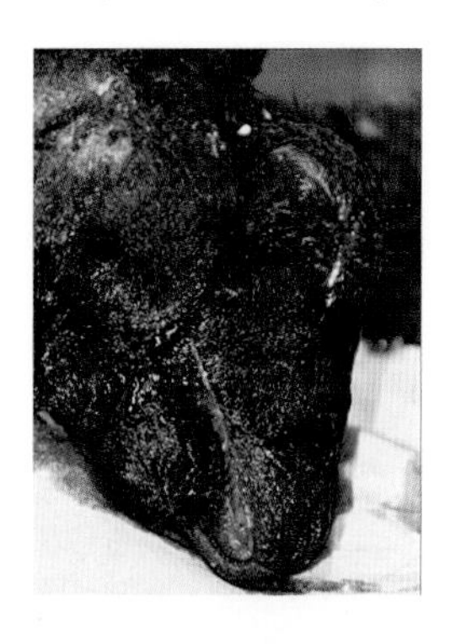

图1－63 羔羊严重短额
（引自 L. Steukers，2012）

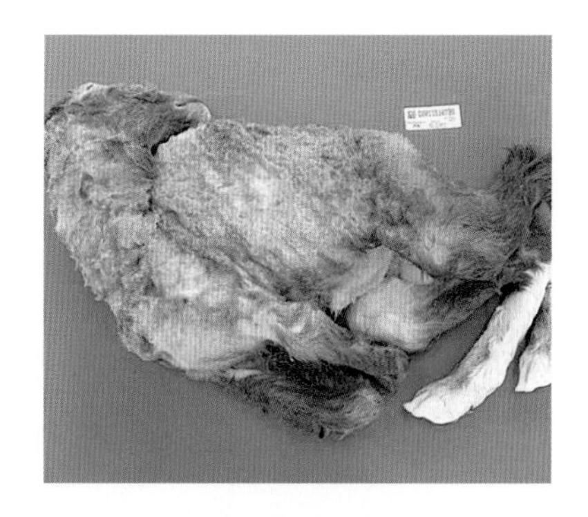

图1－64 因病毒感染而死亡的羔羊
（引自 F. J. Conraths，2012）

诊断 根据流行特点、症状和病变可做初步诊断，实验室确诊方法有RT-PCR、病毒中和试验以及间接免疫荧光检测。

防制　本病目前无针对性防制技术产品，春季母羊产羔期过后，蚊虫密度较高的夏季是危险期，欧洲已经暴发疫情，要加大检验检疫力度，防止外源性传入。

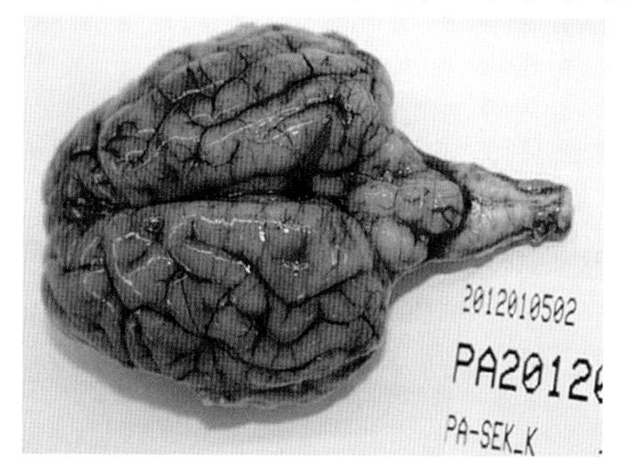

图1－65　病毒感染羔羊脑出血
（引自F. J. Conraths，2012）

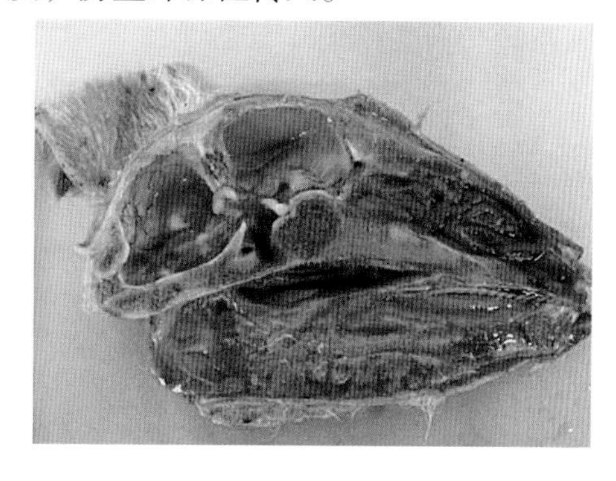

图1－66　新生羔羊脑积水
（引自L. Steukers，2012）

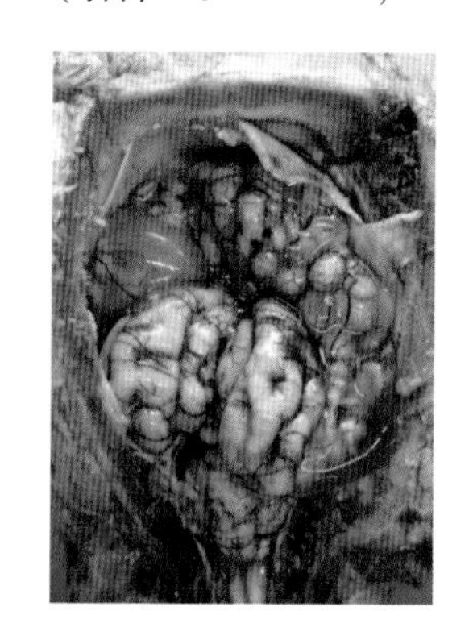

图1－67　病毒感染的羔羊颅腔剖检
（引自F. J. Conraths，2012）

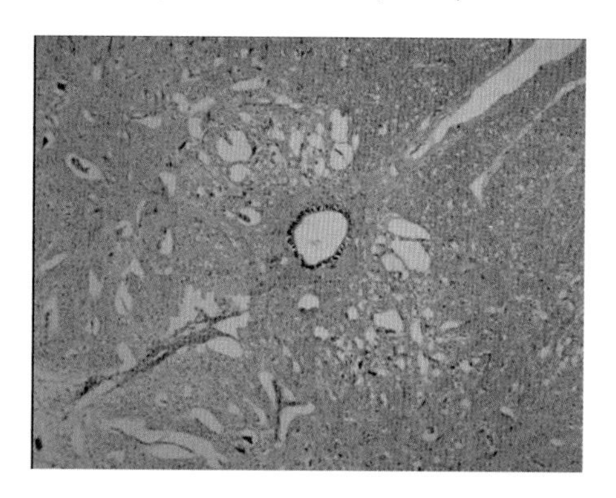

图1－68　感染新生羔羊脊髓部病理切片
（引自L. Steukers，2012）

十二、羊布鲁氏杆菌病

该病是由布鲁氏杆菌引起的人兽共患传染病，其临床特征是羊生殖器官和胎膜发炎，引起流产、不育和各种组织的局部病灶。

病原　布氏杆菌为革兰氏阴性菌，呈球形或短杆形。布鲁氏杆菌对外界环境的抵抗力较强，但1%～3%石炭酸、2%苛性钠溶液，可在1小时内杀死本菌；5%新鲜石灰乳2小时或1%～2%甲醛3小时可将其杀死；新洁尔灭5分钟内即可杀死本菌。

流行特点　本病的传染源是患病动物及带菌动物。患病动物的分泌物、排泄物、流产胎儿及乳汁等含有大量病菌，感染的妊娠母畜最危险，它们在流产或分娩时将大量布氏杆菌随胎儿、羊水和胎衣排出体外。本病的主要传播途径是消化道，在临床实践中，有皮肤感染的报道，如果皮肤有创伤，则更容易为病原菌侵入。其他传播途径，如通过结膜、交媾以及吸血昆虫也可感染。人患该病与职业有密切关系，畜牧兽医人员、屠宰工人、皮毛工等明显高于一般人群。本病的流行强度与牧场管理情况有关。

症状　绵羊及山羊首先被注意到的症状是流产。常发生在妊娠后第3～4个月，常见羊水混浊（图1－69），胎衣滞留。流产后排出污灰色或棕红色分泌液，有时有恶臭。早期流产的胎儿，常在产前已死亡；发育比较完全的胎儿，产出时可存活但显得衰弱，不久后死亡。公羊发病时有时可见阴茎潮红肿胀，常见的是单侧睾丸肿大（图 1－70）。临床症状可见关节炎。

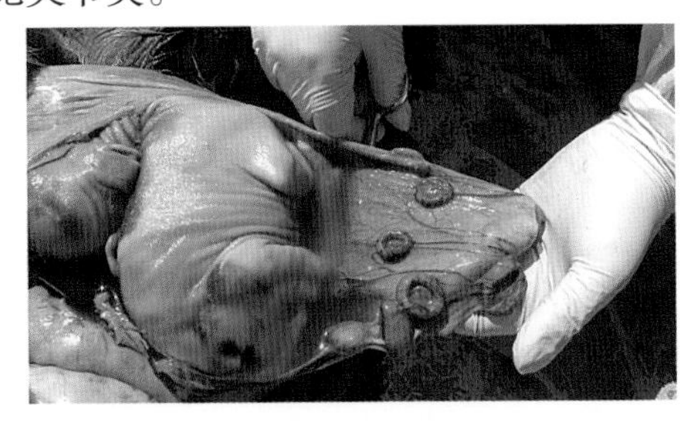

图 1－69　胎盘子叶出血、羊水混浊

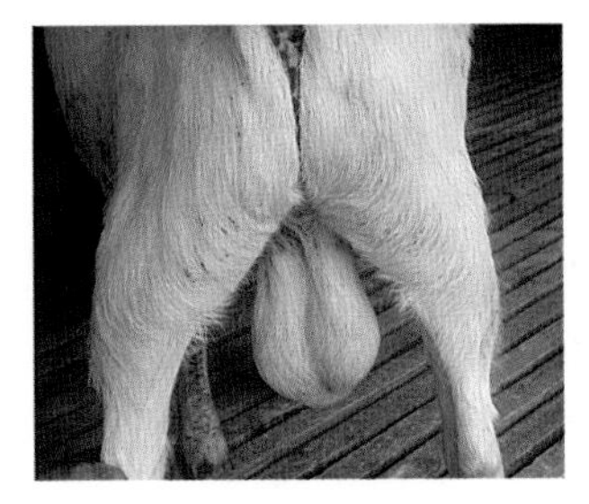

图 1－70　公羊单侧睾丸肿大

病理变化　主要表现为胎衣呈黄色胶冻样浸润，有出血点。绒毛部分或全部贫血呈黄色，或覆有灰色或黄绿色纤维蛋白。胎儿真胃中有淡黄色或白色黏液絮状物。浆膜腔有微红色液体，腔壁上覆有纤维蛋白凝块。皮下呈出血性浆液性浸润。淋巴结、脾脏和肝脏有不同程度肿胀，有散在炎性坏死灶。

诊断　结合流行病学资料，流产，胎儿胎衣病理变化，胎衣滞留以及不育等临床症状，可进行初步诊断。该病的症状与钩端螺旋体病、衣原体病、沙门氏菌病等相似应进行鉴别诊断，通过虎红平板凝集试验（图 1－71）、抗球蛋白试验、ELISA、荧光抗体法、DNA 探针以及 PCR 等实验室诊断可确诊。

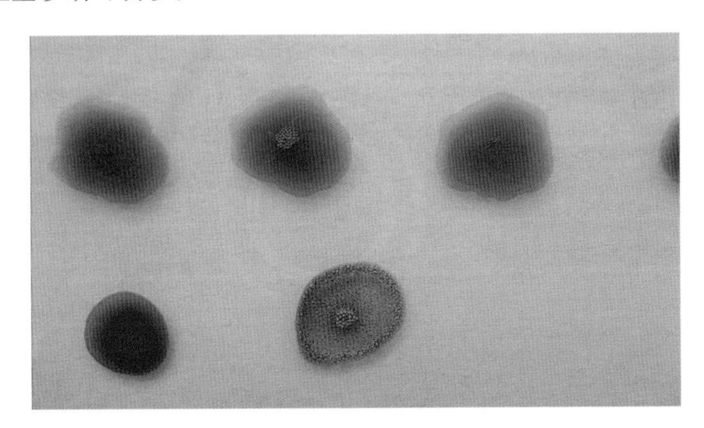

图 1－71　虎红平板凝集试验（凝集为抗体阳性）

防制　布氏杆菌是兼性细胞内寄生菌，致使化疗药物不易生效，对患病动物一般不予治疗，而是采取淘汰、扑杀等措施。当羊群的感染率低于 3% 时建议通过扑杀的方式进行处理，高于 5% 时建议使用疫苗免疫。我国布鲁氏菌病防治有以下相关标准，《布鲁氏菌病防治技术规范》（2006 年修订稿）、《布鲁氏菌病诊断方法、疫区判定和控制区考核标准》（1988 年 10 月 25 日卫生部和农业部 ）、《动物布鲁氏菌病诊断技术 GB/T 18646—2002》《布鲁氏菌病诊断标准 WS 269—2007（卫生部）》《布鲁氏菌病监测标准 GB 16885—1997（卫生部）》以及《山羊和绵羊布鲁氏菌病检疫规程 SN/T 2436—2010》。治疗药物有复方新诺明和链霉素。

十三、羊链球菌

本病是由链球菌引起的一种急性、热性、败血性传染病，也称羊败血性链球菌病，临床以咽喉部及下颌淋巴结肿胀、大叶性肺炎、呼吸异常困难、出血性败血症，胆囊肿大为特征。

病原　羊链球菌属于链球菌科，链球菌属，马链球菌兽疫亚种。本菌呈圆形或卵圆形，革兰氏染色阳性（图1－72）。有荚膜，无鞭毛不运动，不形成芽胞。在血液、脏器等病料中多呈双球状排列，也可单个菌体存在，偶见3～5个菌体相连的短链（图1－73）。羊链球对外环境抵抗力较强，对一般消毒药抵抗力弱，常用的消毒药如2%石炭酸、2%来苏尔以及0.5%漂白粉都有很好消毒效果。

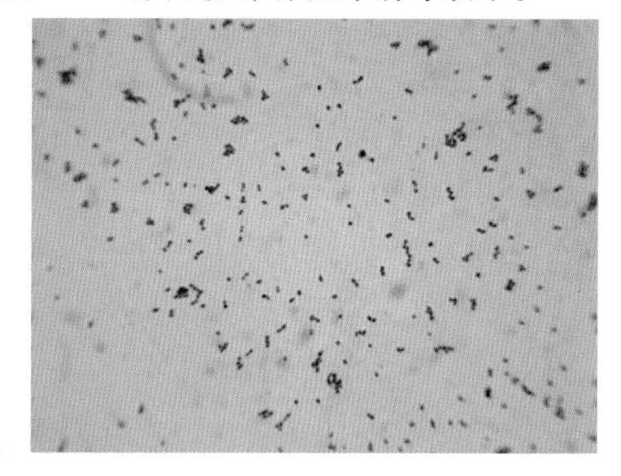

图1－72　羊链球菌染色观察

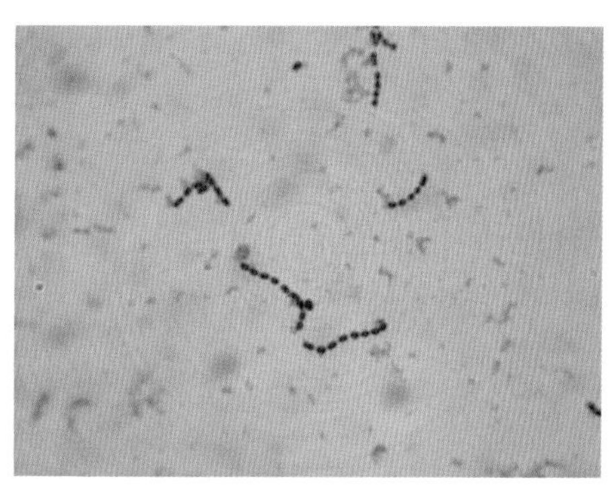

图1－73　羊链球菌染色观察

流行特点　病羊和带菌羊是本病的主要传染源。该病主要经呼吸道或损伤皮肤传播，主要发生于绵羊，山羊次之。新疫区常呈流行性发生，老疫区则呈地方性流行或散发性流行。多在冬、春季节发病，死亡率达80%以上。

症状　最急性型病羊没有明显临床症状，多在24小时内死亡。急性型病例表现为病羊体温升高到41℃，精神沉郁、食欲废绝、反刍停止、流涎、呼吸困难、弓背、不愿走动，鼻孔流浆液性、脓性分泌物（图1－74）。个别病例可见眼睑、面颊以及乳房等部位肿胀（图1－75）。咽喉肿胀，颌下淋巴结肿大（图1－76）。病羊死前有磨牙、抽搐等神经症状。病程1～3天。亚急性型表现为体温升高、食欲减退，不愿走动，呼吸困难、咳嗽，鼻流黏性透明鼻液，病程7～14天。慢性型一般轻度发热，消瘦，食欲减退，步态僵硬。有些病羊出现关节炎或关节肿大（图1－77），病程1月左右。

图1－74　羊链球菌性透明鼻涕

图1－75　羊链球菌性面颊肿胀

病理变化　病理变化主要以败血性症状为主；各脏器广泛出血，尤以膜性组织（大网膜、胸膜、腹膜、肠系膜等）最为明显；扁桃体水肿、肠系膜淋巴结肿大（图1－78、图1－79）；咽喉部黏膜高度水肿、出血；上呼吸道卡他性炎，气管黏膜出血；肺实质出血、肝变，呈大叶性肺炎（图1－80），胸腔内有黏性渗出物；肝脏肿大，表面有出血点；胆囊肿大，胆汁外渗；肾脏质地变脆、肿胀、被膜不易剥离。

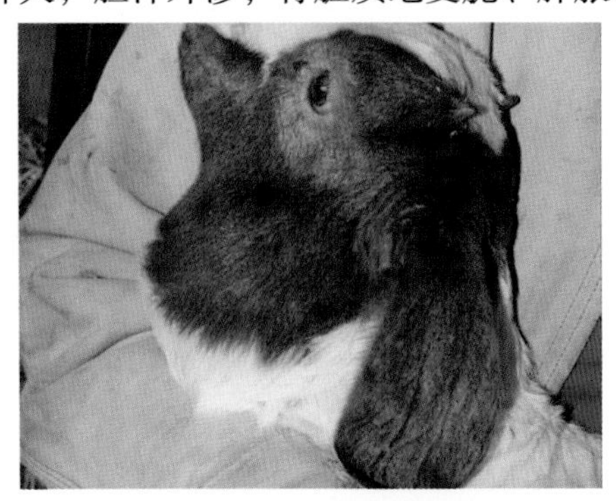

图1－76　羊链球菌性颈部肿大

图1－77　羊链球菌性关节炎

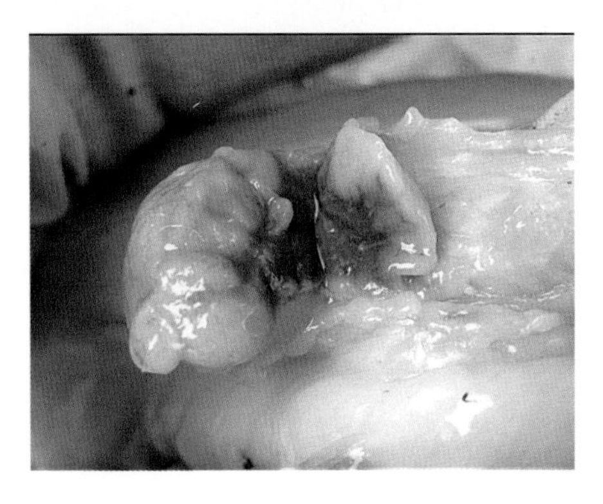

图1－78　淋巴结肿大

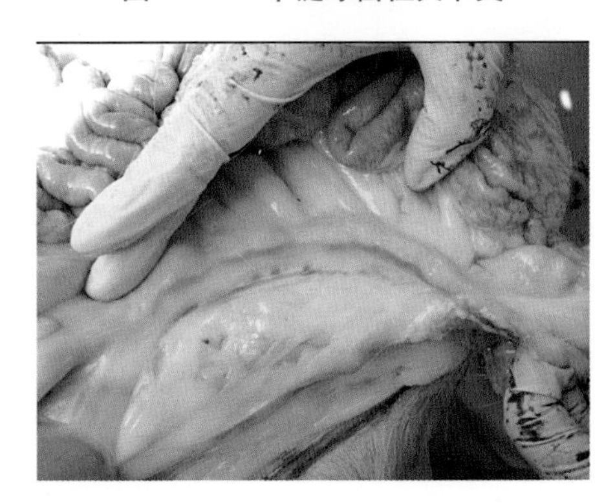

图1－79　肠系膜淋巴结肿大

图1－80　羊链球菌性肺炎

诊断　结合流行病学资料和咽喉肿胀，颌下淋巴结肿大，呼吸困难，剖检见全身败血性变化，各脏器浆膜面常覆有黏稠、丝状的纤维素样物质等变化，可初步进行诊断。实验室诊断为细菌镜检、分离鉴定、动物接种试验和聚合酶链反应（PCR）。羊链球菌病与羊巴氏杆菌病、羊快疫等疾病在临床表现和病理变化上有很多相似之处，应进行鉴别。

防治　加强饲养管理，不从疫区购进羊和羊肉、皮毛等产品。在每年发病季节到来前，

及时进行疫苗预防接种。对发病羊尽早进行治疗，被污染的围栏、场地、用具、圈舍等用20%石灰乳、3%来苏尔等彻底消毒，病死羊进行无害化处理。早期可选用磺胺类药物治疗，重症羊可先肌注尼可刹米，以缓解呼吸困难，再用盐酸林可霉素，特效先锋等抗菌药物，加入维生素C，地塞米松，进行静脉注射。对于局部出现脓肿的病羊可配合以局部治疗，将脓肿切开，清除脓汁，然后清洗消毒，涂抗生素软膏。

十四、羊肠毒血症

本病是由D型产气荚膜梭菌引起的羊的一种急性传染病，特征为腹泻、惊厥、麻痹和突然死亡，俗称“血肠子病”。

病原　D型产气荚膜梭菌，分类上属芽孢杆菌科梭菌属成员。本菌为革兰氏染色阳性大杆菌，长2～8微米，宽1～1.5微米，多为单个存在，有时排列成对或短链，具有圆或渐尖末端。该菌严格厌氧，对营养要求不高，厌氧培养生长繁殖极快呈汹涌发酵状。

流行特点　发病羊和带菌羊为本病传染源，D型产气荚膜梭菌随病羊粪便排到饮水、饲草、饲料中作为羊患肠毒血症的传染来源。绵羊发生较多，山羊相对较少。本病有明显的季节性和条件性，春初、夏初至秋末多发，多雨季节、气候骤变、地势低洼等可诱发本病。

症状　最急性型表现为突然腹泻，随即倒卧在地，目光凝视，呼吸困难，磨牙，口鼻流血，口中流出大量涎水，稀便频繁且量多，四肢僵硬，后躯震颤，呈显著的疝痛症状，一般于1～2小时内哀叫死亡，严重者高高跃起后坠地死亡。急性型表现为急剧下痢，粪便呈黄棕色或暗绿色粥状（图1－81），继而全呈黑褐色稀水。后期表现为肌肉痉挛样神经症状。并有感觉过敏，流涎，上下颌“咯咯”作响。病情缓慢者，起初厌食，反刍、嗳气停止，流涎，腹部膨大，腹痛，排稀粪。粪便恶臭，呈黄褐色，糊状或水样，混有黏液或血丝。

病理变化　病羊死后解剖可见胸腔、腹腔、心包积液，心肌松软，心内外膜有出血点，肠鼓气（图1－82、图1－83）。以肾肿胀柔软呈泥状病变最具特征（图1－84、图1－85）。重症者整个肠壁呈红色（图1－86）。

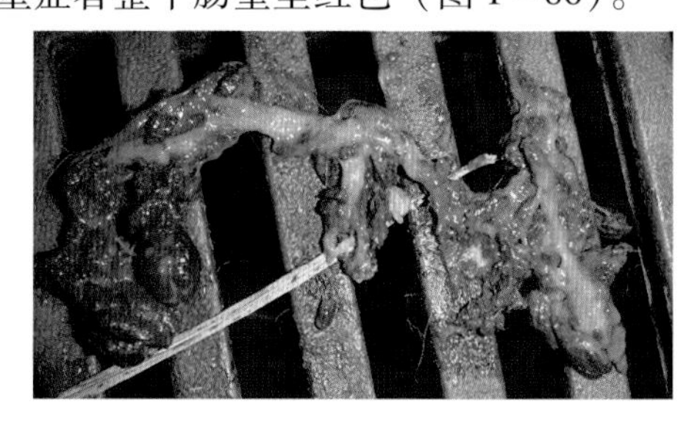

图1－81　病羊拉黄棕色粪便

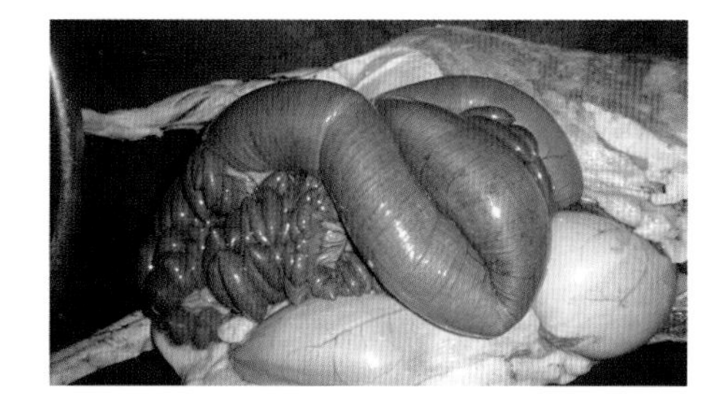

图1－82　病羊肠鼓气（1）

诊断　根据流行特点、临床症状和病理变化可做出初步诊断，确诊需进一步做实验室微生物学检查，以判断肠内容物中有无毒素存在。羊肠毒血症、羊快疫、羊猝狙、羊黑疫等梭菌性疾病病程短促、病状相似，在临床上与羊炭疽有相似之处，应注意鉴别诊断。另外，羊肠毒血症与羔羊痢疾、羔羊大肠杆菌病、沙门氏杆菌病在临床均表现为下痢，也应注意区别。确诊本病需在肠道内发现大量D型产气荚膜梭菌，肾脏和其他脏器内发现D型产气荚膜梭菌。ELISA作为国际公认的检测方法已在本病的诊断过程中被广泛应用。

防治　在本病常发地区，每年4月注射羊快疫、羊猝狙、羊肠毒血症三联菌苗进行预防。一旦发生疫情，首先应用疫苗进行紧急免疫，对发病羔羊可用抗血清或抗毒素治疗。迅速转移牧地，少喂青饲料，多喂粗饲料。同时应隔离病畜，对病死羊要及时进行无害化处理，环境进行彻底消毒，以防止病原扩散。对于病程稍长的羊群可用磺胺咪等药物对症治疗。

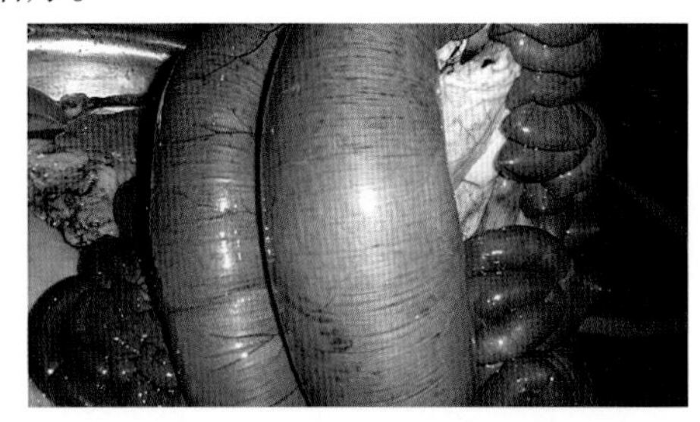

图 1-83　病羊肠鼓气（2）

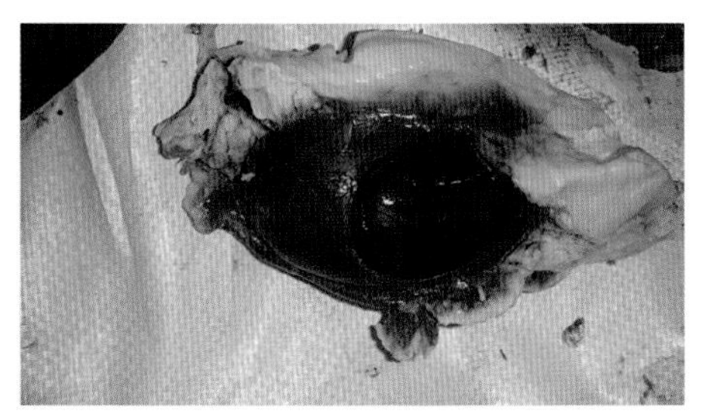

图 1-84　病羊肾脏柔软

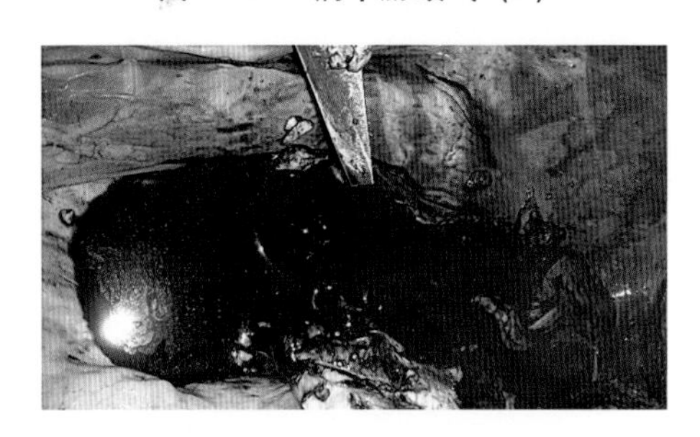

图 1-85　病羊肾脏柔软如泥

图 1-86　病羊肠壁出血

十五、羊结核病

该病是由结核分枝杆菌引起的一种慢性、人兽共患性传染病，其主要特征是在多种组织器官形成肉芽肿和干酪样、钙化结节病变。

病原　本病是由分枝杆菌属的 3 个种（结核分枝杆菌，牛分支杆菌和禽分支杆菌）引起，这三种分支杆菌，统称为结核杆菌，绵羊对禽分枝杆菌更为敏感。

流行特点　患有结核病的病羊为主要传染源，病羊排泄物和分泌物含有大量的结核杆菌，如果污染了饲料和饮水，容易感染其他羊只。结核杆菌可通过呼吸道、消化道或损伤的皮肤侵入机体，引起多种组织器官的结核病灶，通过呼吸道引起羊结核病最多，是该菌入侵的主要途径。羊结核病一般呈散发或地方性流行，季节性不明显，发病程度和羊饲养密度及环境密切相关。同时羊的饲养条件、羊的体况和品种也对结核病的发生有较大影响，奶山羊一般易感结核杆菌病。

症状　山羊结核病，后期或病重时皮毛干燥，食欲减退，精神不振，全身消瘦。偶排出黄色稠鼻涕，甚至含有血丝，湿性咳嗽，肺部听诊有明显的湿啰音。有的病羊淋巴结发硬、肿大，乳房有结节状溃疡。

病理变化　病羊肺脏表面聚集有黄色或白色结节性脓肿（图 1-87），喉头和气管黏膜偶见有溃疡。病羊偶见心包膜内有大小不等的结节，内含有豆渣样的内容物。肝脏表面有大小不等的脓肿，或者聚集成片的小结节（图 1-88）。

诊断　在羊群中发现有进行性消瘦、咳嗽、慢性乳房炎、顽固性下痢以及体表淋巴结肿胀等临诊症状，可作为初步诊断。OIE 诊断方法为结核菌素试验。

图 1-87　肺脏切面白色结节
（引自丁伯良等，2004）

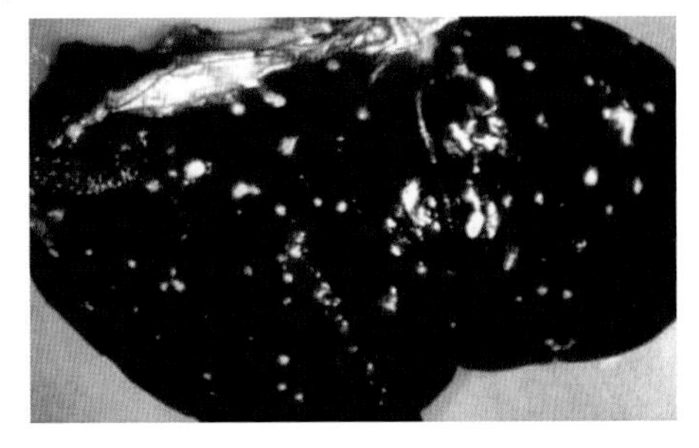

图 1-88　肝脏表面结核结节
（引自丁伯良等，2004）

防治　对新引进的羊群做结核菌素试验，隔离观察没有问题后再放入大群或者正常羊圈舍饲养，坚决杜绝输入性发病。治疗药物有利福平、乙胺丁醇、异烟肼、链霉素等。

十六、羔羊痢疾

该病是由大肠杆菌引起的羔羊一种败血症和严重腹泻性疾病，临床特征主要为腹泻。

病原　该病原属肠杆菌科，埃希菌属中的大肠埃希菌，革兰氏阴性，菌体呈直杆状，两端钝圆，有的近似球杆状（图 1-89）。菌体对一般性染料着色良好，两端略深，菌株体表面有一层具有黏附性的纤毛，这种纤毛是一种毒力因子（图 1-90）。

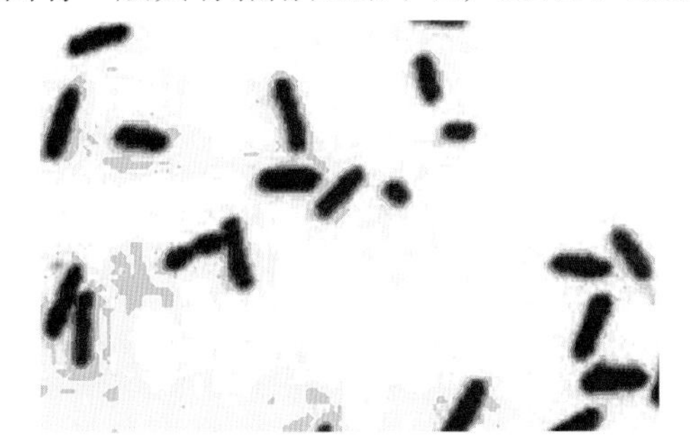

图 1-89　大肠埃希菌染色图

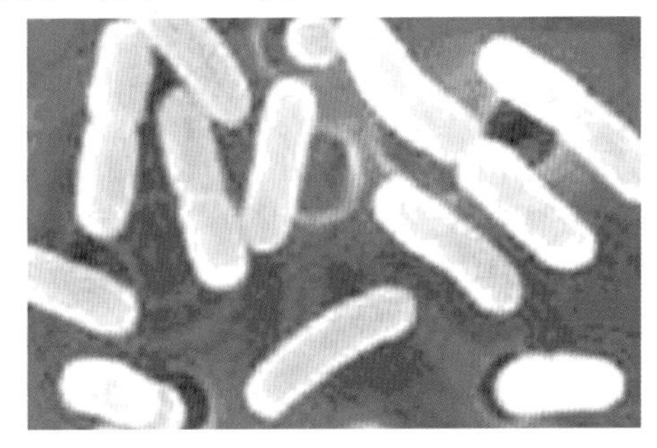

图 1-90　菌体表面纤毛

流行特点　患病羊和带菌羊是本病的主要传染源，本病可水平传播和垂直传播。一年四季均可发生，多发生于出生数日至 6 周龄的羔羊，有些地方 3~8 月龄的羊也偶有发生；呈地方性流行。但是整个羔羊群传染快，死亡率高。

症状　该病多发于 2~8 日龄羔羊。病初体温升高至 40~41℃，不久即下痢，体温降至正常或微热。粪便开始呈黄色或灰色半液状，后呈液状，含气泡，有时混有血液和黏液，肛门周围、尾部和臀部皮肤沾污粪便（图 1-91）。病羔腹痛、背躬、虚弱、严重的脱水、衰竭、卧地不起，有时出现痉挛。如治疗不及时，可在 24~36 小时死亡，病死率 15%~25%。

病理变化　患病羔羊剖检可见尸体严重脱水，真胃、小肠和大肠内容物呈黄灰色半液状。黏膜充血，肠系膜淋巴结肿胀发红（图 1-92）。有的肺脏呈炎症初期病变。从肠道部可分离到致病性大肠杆菌。

诊断 根据流行病学、临床症状可作出初步诊断，确诊需进行实验室细菌学检查。

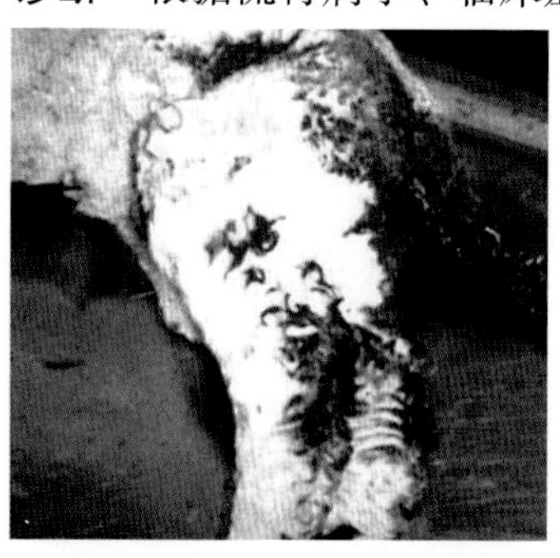

图 1－91 尾根部有带血稀粪
（引自丁伯良等，2004）

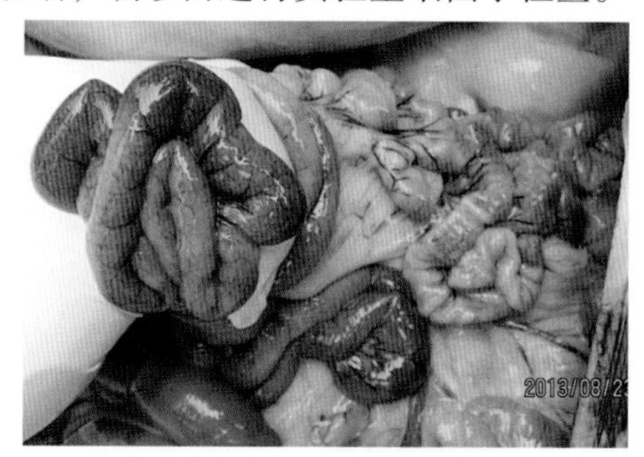

图 1－92 肠黏膜充血

防治 加强饲养管理，搞好环境卫生，做好羊圈的清洁和消毒。在母羊分娩前，对产房、产床及接产用具进行彻底清洗消毒。配种前和产前母羊使用疫苗进行免疫接种。治疗时除使用抗生素外还要调整胃肠机能，纠正酸中毒，防止脱水及时补充体液。

十七、羊破伤风

该病是由破伤风梭菌引起的急性、中毒性人兽共患传染病，临床症状主要表现为病羊肌肉发生持续性痉挛收缩，表现出强直状态，又称强直症，俗称“锁口风”。

病原 破伤风梭菌，归属芽胞杆菌科梭菌属，是一种厌氧性革兰氏阳性杆菌。破伤风梭菌形状为细长杆菌，长 2.1～18.1 微米，宽 0.5～1.7 微米，菌体多单个存在。10% 的碘酊，10% 的漂白粉及 30% 的双氧水能很快将其杀死。

流行特点 本菌广泛存在于土壤和草食牲畜的粪便中。破伤风的发生主要是由芽胞经暴露的、开放性的伤口侵染机体的结果。因外伤而导致病原菌感染，引起病原体在创口内繁殖产生毒素，刺激中枢神经系统而发病。破伤风多为散发性发病，一般不引起群体发病。羊发生破伤风无明显的季节性，但在春、秋多雨时发病较多。如果羊圈舍环境中存在破伤风梭菌，母羊产羔后，母羊和羔羊，或者公羊打架均会引起破伤风病的发生。

症状 主要表现为神经性症状。发病初期，病羊眼神呆滞，进食缓慢，牙关紧闭，不能吃饲草。全身肌肉僵直，颈部和背部肌肉强硬，头偏向一侧或后仰，四肢张开站立，各关节弯曲困难，步态僵硬，呈典型的木马状（图 1－93）。粪便干燥，尿频，体温正常，瘤胃臌胀，采食困难。

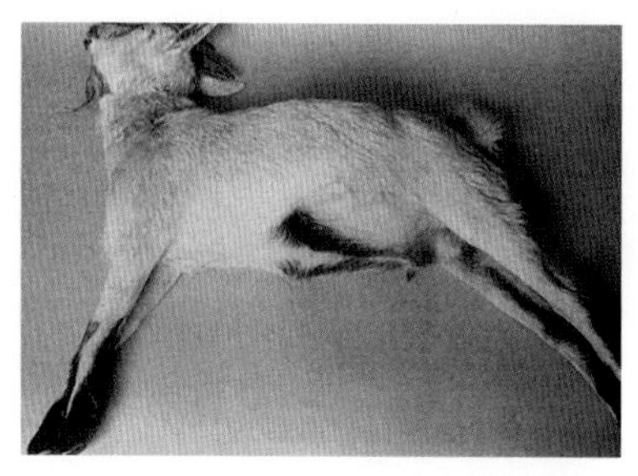

图 1－93 病死羊呈木马状僵硬

病理变化 血液呈暗红色且凝血不良，神经组织和黏膜有淤血和出血点，肺脏充血及高度水肿，心肌脂肪变性，骨骼肌萎缩呈灰黄色。

诊断 根据病羊有无深度创伤史，结合特征性神经性症状和典型的全身强直的临床症状，容易做出确诊。

防治 伤口部位使用双氧水清洗消毒，在该病多发区，皮下接种破伤风类毒素。另外母羊产羔前对圈舍进行彻底严格的消毒，可以防止该病的发生。

十八、羊巴氏杆菌

本病是由多杀性巴氏杆菌和溶血性曼氏杆菌引起的一种急性、烈性传染疾病，临床表现为败血症和出血性炎症。

病原 多杀性巴氏杆菌属于巴氏杆菌科，该菌为两端钝圆、中央微突的短杆菌或球杆菌，大小为（0.25～0.4）微米×（0.5～2.5）微米。普通消毒剂对本菌有较好的杀毒作用，如3%石炭酸、3%甲醛、10%石灰乳、0.5%～1%氢氧化钠、2%来苏尔及常用的甲醛溶液均能在短时间内将其杀死。

流行特点 病羊和带菌羊是本病的主要传染源，本病经呼吸道、消化道和损伤的皮肤感染。也可通过吸血昆虫传染。本病的发生不分季节，但以冷热交替，气候剧变，湿热多雨的春秋季节发病较频繁，呈内源性感染并呈散发或地方性流行。

症状 本病多发于羔羊，最急性型多发生于哺乳羔羊，也偶见于成年羊，发病突然，病羊出现寒颤、虚弱、呼吸困难等症状（图1－94），可在数分钟至数小时内死亡。急性型表现为体温升高到40～42℃，呼吸急促，咳嗽，鼻孔常有带血的黏性分泌物排出；病羊常在严重腹泻后虚脱而死（图1－95）。慢性型主要见于成年羊，表现呼吸困难，咳嗽，流黏性脓性鼻液。

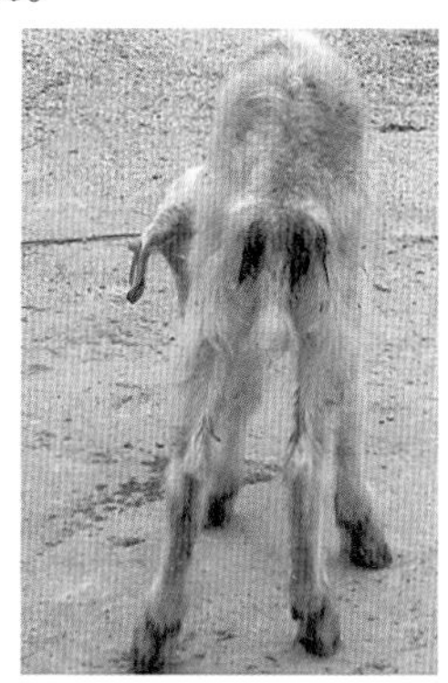

图1－94 慢性巴氏杆菌病羊消瘦

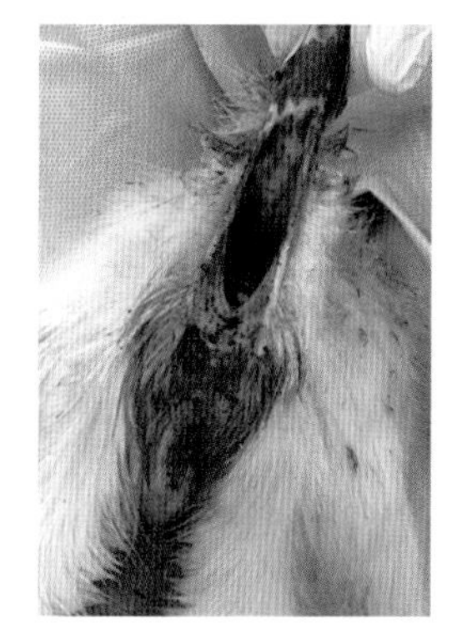

图1－95 巴氏杆菌病羊腹泻

病理变化 死羊剖检可见肺门淋巴结肿大，颜色暗红，切面外翻、质脆。肺充血、淤血、颜色暗红、体积肿大、肺间质增宽（图1－96）、肺实质有相融合的出血斑或坏死灶（图1－97）。肺胸膜、肋胸膜及心包膜发生粘连；胸腔内约有橙黄色渗出液（图1－98）；心包腔内有黄色混浊液体，有的羊冠状沟处有针尖大出血点（图1－99）。

诊断 根据流行病学、临床症状、病理变化和组织学特征可做出初步诊断。病原学诊断包括染色镜检、分离培养、生化鉴定。

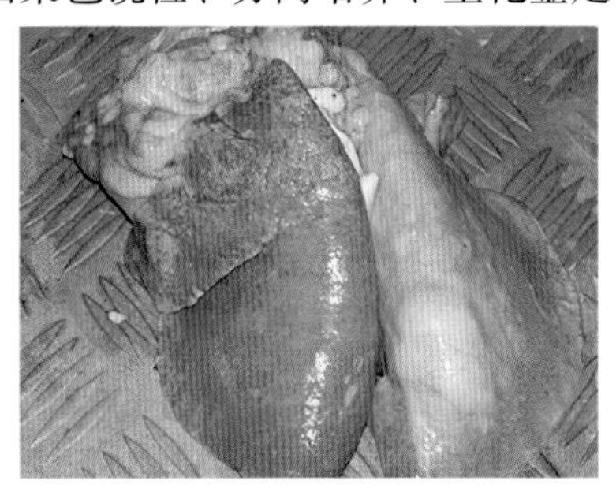

图 1－96 巴氏杆菌肺炎

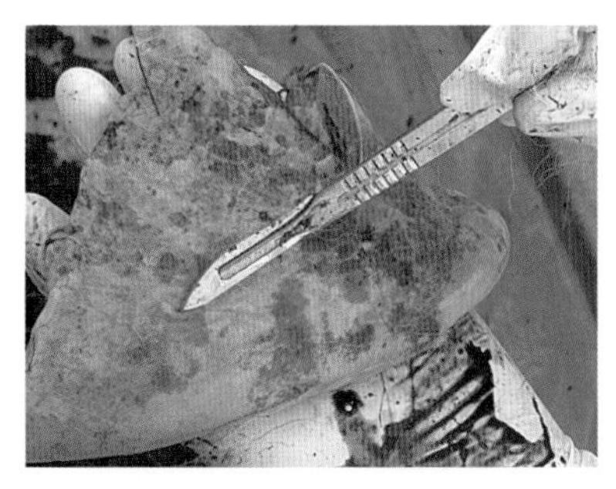

图 1－97 巴氏杆菌肺炎

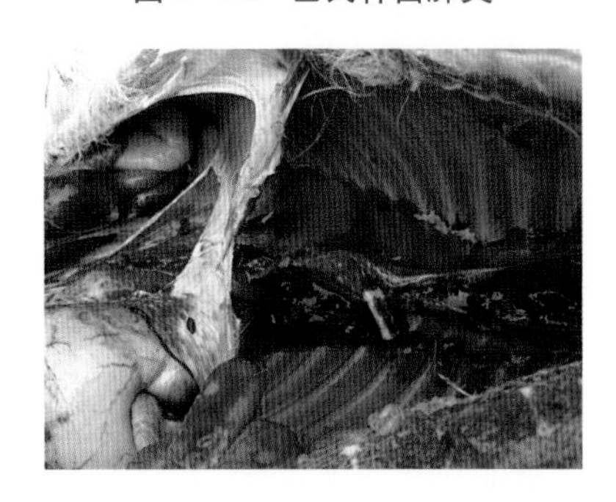

图 1－98 巴氏杆菌病羊胸腔积液

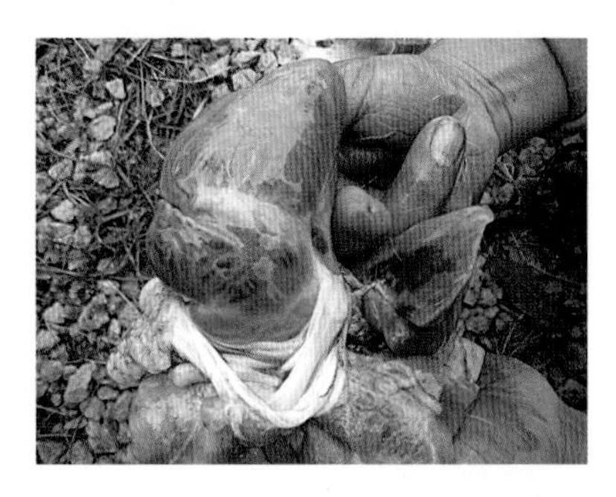

图 1－99 巴氏杆菌病羊心脏冠状沟出血

防治 加强饲养管理，坚持自繁自养，羊群避免拥挤、受寒和长途运输，消除可能降低机体抗病力的因素，羊舍、围栏要定期消毒。治疗药物有庆大霉素、四环素以及磺胺类药物。

十九、羊传染性角膜结膜炎

本病是由鹦鹉热衣原体引起的羊的一种急性接触性传染病，其临床特征为患病动物眼结膜和角膜有明显的炎症。

病原 鹦鹉热衣原体呈球形或椭圆形，革兰氏染色阴性。直径 0.2～0.4 微米，姬姆萨染色呈紫色，Macch-Invello 氏染色呈红色。本病原在 60℃环境中，10 分钟可被彻底灭活。在 0.1% 甲醛溶液或 0.5% 石碳酸溶液中 24 小时可灭活。

流行特点 病羊和带菌羊是该病的主要传染源，病原多分布于患羊的结膜囊、鼻泪管和鼻分泌物中，随眼分泌物排菌，病愈后，病原仍长期存在于眼分泌物中。同种动物可通过直接或密切接触而传播。绵羊、山羊、牛、猪、骆驼和鹿等均易感，不分性别和年龄，幼年动物发病较多。本病主要发生于天气炎热和湿度较高的夏、秋两季，其他季节发病率相对较低。另外不同来源的山、绵羊群体集中在一起饲养，也容易发生该病。一旦发病，传播迅速，多呈地方流行。

症状 病初患羊眼羞明、流泪，眼睑肿胀，结膜潮红，角膜周围血管充血，并有黏液性脓性分泌物（图 1－100）。多数病例初期为一侧患病，后为双眼感染（图 1－101）。一般无全身症状，很少有发热现象，但眼球化脓时，常伴有体温升高，食欲减退，精神沉郁和泌乳

量减少等现象。有的导致角膜炎，角膜云翳，角膜白斑甚至失明（图1－102）。

病理变化　镜检可见结膜固有层纤维组织充血、水肿和炎性细胞浸润，纤维组织疏松，呈海绵状。上皮变性、坏死或不同程度的脱落。角膜有明显炎症细胞（图1－103）。

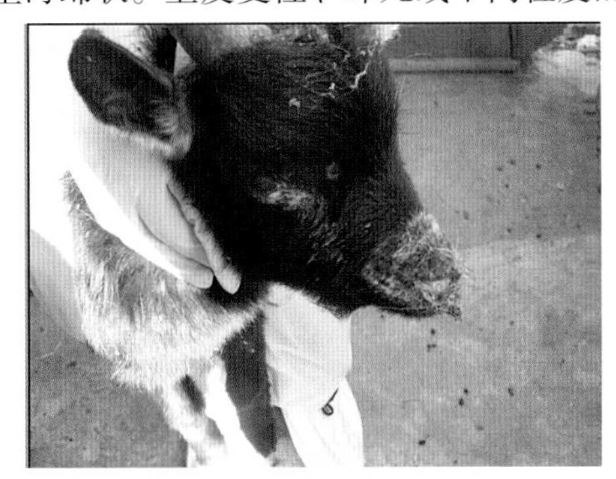

图1－100　角膜结膜炎

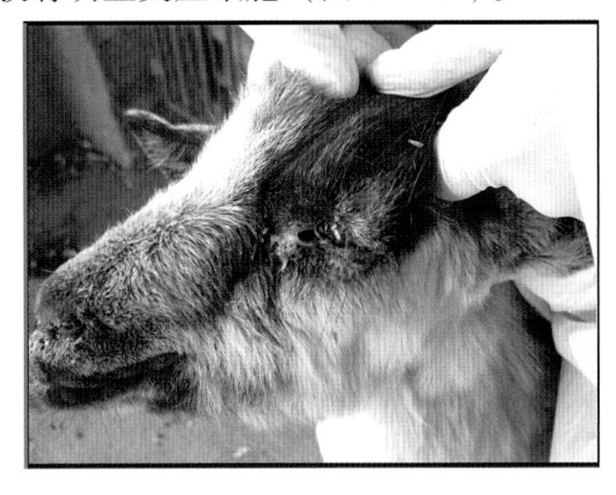

图1－101　角膜结膜炎

图1－102　角膜结膜炎

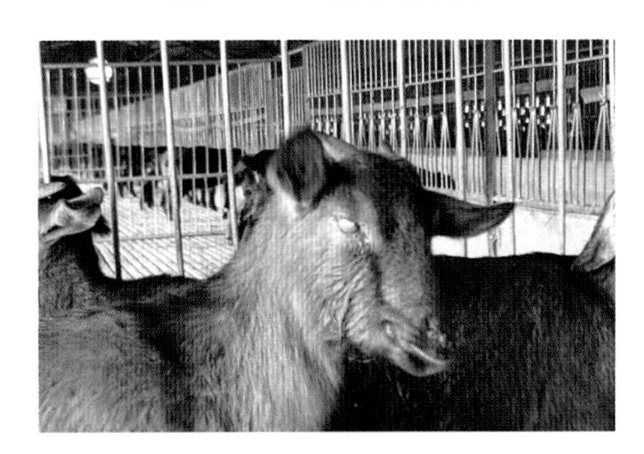

图1－103　角膜结膜炎继发感染

诊断　根据病羊眼部病变的临床症状，以及传播速度和发病季节，可以初步诊断。可作微生物学检查、凝集反应试验、间接血凝反应试验、补体结合反应试验及荧光抗体试验确诊。本病要与恶性卡他热、V_A缺乏症引起的角膜结膜炎相区别。

防治　隔离患病羊，对污染的场地、用具、栏舍加强消毒；严禁从疫区引进羊只，必要时引进的羊应隔离观察至少15天，确认无病后方可混群；本病尚无有效疫苗用于预防。羊群发病首先隔离病羊，实行圈养，防止蚊虫叮咬，保持圈舍清洁卫生，并做好消毒措施。最好将病羊放入黑暗处，避免强光线刺激。治疗用2%～5%硼酸溶液或0.01%呋喃西林溶液等冲洗患眼，拭干后用3%～5%弱蛋白银溶液滴入结膜囊内，每天2～3次。如果病羊眼结膜炎很严重，为防止失明，将朱砂粉吹入眼内，同时配合抗菌素粉，可以取得较好的治疗效果。

二十、羊传染性胸膜肺炎

该病是由多种支原体引起的一种高度接触性羊传染病，以高热、咳嗽，肺和胸膜发生浆液性和纤维素性炎症为特征，急性或慢性经过，病死率较高。

病原　引起羊支原体肺炎的病原体包括丝状支原体山羊亚种、丝状支原体丝状亚种、山羊支原体山羊肺炎亚种和绵羊肺炎支原体。该病原属于柔膜体纲，支原体目，支原体科，支原体属。培养特性呈油煎蛋形状油煎蛋状［（中央乳头状突起），中心脐明显］（图1－

104)，显微观察呈多形性，球杆状或丝状。革兰氏染色阴性，姬姆萨染色多呈蓝紫色或淡蓝色。该类菌对理化因素的抵抗力不强，56℃ 40 分钟，能达到杀菌目的。

流行特点 病羊为主要的传染源，患病羊肺组织和胸腔渗出液中含有大量支原体，主要通过呼吸道分泌物向外排菌。耐过病羊肺组织内的病原体在相当长的时期内具有活力，这种羊具有散播病原的危险性。本病可感染山羊和绵羊，山羊支原体山羊肺炎亚种只感染山羊；绵羊肺炎支原体可同时感染绵羊和山羊。本病常呈地方流行性，在冬、春枯草季节，羊只消瘦、营养缺乏以及寒冷潮湿、羊群拥挤等因素可诱发本病。

症状 根据病程和临床症状，可分为最急性、急性和慢性 3 种类型。最急性体温升高达 41～42℃，呼吸急促有痛苦的叫声，咳嗽并流浆液带血鼻液，病羊卧地不起，四肢伸直；黏膜高度充血，发绀；目光呆滞，不久窒息死亡。病程一般不超过 4～5 天，有的仅 12～24 小时。急性型：病初体温升高，随之出现短而湿的咳嗽，伴有浆性鼻涕。按压胸壁表现敏感，疼痛，高热稽留不退，食欲锐减，呼吸困难和痛苦呻吟，眼睑肿胀，流泪或有黏液、脓性眼屎。孕羊大批（70%～80%）流产。病期多为 7～15 天，有的可达 1 个月左右。慢性型：多见于夏季，全身症状轻微，体温 40℃左右，病羊间有咳嗽和腹泻，鼻涕时有时无，身体衰弱，被毛粗乱无光，极度消瘦（图 1－105）。

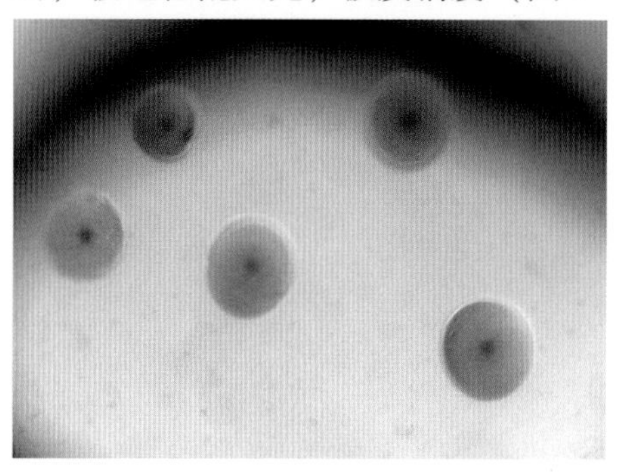

图 1－104 羊支原体分离培养特性

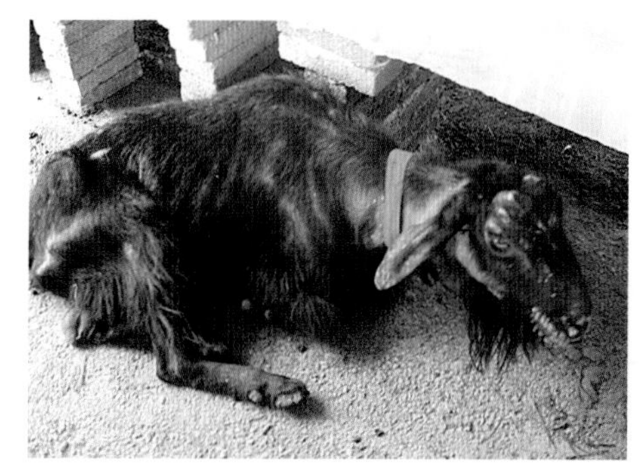

图 1－105 慢性型羊支原体肺炎 极度消瘦

病理变化 部检病变可见一侧肺发生明显的浸润和肝样病变（图 1－106）。肺呈红灰色，切面呈大理石样，肺小叶间质增宽，界线明显。胸膜变厚，表面粗糙不平，肺与胸壁发生粘连（图 1－107），支气管干酪样渗出（图 1－108）。有的病例中，肺膜、胸膜和心包三者发生粘连（图 1－109）。胸腔积有黄色胸水（图 1－110）。

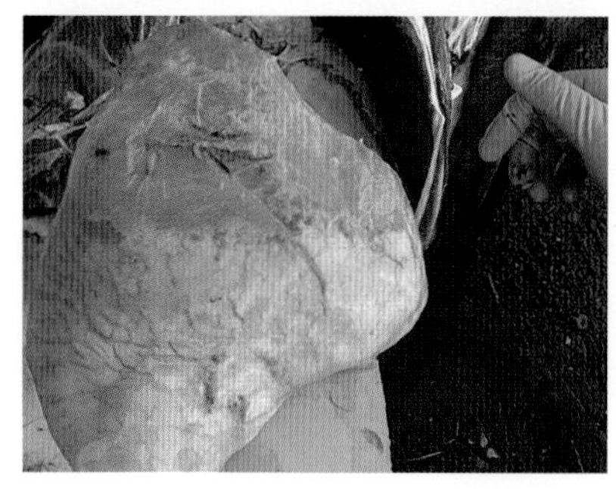

图 1－106 肺脏实变为“橡皮肺”

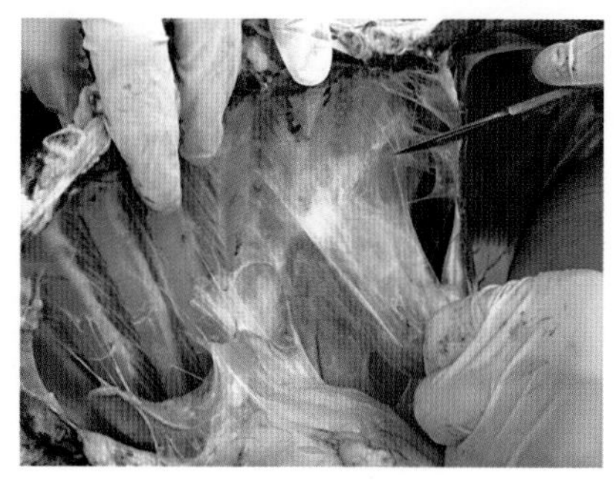

图 1－107 肺脏和胸腔粘连

诊断 根据流行特点、临床表现和病理变化等作出初步诊断。但应与羊巴氏杆菌相区

别，可对病料进行细菌学检查。实验室诊断包括细菌学检查、补体结合试验（国际贸易指定试验）、间接血凝试验（IHA）、乳胶凝集试验（LAT）。

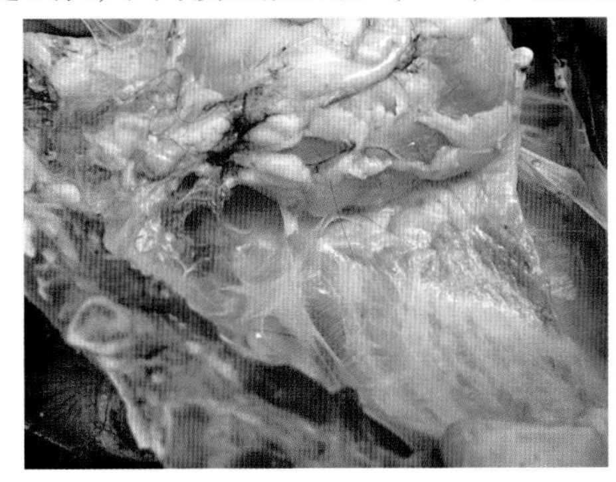

图 1－108　肺脏纤维素性渗出

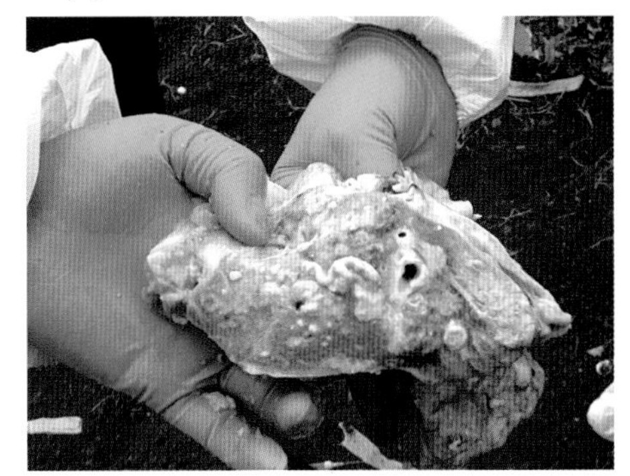

图 1－109　肺脏纤维素性渗出

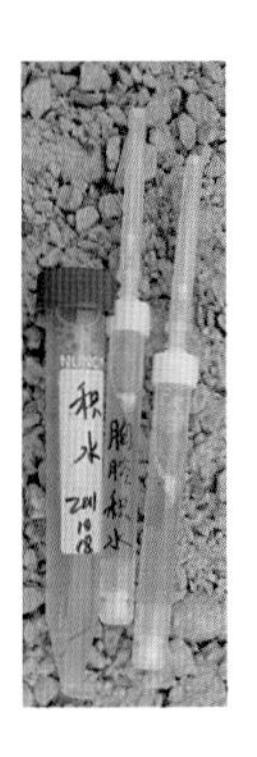

图 1－110　胸腔积水

防治　除加强一般措施外，关键是防止引入病羊和带菌羊。新引进羊只必须隔离检疫 1 月以上，确认健康时方可混入大群。使用疫苗进行免疫接种。本菌对红霉素、四环素、泰乐菌素敏感。发病羊群应进行封锁，对病羊、可疑病羊和假定健康羊分群隔离和治疗；对被污染的羊舍、场地、用具和病羊的尸体、粪便等，应进行彻底消毒或无害处理，在采取上述措施同时须加强护理对症治疗法。

二十一、羊衣原体

该病是由衣原体感染引起的绵羊、山羊的一种人畜共患传染病，临床以发热、流产、死产和产弱羔为特征。在该病流行期，部分羊表现为关节炎、结膜炎等症状。

病原　羊衣原体在分类上属于衣原体科，衣原体属。衣原体为革兰氏阴性菌。姬姆萨染色呈深蓝色（图 1－111、图 1－112）。衣原体是专性细胞内寄生的微生物，只能在易感宿主细胞胞质内发育增殖。

流行特点　感染衣原体的动物和人，无论是否表现出明显的临诊症状，都是本病的传染源。通过呼吸道、消化道、生殖道、胎盘或皮肤伤口任一途径感染；可能通过双重途径、多途径感染，临床症状表现得更为复杂。各个年龄段的羊均可以感染衣原体，但羔羊感染后临床症状表现较重，甚至死亡。本病一年四季均有发生，但以冬季和春季发病率较高。母羊在产羔季节受到感染，并不出现症状，到下一个妊娠期发生流产，所以羊衣原体性流产在冬季和春季发病率较高。一般舍饲羊发病率比放牧羊发病率高，羊衣原体病多为散发或地方流行性。

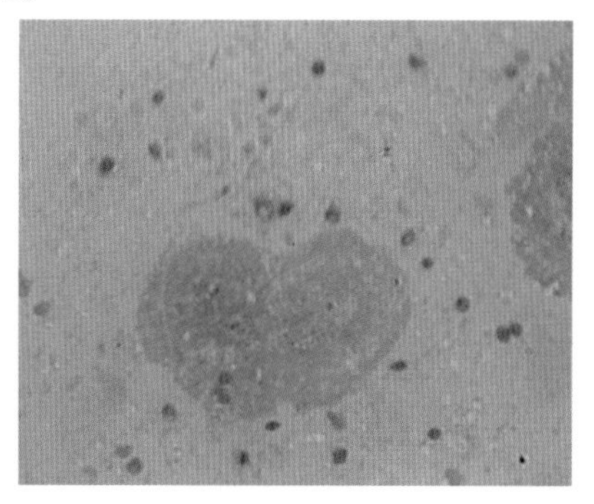

图 1－111　羊水中衣原体姬姆萨染色（100×）

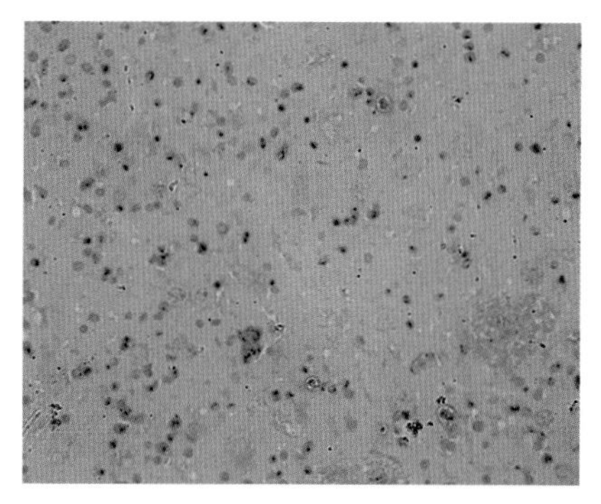

图 1－112　羊水中衣原体姬姆萨染色（50×）

症状　羊衣原体有肺炎型、流产型、关节炎型和结膜炎型。羊流产型衣原体表现为无任何征兆的突然性流产，患病母羊常发生胎衣不下或滞留（图 1－113）或表现为外阴肿胀（图 1－114）。

图 1－113　胎衣不下

图 1－114　流产母羊外阴肿胀

病理变化　病理变化主要集中在胎盘和胎羔部位。脐部和头部等处明显水肿，胸腔和腹腔积有多量红色渗出液。继发子宫内膜炎，可见流产胎儿全身水肿（图 1－115），皮下出血，呈胶样浸润，胸腔和腹腔积有大量红色渗出液，肝脏肿大，表面布有许多白色结节。母羊胎盘子叶变性坏死（图 1－116）。

诊断　根据流行特点、症状和病变可做初步诊断。流产病料 Giemsa 染色镜检，如发现圆形或卵圆形原生小体即可确诊。也可进行动物接种或血清学试验。本病应与布氏杆菌病、沙门菌病等疾病鉴别诊断。

防治　加强饲养管理，增强羊群体质，消除各种诱发因素。本病流行的地区，使用羊流产衣原体灭活苗对母羊和种公羊进行免疫接种，可有效控制羊衣原体病的流行。四环素、土霉素、强力霉素和泰乐霉素有一定的治疗效果。发生本病时，流产母羊及其所产弱羔应及时隔离。流产胎盘、产出的死羔应无害化销毁。污染的羊舍、场地等环境用 2% 氢氧化钠溶液、2%来苏尔溶液等进行彻底消毒。

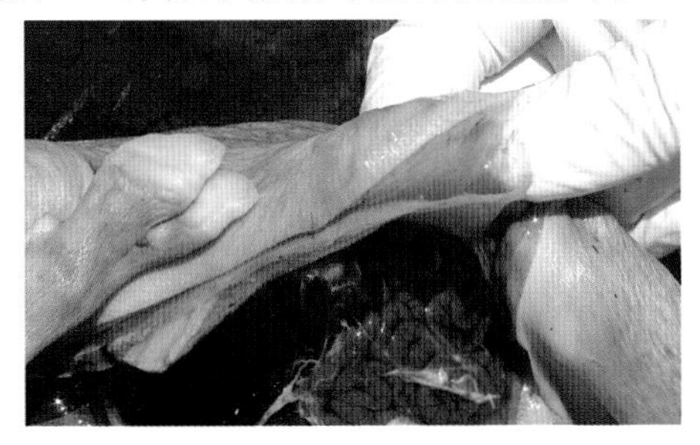

图1－115　流产胎儿皮下水肿

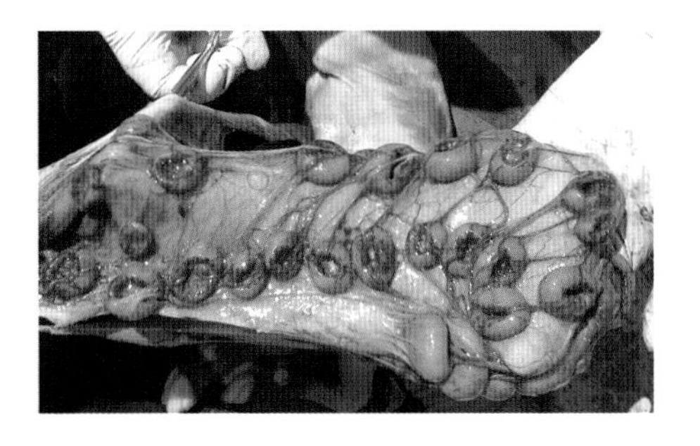

图1－116　流产胎盘子叶坏死

第二章　羊寄生虫病

一、羊球虫病

该病是由艾美尔属球虫寄生于绵羊或山羊肠道上皮细胞内引起的一种原虫病。绵羊或山羊感染球虫后，生长发育迟缓和繁殖性能下降，羊肉、羊奶、羊毛（绒）、羊肠衣及皮革产量和品质降低，严重感染时可导致死亡。

病原　球虫隶属于顶复门、孢子虫纲、球虫亚纲、真球虫目、艾美尔亚目、艾美尔科、艾美尔属。寄生于绵羊和山羊的球虫种类较多，各有13~14种，不同种球虫卵囊的形态、大小等存在差异。较小的球虫如小型艾美耳球虫，卵囊平均大小为17微米×14微米；较大的球虫如错乱艾美尔球虫卵囊大小为50微米×40微米。随羊粪排出的卵囊呈卵圆形、球形、亚球形或短椭圆形等不同形态，内含一团卵囊质；不同种球虫卵囊在外界环境中经1~5天孢子生殖形成孢子化卵囊才对羊具有感染力，此时每个卵囊内形成4个孢子囊，每个孢子囊内含2个子孢子。球虫种类的鉴定，主要依据球虫卵囊的形态、大小、颜色，极帽的有无及其形状，卵膜孔的有无，有无内、外残体，孢子化时间等。绵羊、山羊孢子化艾美尔球虫卵囊的形态结构分别见图2-1和图2-2。

流行特点　该病广泛分布于世界各地，绵羊和山羊感染均非常普遍，尤其是哺乳期和断奶后2~4周的羔羊极易感染，如果断奶羔羊饲养密度大，发病率很高。土壤、饲料或饮水中的感染性卵囊被羊吞入后，子孢子在消化道内脱囊逸出，进入肠道上皮细胞吸取营养，发育为第一代裂殖体，经过两至三代裂殖生殖，可使羊肠道黏膜上皮细胞遭受严重破坏，导致疾病发作。经两个或多个世代后，经有性生殖阶段形成合子，合子迅速发育为卵囊，随粪便排到体外，在适宜的温度、湿度等条件下完成孢子发育后便对羊具有了感染性。

症状　本病可依感染的种类、感染强度、羊只的年龄、抵抗力及饲养管理条件等不同而发生急性或慢性过程。急性经过的病程为2~7天，慢性经过的病程可长达数周。病羊精神不振（图2-3），食欲减退或消失，体重下降，可视黏膜苍白，腹泻，粪便中常含有大量卵囊。体温上升到40~41℃，严重者可导致死亡，死亡率常达10%~25%，有时可达80%以上。

病理变化　羊球虫病病变主要发生在肠道、肠系膜淋巴结、肝脏和胆囊等组织器官。与肠黏膜趋平或突出于黏膜表面；在有些病例可见凸出于黏膜表面的白色或浅黄色息肉状病灶，间或有出血点，表面光滑或呈花菜样。小肠壁增厚、充血、出血，有大量的炎性细胞浸润，肠腺和肠绒毛上皮细胞坏死，绒毛断裂，黏膜脱落等。肝脏可见轻度肿大、淤血，肝表面和实质有针尖大或粟粒大的黄白色斑点，胆管扩张，胆汁浓厚呈红褐色，内有大量块状物。胆囊壁水肿、增厚，整个胆囊壁有单核细胞浸润，固有层有小出血点，绒毛短粗，肠绒毛上皮细胞有局部性坏死。挑开病灶取内容物制片镜检，可见大量裂殖体、配子体和少量的

卵囊。

诊断 根据临床症状和常规粪便检查可对本病做出初步诊断。生前诊断必须查到大量球虫卵囊，并伴有相应的临床症状，才能诊断为球虫病。死后确诊必须通过剖检，观察到球虫性的病理变化，在病变组织中检查到各发育阶段的虫体。另外，在粪便中只有少量卵囊，羊无任何症状，可能是隐性感染。

防治 在治疗方面，常采用的药物有磺胺二甲基嘧啶、呋喃西林、氨丙啉、金霉素，莫能霉素等。常用防治药物为：氨丙啉，每千克体重 25～50 毫克，混入饲料或饮水，连用 2～3 周；磺胺甲基嘧啶，每千克体重 0.1 克，每日口服 2 次，连用 1～2 周，如给大群羊使用，可按每日每千克体重 0.2 克混入饲料或饮水中；莫能菌素，每千克体重 1.6 毫克，每日内服 1 次，连用 7 天。该药对羊球虫的驱杀效果较好，3 天即见效，5 天驱除率可达 100%。

在使用药物防治时，应特别注意抗药性的产生，必须经常更换药品，以免影响防治效果。此外，肉羊和奶羊用抗球虫药要注意不同兽药要求的休药期。

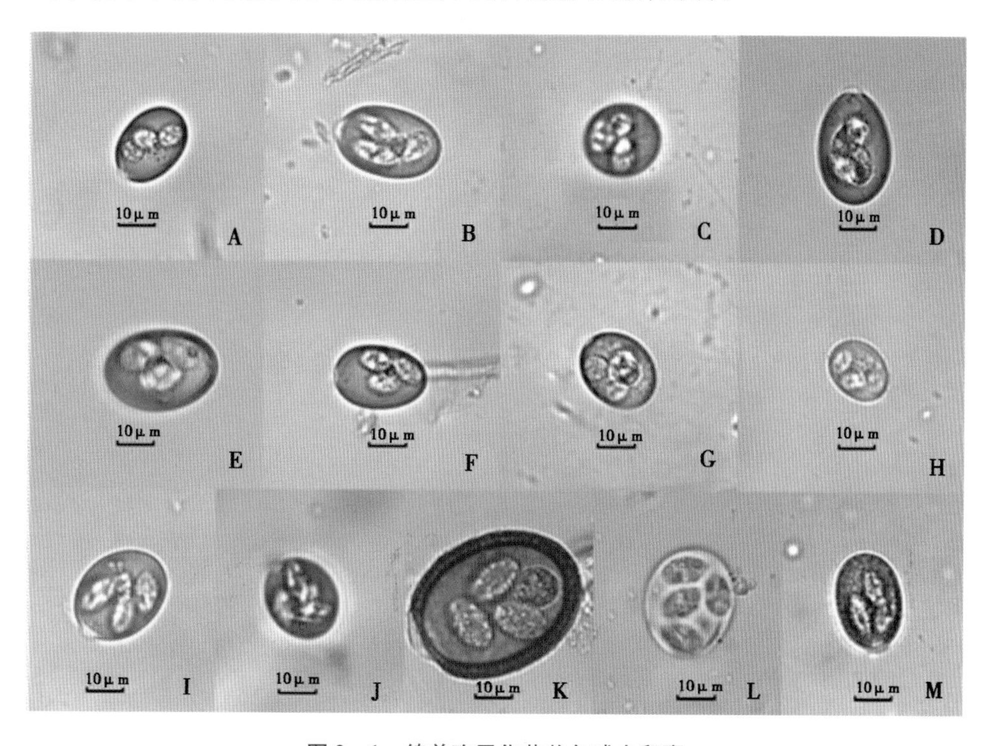

图 2－1 绵羊孢子化艾美尔球虫卵囊

A. 阿撒他艾美尔球虫（*E. ahsata* 400×）；B. 巴库艾美尔球虫（*E. bakuensis* 400×）；C. 小型艾美尔球虫（*E. parva* 400×）；D. 贡氏艾美尔球虫（*E. gonzalezi* 400×）；E. 苍白艾美尔球虫（*E. pallida* 400×）；F. 颗粒艾美尔球虫（*E. granulose* 400×）；G. 温布里吉艾美尔球虫（*E. weybridgensis* 400×）；H. 类绵羊艾美尔球虫（*E. ovinoidalis* 400×）；I. 马尔西卡艾美尔球虫（*E. marsica* 400×）；J. 槌形艾美尔球虫（*E. crandallis* 400×）；K. 错乱艾美尔球虫（*E. intricate* 400×）；L. 浮氏艾美尔球虫（*E. faurei* 400×）；M. 斑点艾美尔球虫（*E. punctata* 400×）

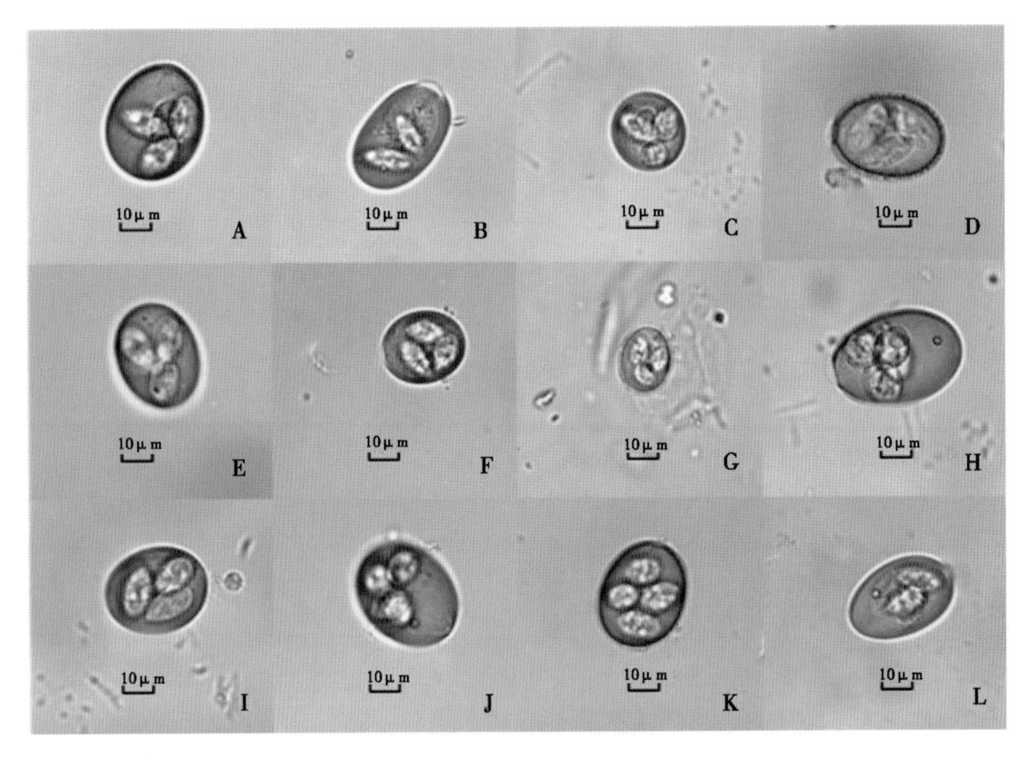

图2－2　山羊孢子化艾美尔球虫卵囊图

A. 阿普艾美尔球虫（*E. apsheronica* 400×）；B. 阿氏艾美尔球虫（*E. arloingi* 400×）；C. 艾丽艾美尔球虫（*E. alijevi* 400×）；D. 斑点艾美尔球虫（*E. punctata* 400×）；E. 苍白艾美尔球虫（*E. pallida* 400×）；F. 山羊艾美尔球虫（*E. caprina* 400×）；G. 柯察艾美尔球虫(*E. kocharli* 400×)；H. 克氏艾美尔球虫（*E. christenseni* 400×）；I. 妮氏艾美尔球虫(*E. ninakohlyakimovae* 400×)；J. 山羊艾美尔球虫（*E. caprina* 400×）；K. 羊艾美尔球虫(*E. caprovina* 400×)；L. 约奇艾美尔球虫（*E. jolchijevi* 400×）

图2－3　感染球虫的患病羊

二、羊巴贝斯虫病

羊巴贝斯虫病是由寄生于绵羊和山羊红细胞内的原虫而引起的一种蜱传性血液原虫病，该病以发热、黄疸、溶血性贫血、血红蛋白尿、消瘦和死亡为临床特征。

病原 病原为顶复门、孢子虫纲、梨形虫亚纲、梨形虫目、巴贝斯科、巴贝斯属等多种原虫。迄今为止报道的感染羊的巴贝斯虫有 5 种，即莫氏巴贝斯虫（*B. motasi*）、绵羊巴贝斯虫（*B. ovis*）、粗糙巴贝斯虫（*B. crassa*）、泰氏巴贝斯虫（*B. taylori*）和叶状巴贝斯虫（*B. foliate*）。病原的形态呈多样性：主要有双梨子形、单梨子形、三叶草形、椭圆形、圆形和不规则形等（图 2－4）。

流行特点 羊的巴贝斯虫病发生和流行于世界许多国家和地区，多发生于热带、亚热带地区，常呈地方性流行。该病的发生和流行与传播媒介蜱的消长、活动密切相关。由于硬蜱的分布具有地区性，活动具有明显的季节性。因此该病的发生和流行也具有明显的地区性和季节性。不同年龄和品种的羊易感性存在差异，羔羊发病率高，但症状轻微，死亡率低。成年羊发病率低，但症状明显，死亡率高。纯种羊和非疫区引进羊发病率高，疫区羊有带虫免疫现象，发病率低。

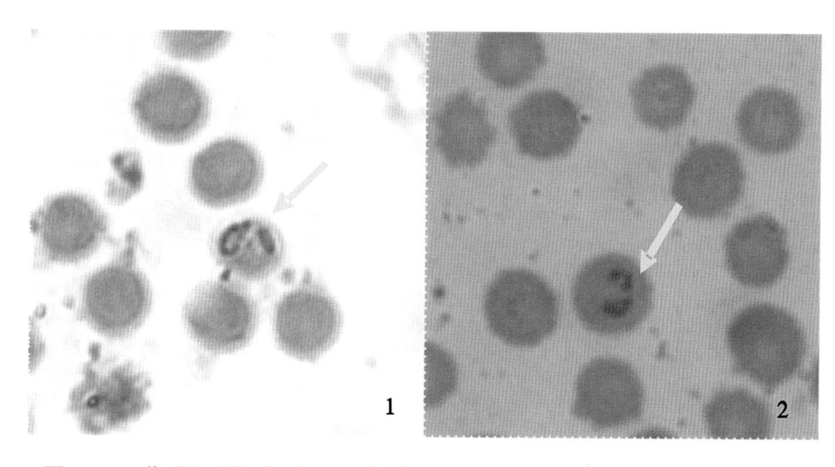

图 2－4 莫氏巴贝斯虫（1）和绵羊巴贝斯虫（2）（箭头所示）（1 000 ×）

巴贝斯虫的发育、繁殖和传播需硬蜱和家畜宿主共同参与，其不同阶段要么寄居于硬蜱体内，要么存在于羊体内，是一种永久性寄生虫，不能离开宿主而独立生存于自然界。莫氏巴贝斯虫病发生于 4～6 月和 9～10 月，其传病蜱包括青海血蜱、刻点血蜱、微小牛蜱、阿坝革蜱、森林革蜱、囊形扇头蜱和蓖子硬蜱等。绵羊巴贝斯虫病最早发生于 5～6 月，而以 6 月中旬和 7 月中旬为发病高峰期，8 月以后很少发生，其传病蜱包括囊形扇头蜱、耳部血蜱和硬蜱属的成虫。体内带有绵羊巴贝斯虫的雌蜱可经卵传递病原体给下一代，次代蜱叮咬羊吸血时把虫体注入到羊体内而传病。

症状 羊巴贝斯虫病病羊的潜伏一般为 10～15 天。病羊临床上主要以高热稽留，溶血性贫血、黄疸、血红蛋白尿和虚弱、死亡为特征。精神沉郁，食欲减退，呼吸困难，轻度腹泻，反刍迟缓或停止，迅速消瘦，可视黏膜苍白并逐渐发展为黄染（图 2－5）。乳羊泌乳减少或停止，怀孕母羊常发生流产。

莫氏巴贝斯虫病导致病羊体温升高至 41～42℃，稽留数日，或直至死亡；因红细胞大量破坏、溶血性贫血而表现呼吸快而浅表，脉搏加快；黄疸，可视黏膜黄染，血红蛋白尿。有的病羊出现神经症状，表现无目的的狂跑，突然倒地死亡。

绵羊巴贝斯虫病患羊大部分表现为急性型，体温升高至40～42℃。患羊精神沉郁，食欲减退甚至废绝；反刍迟缓或停止，虚弱，肌肉抽搐，呼吸困难，贫血，黄疸，血红蛋白尿。50%～60%急性病羊于2～5天后死亡。慢性病例少见，表现为渐进性消瘦（图2－5），贫血和皮肤水肿，黄疸少见，血红蛋白尿仅见于患病的最后几天。

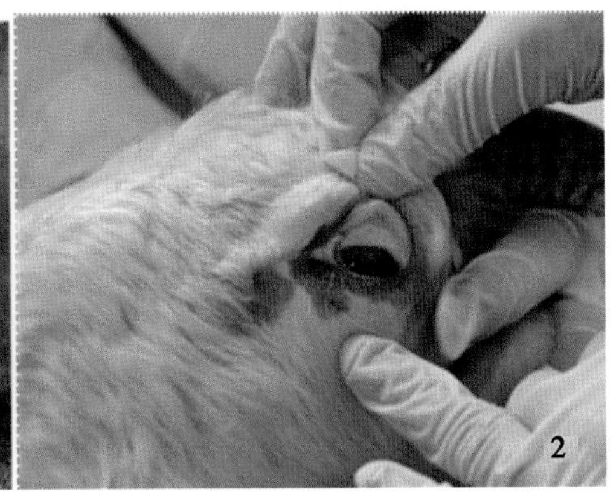

图2－5　感染巴贝斯虫后患病的羊
（1. 患羊消瘦；2. 贫血，黏膜苍白）

病理变化　剖检病死羊可见尸体消瘦，可视黏膜和皮下组织、全身各器官浆膜、黏膜苍白、黄染，并有点状出血；血液稀薄，凝固不良，严重者如水样；肝脏肿大呈灰黄色；脾脏肿大明显；胆囊肿大2～4倍，充满胆汁；心脏肿大，心内、外膜及浆膜、黏膜亦有出血点；肾脏充血、发炎、肿大；膀胱扩张，充满红色尿液。第3胃内容物干硬，第4胃及大肠、小肠黏膜充血，有时有出血点。

诊断　在诊断时，应该综合流行病学调查，临床症状，剖检变化及实验室诊断的结果作出确诊。

实验室诊断方法包括组织学诊断方法（包括血液涂片染色镜检、脑涂片染色镜检）；免疫学诊断方法包括间接荧光抗体试验（IFAT）、酶联免疫吸附试验（ELISA）；分子生物学诊断方法（环介导等温扩增检测方法（LAMP）、限制性片段长度多态性分析（RFLP）、反向线状印迹杂交技术（RLB）、聚合酶链式反应（PCR）。

防治　羊巴贝斯虫病为蜱传性疾病，预防性灭蜱仍是目前预防蜱媒疾病的唯一措施，消灭蜱媒害虫应遵循有效、简便、经济的方针。

灭蜱，阻断媒介传播：在蜱类活动季节，取2.5%敌杀死乳油剂（有效成分为溴氰菊酯）用水按250～500倍稀释、20%杀灭菊酯乳油剂（有效成分为戊酸氰醚酯）3 000～5 000倍稀释、10%二氯苯醚菊酯乳油1 000～2 500倍稀释、0.05%辛硫磷、1%～2%马拉硫磷、0.015%～0.02%巴胺磷水乳液，喷淋或药浴杀灭羊体上的蜱；喷洒羊舍和运动场地面、墙壁及圈舍周围杀灭环境中的蜱。间隔15天再用1次。

加强检疫：引入或调出羊只，先隔离检疫，经检查无血液巴贝斯虫和蜱寄生时再合群或调出。

及时治疗病羊和带虫羊：发现病羊，除加强饲养管理和对症治疗外，及时用下列药物治疗，杀灭羊体内的巴贝斯虫，防止病原散播。

1. 贝尼尔（血虫净、三氮脒）：每千克体重3.5～3.8毫克，配成5%水溶液深部肌内注射，1～2天1次，连用2～3次。

2. 阿卡普啉（硫酸喹啉脲）：每千克体重0.6～1毫克，配成5%水溶液，分2～3次间隔数小时皮下或肌内注射，连用2～3天效果更好。

3. 咪唑苯脲：每千克体重1～2毫克，配成10%水溶液，1次皮下注射或肌内注射，每天1次，连用2天。

4. 黄色素：每千克体重3～4毫克，配成0.5%～1%水溶液，1次静脉注射，每天1次，连用2天。

三、羊泰勒虫病

该病是由寄生于绵羊和山羊巨噬细胞、淋巴细胞和红细胞内的原虫引起的一种蜱源性血液原虫病。临床上以高热稽留、黄疸、贫血、消瘦、体表淋巴结肿大为主要特征。

病原　该病病原为顶复门、孢子虫纲、梨形虫亚纲、梨形虫目、泰勒科、泰勒属的各种原虫。到目前为止，国内外已报道的羊泰勒虫至少有6种，即莱氏泰勒虫（*Theileria lestoquardi*）、绵羊泰勒虫（*T. ovis*）、隐藏泰勒虫（*T. recondita*）、分离泰勒虫（*T. separata*）、吕氏泰勒虫（*T. luwenshuni*）和尤氏泰勒虫（*T. uilenbergi*）。病原形态呈多样性，包括环形、逗点状、三叶草形、杆状、双逗点形、囊圆形和不规则形等（图2-6）。姬氏染色后，虫体的原生质呈淡蓝色或着色不明显，染色质为紫红色，呈点状或半月状居于虫体一侧边缘。莱氏泰勒虫的裂殖体（石榴体、柯赫氏兰体）见于脾脏和淋巴结涂片的淋巴细胞中，而绵羊泰勒虫的裂殖体仅见于淋巴结中且不易查检；有的裂殖体游离于细胞外；裂殖体直径约8微米，大的可达10微米甚至20微米；裂殖体有大裂殖体和小裂殖体之分，一个裂殖体内含1～80个裂殖子，裂殖子大小为1～2微米；姬氏染色后，裂殖子的原生质呈淡蓝色，核呈紫红色。

流行特点　该病主要在热带、亚热带和温带地区流行，呈地方性流行，绵羊和山羊均易感，无品种差异，但从外地引进的羊只易感性更高。发病季节主要在每年的3月下旬至5月下旬，9～10月有个别羊发病，春季病愈后的羊秋季二次发病的少见。

不同年龄段的羊发病率不同，1～6月龄的羔羊发病率高，病死率也高，1～2岁的羊次之，2岁以上的羊多为带虫者，很少发病。

症状　莱氏泰勒虫的致病力强，致死率高，成年羊的死亡率可达46%～100%。绵羊泰勒虫的致病力弱，一般呈良性经过，死亡率很低。

本病的潜伏期4～12天。病羊体温升高达40～42℃，多呈稽留型热，一般持续4～7天，也有间歇热者；食欲减退甚至废绝；体表淋巴结肿大，尤其是肩前淋巴结显著肿大；因红细胞生成障碍而表现呼吸加快且困难，叩诊肺泡音粗厉，腹式呼吸明显；脉搏加快，每分钟达到100次以上，心律不齐；严重贫血，可视黏膜苍白但黄疸不明显；尿液一般无变化，个别羊尿液混浊或呈红色；反刍及胃肠蠕动音减弱或停止，初期便秘，后期腹泻，呈酱油状，有的病羊粪便混有血样黏液。病羊精神沉郁，消瘦，被毛粗乱［图2-7（1）］，四肢僵硬，以羔羊最明显，放牧时常离群，头伸向前方，呆立不动，步态不稳，后期衰弱，卧地不起，最后衰竭而死。妊娠母羊流产。病程 6 ~ 12 天，急性病例 1 ~ 2 天内死亡。

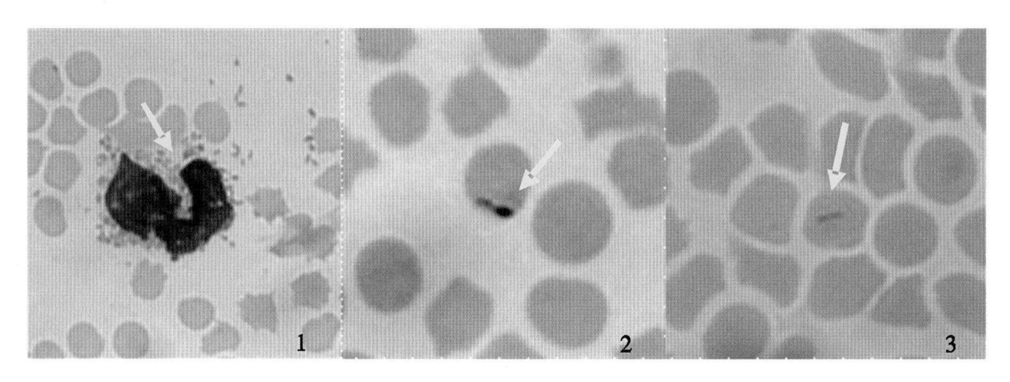

图 2－6　泰勒虫（1 000 ×）
［1. 裂殖体；2. 逗点状泰勒虫；3. 杆形泰勒虫（箭头所示）］

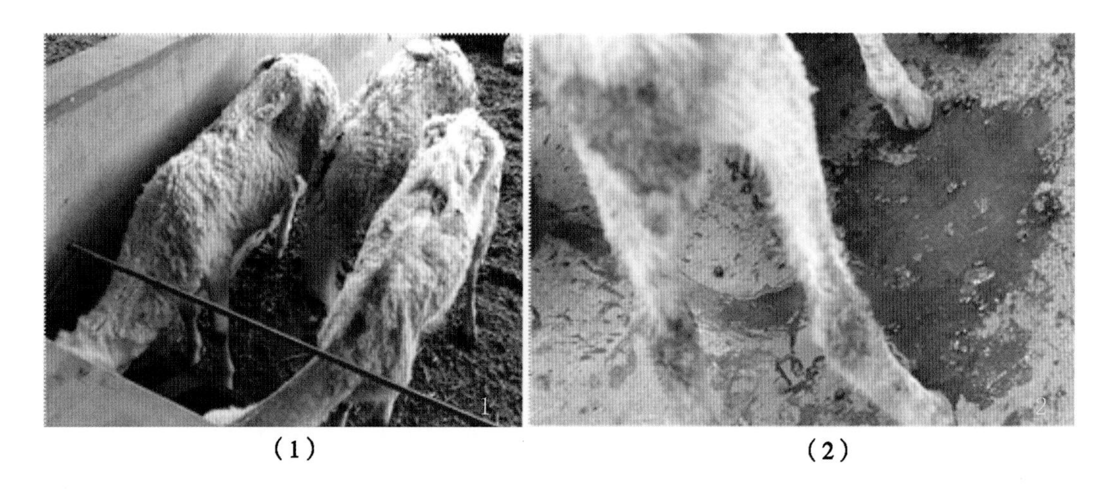

（1）　（2）

图 2－7　感染泰勒虫后患病的羊（1）病羊消瘦（2）尿液发黄

病理变化　剖检病死羊可见尸体消瘦，贫血，血液稀薄，凝固不良，呈淡褐色。全身淋巴结不同程度肿胀，尤以肠系膜淋巴结、肩前淋巴结、肝淋巴结和肺淋巴结更为明显。充血和出血，呈紫红色，被膜上有散在出血点，切面多汁；第四胃和十二指肠黏膜脱落，有溃疡斑；肝脏、胆囊、脾脏肿大，有出血点；肺水肿，充血或出血；肾脏黄褐色，表面有淡黄或灰白色结节和小出血点；小肠和大肠黏膜有出血点。心内外膜有出血点，甚至有大面积片状出血，心冠状沟黄染，心肌苍白、松软，心包液增多，心外膜有纤维素样渗出。

诊断　在诊断时，应该综合流行病学调查，临床症状，剖检变化及实验室诊断的结果作出确诊。

实验室诊断方法包括组织学诊断方法（包括血液涂片染色镜检、淋巴结穿刺涂片染色镜检）；免疫学诊断方法如间接荧光抗体试验（IFAT）、酶联免疫吸附试验（ELISA）；分子生物学诊断方法（环介导等温扩增检测方法（LAMP）、限制性片段长度多态性分析（RFLP）、反向线状印迹杂交技术（RLB）、聚合酶链式反应（PCR））等。对疑似患泰勒虫病的羊，用贝尼尔等药物进行治疗性诊断，如果好转甚至症状消失，则可诊断为羊泰勒

虫病。

防治　硬蜱活动季节，定期用敌杀死等杀虫药喷洒羊体及圈舍、运动场。对发病羊，可用贝尼尔，按每千克体重 5 ~7 毫克分点深部肌内注射，1 次/天，连用 2 ~ 3 天。对圈舍进行彻底清扫、消毒。对发病羊及时隔离，单独重点管理。当病羊有发热、消瘦等症状时，用 30% 安乃近注射液或氨基比林注射液退热，并加强饲养和护理，给患病羊只多喂青绿多汁、易消化的饲料。在平常饲养时，应加强所有羊只的饲养管理，在饲草料淡季期应加强补饲，尤其对当年羔羊，以增强羊只体质和抗病力。个别哺乳期羔羊人工辅助喂奶；对已断奶小羊提供优质青干草及洁净温水自由饮用。

四、羊弓形虫病

弓形虫病是由龚地弓形虫所引起的一种寄生性人兽共患原虫病。临床以高热稽留，侵害呼吸系统和网状内皮系统，传染性强，发病率和致死率高，患羊临床以流产、死胎和产弱羔等为特征。

病原　本病病原为孢子虫纲（Sporozoa）、弓形虫科（Toxoplasmatidae）、弓形虫属（*Toxoplasma*）的刚第弓形虫（*T. gondii*），根据其发育阶段不同而有不同形态，在中间宿主体内有速殖子和包囊两种形态。在终末宿主猫的肠上皮细胞内有裂殖体、配子体和卵囊三种形态。前两型在中间宿主体内发育，后三型在终末宿主体内发育。在中间宿主体内有滋养体和包囊两型：①滋养体及速殖子：位于细胞外或细胞内，主要见于急性病例的腹水、脑脊髓液、脾、淋巴结等有核细胞（单核细胞、内皮细胞、淋巴细胞等）内。位于细胞外的为游离的单个虫体，呈新月形、香蕉形或弓形、梨子形、梭形、椭圆形，4 ~7 微米 ×2 ~4 微米，一端稍尖，另一端钝圆（图 2 –8、图 2 –9）；姬氏或瑞氏染色后，胞浆浅兰色，有颗粒，核深蓝紫色，偏于钝圆一端。革兰氏染色胞浆呈红色，胞核着色淡，呈透亮的空泡状。在细胞内的滋养体多为正处出芽繁殖的多形性虫体，呈柠檬状、圆形、卵圆形或正出芽的不规则形状等，有时在宿主细胞的胞浆内，许多滋养体簇集在一个囊（假囊）内。②包囊（组织囊，真包囊）：是由中间宿主组织反应形成的，见于慢性病例或无症状病例的脑、视网膜、骨胳肌及心肌、肺、肝、肾等组织中。包囊呈圆、卵圆或椭圆形，直径 8 ~ 150 微米，多为 20 ~60 微米，囊壁较厚，囊内含虫体几个至数千个。包囊内的虫体发育和繁殖慢，处于相对静止状态，称慢殖子（缓殖子，包囊子）。在终末宿主体内有裂殖体、配子体和卵囊三型，均位于肠上皮细胞内。随猫粪排到外界，呈卵圆、近圆或短椭圆形，无色或淡绿色，大小范围为长 11 ~14 微米，宽 8 ~11 微米，平均 12 微米 ×10 微米，卵囊壁光滑，二层，薄而透明。新排出卵囊内含多颗粒球状物为成孢子母细胞；孢子化后的卵囊内含二个卵圆或椭圆形孢子囊 8 微米 ×6 微米；每个孢子虫囊内含 4 个长形略弯曲的子孢子，大小 8 微米 ×2 微米；有孢子囊残体。

流行特点　弓形虫病呈世界性分布。本病的中间宿主范围非常广泛，包括人、猪、绵羊、山羊、黄牛、水牛、马、鹿、兔、犬、猫、鼠等多种哺乳动物，还可感染许多鸟类和冷血动物。终末宿主据目前所知仅为猫、豹、猞猁等猫科动物。病原除在中间宿主与终末宿主之间循环传递之外，更为重要的是可在中间宿主范围内相互进行水平传播。主要传染源为病畜禽和带虫者。其肉、内脏、血液、分泌物、排泄物及乳、流产胎儿体内、胎盘和其他流产物中都含有大量的滋养体、慢、快殖子；终末宿主体内的卵囊可随粪排出，污染饲料、饮水

和土壤，可保持数月的感染力。各阶段虫体——滋养体、快、慢殖子、卵囊，经口吃入或通

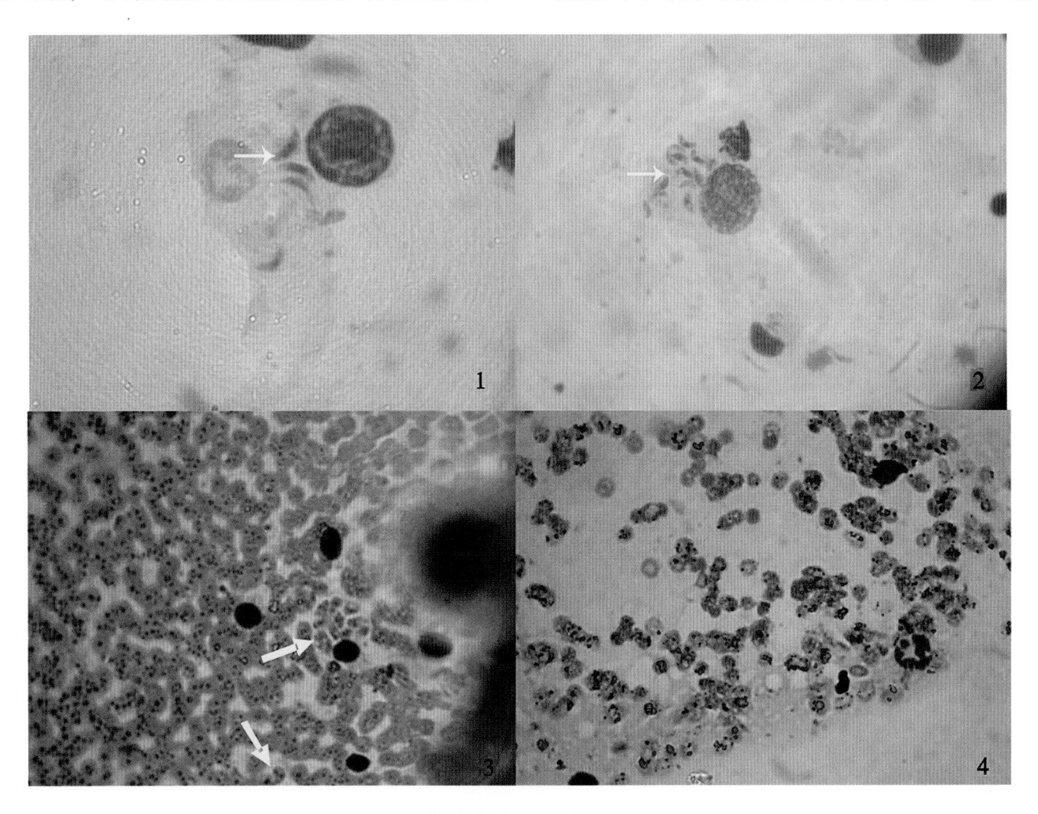

图 2-8　姬姆萨染色的弓形虫速殖子（1 000×）

（1. 血液中的弓形虫滋养体；2. 血液有核细胞内的弓形虫速殖子；3、4. 分别为肝脏、肺脏触片中的弓形虫速殖子）

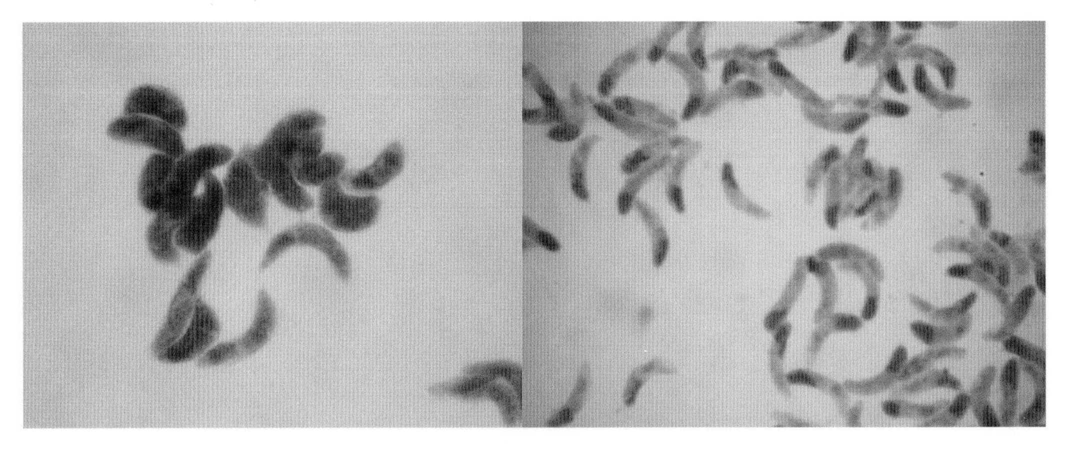

图 2-9　纯培养的弓形虫滋养体（姬姆萨染色）（1 000×）

过损伤的皮肤、呼吸道、消化道黏膜及眼、鼻等途径侵入宿主体均可造成感染；经胎盘感染胎儿普遍存在；污染的注射器、产科器械及其他用品可机械性传播；多种昆虫，例如，食粪甲虫、蟑螂、污蝇等和蚯蚓可机械性传播卵囊。因此，羊弓形虫病不仅直接为害养羊业，而

且对整个畜牧业的发展及人类的健康构成一定威胁。

临床症状 大多数成年羊呈隐性感染，怀孕母羊感染弓形虫后，虫体可经胎盘进入胎儿体内导致先天性感染，引起流产、死胎、胎儿畸形及不孕等。常于正常分娩前4～6星期出现流产，其他症状不明显。此外，在流产组织内可发现弓形虫。少数病例可出现神经系统和呼吸系统症状，表现呼吸困难，咳嗽，流泪，流涎，有鼻液，走路摇摆，运动失调，视力障碍，心跳加快，体温41℃以上，呈稽留热，腹泻等。慢性病例病程较长，病羊表现为厌食，逐渐消瘦，贫血。青年羊全身颤抖，腹泻，粪恶臭。

病理变化 急性病例主要见于羔羊，出现全身性病变，淋巴结、肝、肺和心脏等器官肿大，并有许多出血点和坏死灶。肠道重度充血，肠黏膜上常可见到扁豆大小的坏死灶。胸腔和腹腔内有多量渗出液。病理组织学变化为网状内皮细胞和血管结缔组织细胞坏死。慢性病例常见于老龄羊，可见有各内脏器官的水肿，并有散在坏死灶。流产时，大约一半的胎膜有病变，绒毛叶呈暗红色，在绒毛中间有许多直径为1～2毫米的白色坏死灶。产出的死羔呈皮下水肿，体腔内有过多的液体；肠内充血；脑尤其是小脑前部有广泛性炎症性小坏死点。此外，镜检流产组织，可发现弓形虫滋养体。

诊断 根据羊的临床特征，若出现流产、死胎和弱羔，可以怀疑为弓形虫病，结合磺胺类药物治疗效果良好而抗生素无效等可作出综合诊断，确诊需查病原：将可疑动物或尸体组织、体液涂片、触片、切片、压片等，在显微镜下检查虫体——生前查腹水、淋巴结穿刺液中的滋养体或有核细胞内的快殖子；死后查肺门淋巴结、脑、心、肝、肺等脏器或腹水中的慢殖子、快殖子及滋养体。

防治 预防本病应严格猫的管理。猫为终末宿主，在本病传播上起重要作用，所以应尽量少养猫；定期给猫服用磺胺类药物；防止猫进入羊舍，严格防止猫的一切分泌物、排泄物污染羊的饲草、饲料和饮水；接触病羊分泌物、排泄物时要做好防护、消毒工作。发现病羊，及时用药治疗。多种磺胺类药物如磺胺嘧啶、磺胺六甲氧嘧啶、磺胺甲氧嗪、磺胺甲基嘧啶、磺胺二甲基嘧啶，按每千克体重60～70毫克，肌内注射或内服，每天2次，连用3～4天，对弓形虫病均具有良好防治效果。但应注意的是，使用磺胺类药，首次量应加倍；与抗菌增效剂甲氧苄胺嘧啶合用，效果更好；应在发病初期及时用药，如用药较晚，虽可使临床症状消失，但不能抑制虫体进入组织形成包囊，结果使病畜成为带虫者。

五、羊隐孢子虫病

隐孢子虫病（cryptosporidiosis）是人类、家畜、伴侣动物、野生动物、鸟类、爬行动物和鱼类感染一种或多种隐孢子虫而引起的一种原虫病，临床症状以腹泻为主要特征。

病原 隐孢子虫分类上隶属于原生动物界（Protozoa）、顶复门（Apicomplexa）、球虫亚纲（Coccidia）、艾美耳亚目（Eimeriina）、隐孢子虫科（Cryptosporidiidae）、隐孢子虫属（*Cryptosporidium*）。目前，共命名了24个隐孢子虫有效种和70多个基因型。寄生于羊的有效种有8个，即微小隐孢子虫（*C. parvum*）、人隐孢子虫（*C. hominis*）、泛在隐孢子虫（*C. ubiquitum*）、肖氏隐孢子虫（*C. xiaoi*）、费氏隐孢子虫（*C. fayeri*）、猪隐孢子虫（*C. suis*）、安氏隐孢子虫（*C. andersoni*）和种母猪隐孢子虫（*C. scrofarum*）；基因型1个，sheep genotype。隐孢子虫卵囊呈圆形、卵圆形或椭圆形，内含4个裸露的子孢子，不含孢子囊（图2－10）。卵囊大小为3.94～8.3微米（图2－11、图2－12）。抗酸染色后，隐孢子虫卵囊染呈玫瑰红色，背景为淡绿色；经饱和蔗糖溶液漂浮后，隐孢子虫卵囊呈淡粉色或淡紫色（图2－11）。

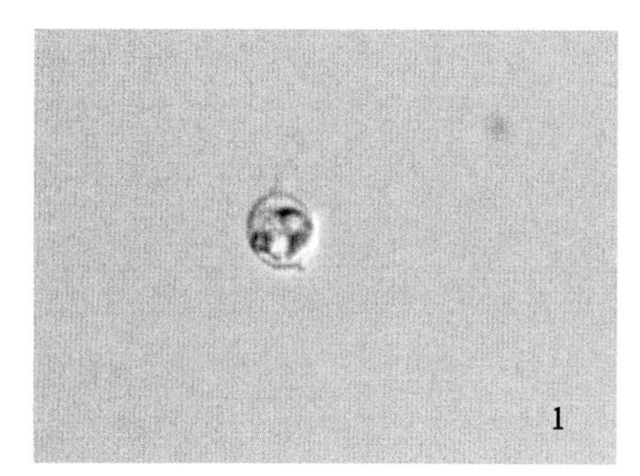

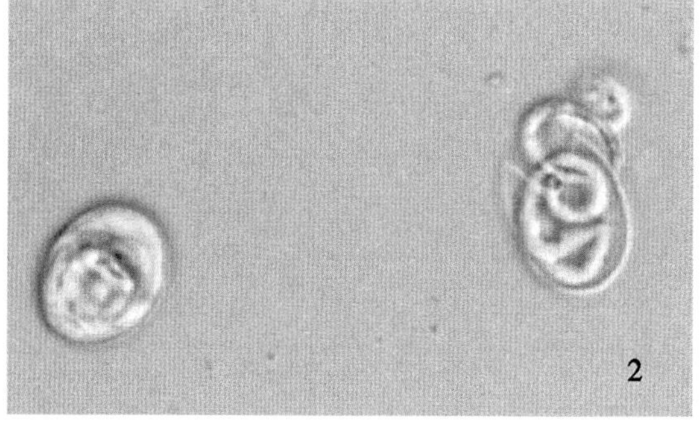

图2－10　两种隐孢子虫卵囊的微分衍射显微照片

［1. 小球隐孢子虫；2. 为安氏隐孢子虫，右边卵囊显示脱囊的子孢子（1 000×）］

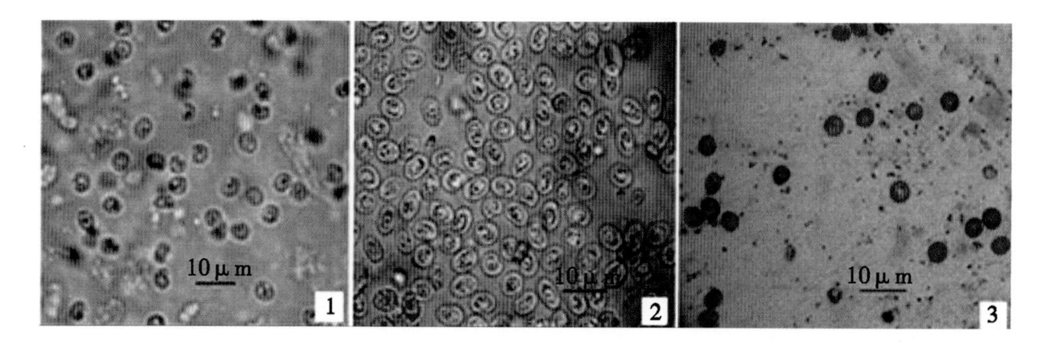

图2－11　饱和蔗糖溶液漂浮和抗酸染色后的隐孢子虫卵囊

（1. 饱和蔗糖溶液漂浮后的 *C. parvum* 卵囊；2. 饱和蔗糖溶液漂浮后的 *C. andersoni* 卵囊；3. 抗酸染色后的 *C. hominis* 卵囊）

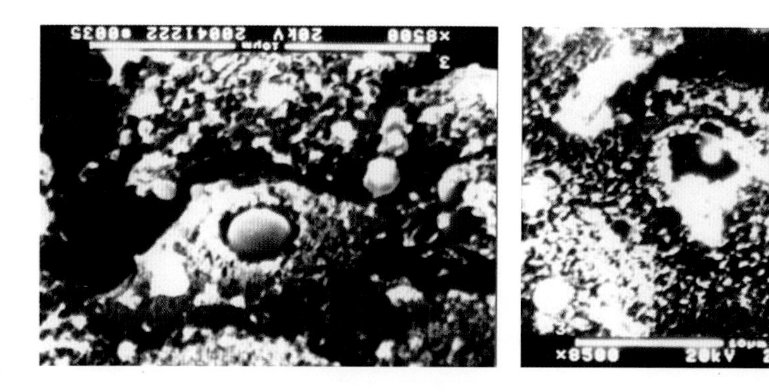

图2－12　隐孢子虫感染肠道的扫描电镜照片（8 500×）

（显示在肠黏膜上不同发育时期的虫体）

流行特点　在国外，澳大利亚、美国、英国、比利时、突尼斯、意大利、波兰、西班牙、土耳其和韩国已报道羊隐孢子虫病感染病例。我国的青海、贵州、河南、吉林、黑

龙江等省份相继发现羊隐孢子虫病，平均感染率为10.2%。其中，山羊隐孢子虫感染率为14.6%（215/1471），绵羊为6.7%（125/1868）。羊隐孢子虫一年四季均可感染，不具明显的季节性。在感染种类上，存在地理区域性差异。在澳大利亚，少见羊 *C. parvum* 感染，相反，*C. bovis* 和 *C. ubiquitum* 为绵羊最为常见的2个种类。在英国和西班牙，在羔羊中全部为 *C. parvum* 或是优势感染虫种。在我国，绵羊隐孢子虫种类分布存在明显的年龄相关性，*C. ubiquitum* 感染所有年龄群，而 *C. xiaoi* 仅发现于羔羊，*C. andersoni* 发现于母羊。

症状　动物感染隐孢子虫的临床表现与动物的品种、年龄、免疫状态以及所感染的隐孢子虫种类有关。在多数动物，隐孢子虫感染常不表现临床症状或仅表现为急性、自限性疾病。微小隐孢子虫病是引起仔畜、未断奶家畜，包括犊牛，羔羊，山羊羔和羊驼腹泻的原因。幼龄动物腹泻最常见，但断奶和成年家畜也可被感染。感染动物一般在症状出现2周后恢复。除非发生与其他肠道病原，如轮状病毒混合感染，否则死亡率很低。老龄动物可以持续感染并且排出卵囊能传播给其他易感宿主。

病理变化　肠道型隐孢子虫病主要见于小肠远端肠绒毛萎缩、融合，表面上皮细胞转生为低柱状或立方型细胞，肠细胞变性或脱落，微绒毛变短。单核细胞、嗜中性细胞侵润固有层。盲肠、结肠和十二指肠也可感染。所有部位隐窝扩张，内含坏死组织碎片或淋巴细胞。这些病变减少维生素A和碳水化合物的吸收。

诊断　粪便中隐孢子虫卵囊的常规诊断方法包括饱和蔗糖溶液漂浮法、改良抗酸染色法等；免疫学检测方法有免疫荧光抗体（IFA）实验和酶联免疫吸附实验（ELISA）等；分子生物学方法包括聚合酶链式反应（PCR）、PCR-RFLP以及DNA序列分析等。

防治　目前尚无特效药。在动物，治疗药物的筛选主要集中于反刍动物隐孢子虫，特别是微小隐孢子虫。一些研究显示，硝唑尼特、巴龙霉素、拉沙洛菌素（lasalocid）、常山酮、磺胺喹恶啉、环糊精（cyclodextrin）和地考喹酯（decoquinate）在抗反刍动物微小隐孢子虫感染上具有明显的活性或部分活性。然而，多数药物的所谓疗效是在实验动物中进行，比如小鼠、兔和仓鼠等。因此，田间试验效果尚待进一步验证。常山酮乳酸盐被一些国家批准用于治疗和预防犊牛隐孢子虫感染。

预防羊隐孢子虫病的流行应采取综合性措施：①搞好养殖场环境卫生，并定期地对圈舍和运动场地进行消毒；②及时清理粪便，并进行无害化处理，防止污染环境，散播病原；③保持饲草料、饮水的清洁卫生；④尽量消灭养殖场内的鼠类和苍蝇等，因为鼠类可感染多种隐孢子虫种类/基因型，容易造成交叉传播，而苍蝇等节肢动物可机械性传播隐孢子虫；⑤增加营养，增强机体免疫力，提高动物抗病能力。

六、羊边虫病

边虫病（Anaplasmosis）又称无浆体病，是由无浆体寄生于羊等动物和人血细胞内引起的一种蜱源性立克次氏体病。临床以发热、贫血、黄疸、消瘦、营养不良等为特征，急性病例导致羊只死亡，对养羊业为害严重。

病原　无浆体在分类上属于立克次体目（Rickettsiale）、无浆体科（Anaplasmataceae）、无浆体属（Anaplasma）。从羊分离到的无浆体主要有绵羊无浆体（*A. ovis*）、牛无浆体（*A. bovis*）和嗜吞噬细胞无浆体（*A. phagocytophilum*）等。

绵羊无浆体主要感染羊及某些野生反刍动物。致病性较弱。专性寄生于红细胞内。姬姆萨染色镜检呈紫红色染色质团，无原生质，呈圆球形、椭圆形、斑点状、三角形及二分裂形态。大部分位于红细胞边缘，少数虫体寄生于红细胞的偏中央，偶有贴于红细胞外缘。圆球形直径为0.2～1.0微米，多为0.4～0.6微米（图2－13）。

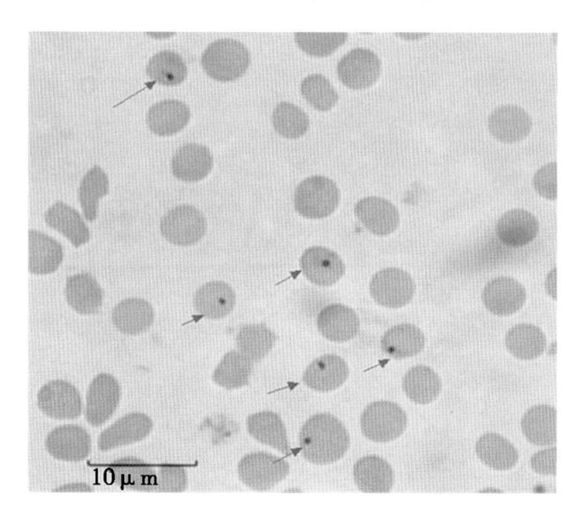

图2－13　感染 *A. ovis* 的红细胞

牛无浆体（牛埃立氏体）：寄生于羊、牛的单核细胞内。姬姆萨染色呈蓝紫色染色质团，周围无原生质，呈圆形、椭圆形、点状、二分裂球形。大小0.2～0.9微米，大部分为0.5～0.7微米（图2－14、图2－15）。

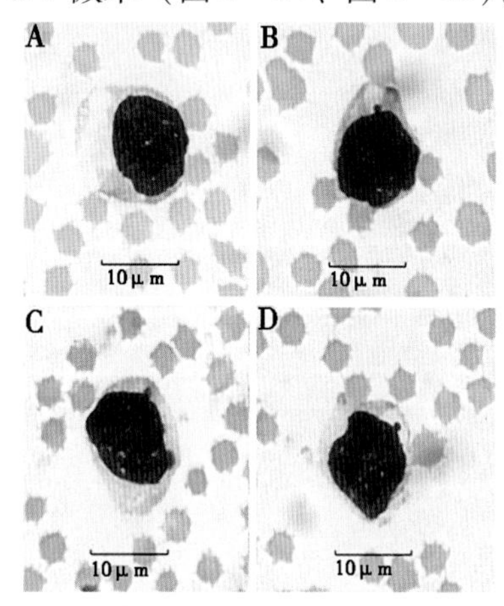

图2－14　A 正常情况下未感染病原的单核细胞

（B－D 自然状态下感染牛无浆体的单核细胞）

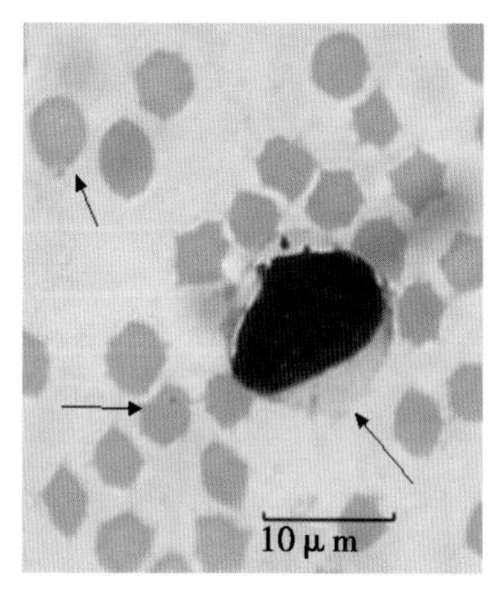

图2－15　*A. ovis* 与 *A. bovis* 混合感染图

（箭头所指分别为感染 *A. ovis* 的红细胞及感染 *A. bovis* 的单核细胞）

嗜吞噬细胞无浆体（人粒细胞无浆体）：旧称嗜吞噬细胞埃立氏体（*Ehrlichia phagocytophilum*）、马埃立氏体（*E. equi*）和人粒细胞埃立氏体病原（human granulocytic ehrlichiosis agent）、人粒细胞无浆体病（human granulocytic anaplasmosis or HGA）、蜱传热病（TBF）。

具有广泛宿主群，包括人、牛、羊等家畜和野生动物。寄生于吞噬细胞内，形成包涵体（图2－16）。

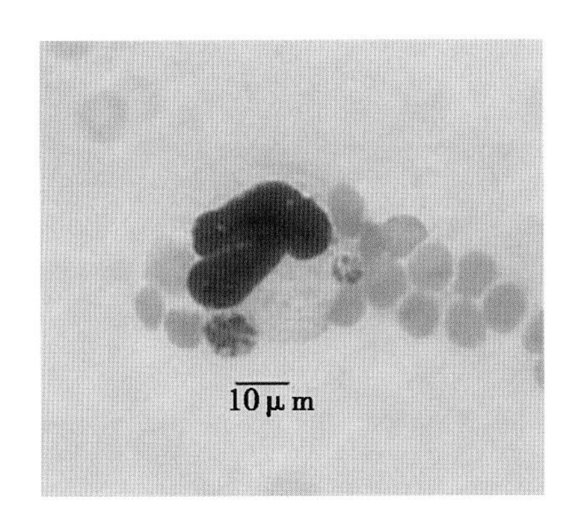

图2－16　嗜吞噬细胞无浆体的包涵体

流行特点　绵羊无浆体病呈世界性分布。我国内蒙古自治区、辽宁、甘肃、宁夏回族自治区等均有报道。媒介蜱在甘肃、宁夏为草原革蜱；内蒙为亚东璃眼蜱和短小扇头蜱。成蜱传病；均不能经卵传递病原。

嗜吞噬细胞无浆体的宿主广泛，羊、牛、马、狗、猫、狍子、驯鹿、欧洲野牛、野猪、红狐狸及人等各种家畜，野生动物均可感染。美国、欧洲、亚洲等许多国家都有该病的发生及报道。媒介蜱：北美为肩突硬蜱和太平洋硬蜱；欧洲主要为蓖子硬蜱；其他为长棘血蜱，森林硬蜱。欧洲不同地区蓖子硬蜱感染率0.25%～25%。

症状　高热、贫血、黄疸、流产等为本病的主要症状。溶血性贫血，红细胞压积降低，皮肤及可视黏膜苍白，呼吸和心跳加快，虚弱、厌食、嗜睡等。产奶量下降。羔羊生长发育缓慢。怀孕母羊流产、不孕等。

嗜吞噬细胞无浆体病典型症状是高热、血小板减少、白细胞减少、多器官功能衰竭；中性粒细胞内出现包涵体；急性期引起死亡。

病理变化　剖检时可见主要病变为消瘦、贫血造成的组织苍白、黄疸、脾脏肿大。若患病动物死于急性期时，则无显著的消瘦；病程较长时，尸体消瘦，可视黏膜苍白，乳房、会阴部呈现明显的黄色，阴道黏膜有丝状或斑点状出血，皮下组织有黄色胶样浸润。颌下、肩前和乳房淋巴结显著肿大，切面湿润多汁，有斑点状出血。心脏肿大，心肌软而色淡；心包积液，心内外膜和冠状沟有斑点状出血。脾肿大2～3倍，被膜下有稀散的点状出血，切面呈暗红色颗粒状，实质软化。肺淤血水肿，有紫红或鲜红色斑，个别病例有气肿。血液呈水样稀薄，肝显著肿大，呈红褐色或黄褐色。胆囊肿大，胆汁浓稠，呈暗绿色。肾肿大，被膜易剥离，多呈褐色。膀胱积尿，尿色正常。第四胃有出血性炎症病变。大肠、小肠黏膜发炎，间有斑点状出血。

诊断　根据临床症状和流行特点，结合血细胞内检查到无浆体即可作出诊断。急性期血细胞染虫率高；耐过病例易漏检。或采用补体结合试验，间接荧光抗体试验、酶联免疫吸附试验（ELISA）等血清学检查方法进行诊断。聚合酶链式反应（PCR）等分子生物学技术具有重要诊断意义。

防治　预防本病应注重杀灭畜体、畜舍、运动场等环境中的硬蜱；搞好饲养管理和卫生消毒等工作。

治疗可选用如下药物：四环素类抗生素—氧四环素（土霉素，OTC）或氯四环素（金霉素，CTC），按每千克体重4～5毫克，内服或肌内注射，连用数天。盐酸土霉素按每千克体重30毫克剂量，肌内注射1～2次，对实验感染的绵羊、山羊无浆体病具有明显疗效，治愈率达80%；咪唑苯脲：每千克体重10～25毫克，一次肌内注射，平均治愈率77.3%，对早、中期病治愈率高达100%；恩诺沙星、氟喹诺酮：每千克体重5～12.5毫克，每48小时肌内注射1次，连用2～3次；其他药物：贝尼尔、黄色素、台盼蓝、砷化合物、抗痢疾药物等。辅助治疗：强心、补液、调理肠胃和补血，及加强饲养管理等。

七、羊片形吸虫病

片形吸虫病是由肝片吸虫或大片吸虫寄生于牛羊等反刍动物肝脏胆管中而引起的寄生虫病。临床上多呈慢性经过，表现消瘦，发育障碍，生产力下降。急性感染时引起急性或慢性肝炎和胆管炎，并表现全身性中毒现象和营养障碍，可导致羔羊等大批死亡，严重威胁养羊业的发展。

病原 病原主要为片形属的肝片吸虫和大片形吸虫。肝片吸虫被覆扁平，呈两侧对称的叶片状，新鲜虫体呈棕红色，固定后为灰白色，大小为长21～41毫米，宽9～14毫米，虫体前端突出呈锥形，称头锥（图2－17、图2－18）。头锥基部较宽似“肩”，从肩往后逐渐变窄。口吸盘位于头锥前端，腹吸盘在肩部水平线中部。生殖孔位于腹吸盘前方。睾丸有两个呈分枝状，前后排列于虫体的中后部。卵巢呈鹿角状，位于腹吸盘后方右侧。虫卵呈椭圆形，黄褐色，大小为长133～157微米，宽74～91微米。前端较窄，有一个不明显的卵盖，后端较钝。卵壳较薄、半透明，卵内充满卵黄细胞和一个胚细胞。

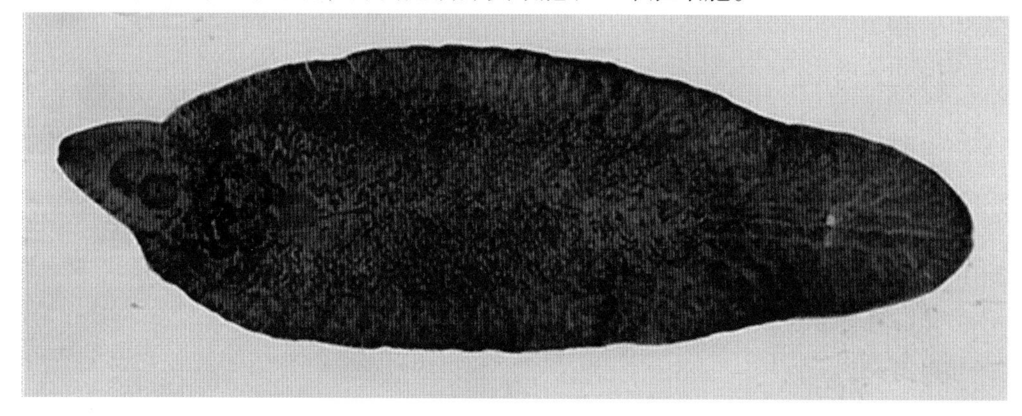

图2－17 肝片吸虫全虫（卡红染色）

大片吸虫呈长叶状，大小为长25～75毫米，宽5～12毫米。大片吸虫与肝片吸虫的区别在于，虫体前端无明显的头锥突起，肩部不明显；虫体两侧缘几乎平行，前后宽度变化不大，虫体后端钝圆；腹吸盘较口吸盘大1.5倍；虫卵呈深黄色，卵较长150～190微米，宽75～90微米。

流行特点 肝片吸虫呈世界性分布，我国部分地区也十分普遍，多呈地方流行。大片吸虫病主要分布热带、亚热带地区，我国主要见于南方地区。片形吸虫的终末宿主主要为反刍动物；中间宿主是椎实螺科的淡水螺类。片形吸虫主要感染牛、羊、鹿、骆驼等反刍动物。

绵羊较敏感，猪、马属动物、兔及一些野生动物和人也可感染。

片形吸虫病在 7 ~9 月多雨季节高发。因雨水多，螺体易繁殖，虫卵易落入水中进行孵化，放牧羊吃了附着有囊蚴的水、草而感染。

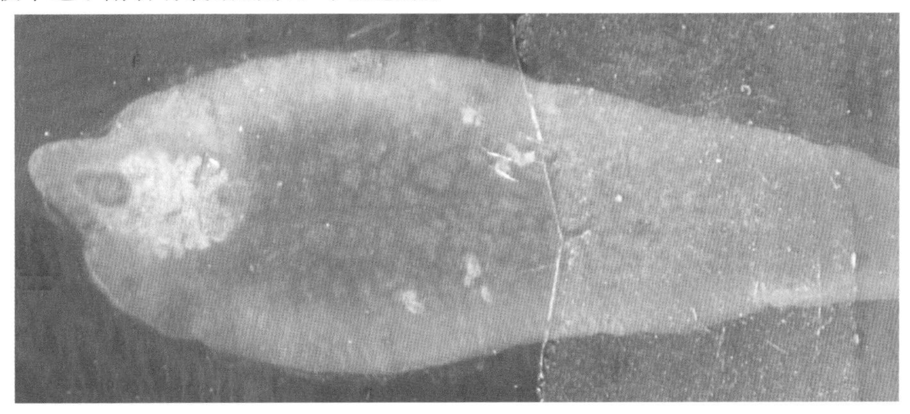

图 2－18 肝片吸虫全虫（压片标本）

症状 羊较敏感，常呈急性发病。临床症状根据虫体多少、羊的年龄，以及感染后的饲养管理情况而不同。绵羊较山羊易感，症状有急性型和慢性型之分。急性病例多见于春末和夏、秋季节，病羊精神沉郁，体温升高，食欲减退甚至废绝，严重贫血，腹胀，腹围增大，叩诊肝区疼痛、羊躲闪；偶而表现腹泻；常在 3 ~5 天内发生死亡。冬春季节，羊渐进性消瘦，贫血，眼结膜、口黏膜苍白，被毛粗乱无光泽，下颌及胸腹部水肿，顽固性拉稀，最后因极度衰竭而死亡；该类病情持续时间可达二十多天甚至数月。

病理变化 急性病例病理变化表现为肠壁和肝组织的严重损伤、出血及肝脏肿大，肝包膜有纤维素沉积。慢性感染时，常引起慢性胆管炎、慢性肝炎和贫血现象。肝实质萎缩、褪色、变硬、边缘钝圆，小叶间结缔组织增生，胆管肥厚，扩张呈绳索样突出于肝脏表面，胆管内膜粗糙，有磷酸盐沉积，胆管内充满虫体和污浊的棕褐色液体。幼虫期：虫体移行的机械性损害和带入其他病原，引起急性肝炎，可见肝肿大，包膜上有纤维素沉积、出血和虫道，虫道内有凝血块和童虫。有的可见腹膜炎变化。成虫期：虫体的机械性刺激和毒素作用，引起慢性肝胆管炎，肝硬化、萎缩，胆管扩张、变粗（图 2－19、图 2－20），呈黄白色绳索样凸出于肝表面；胆管壁增厚，内壁有磷酸钙、镁盐类沉积，粗糙，刀切有沙沙声；胆管管腔变窄甚至堵塞。胆囊亦肿大。胆管和胆囊内胆汁污浊浓稠，切开可见内有灰绿色虫体。尸体消瘦、贫血、水肿。

诊断 根据是否存在中间宿主等流行病学资料，结合临床症状进行初步诊断，通过粪便检查和剖检发现虫体可确诊。生前诊断：根据流行病学资料和临床症状可初诊，粪检查到虫卵可确诊。羊每克粪便中虫卵量达 300 ~600 个时即为较重感染，应考虑及时驱虫。死后诊断：剖检的典型病理变化，结合肝实质内查到童虫或胆管、胆囊内查到成虫可确诊。

防治 应采取综合性预防措施。包括对病畜的及时治疗性驱虫和定期预防性驱虫。放牧羊群每年进行 3 次驱虫，可有效地降低幼畜体内的载虫量和外界环境中虫卵的感染。驱虫后必须注意环境卫生，垫草粪便堆积发酵，以杀灭虫卵并且减少感染来源。放牧要避开潮湿或有积水的牧地。注意环境卫生，圈舍定期清扫和消毒，粪便堆积发酵、生物热处理，杀灭虫卵，防止病原散布。用生物比如养殖水禽或化学药物法消灭中宿主。

预防性和治疗性驱虫羊片形吸虫，选用下列药物之一均可。

1. 芬苯哒唑（苯硫咪唑）：每千克体重 50 ~ 60 毫克，1 次喂服，即可杀灭各发育阶段的片形吸虫。

2. 三氯苯咪唑（肝蛭净）：每千克体重 10 毫克，1 次喂服，对成虫和童虫均有良效。

3. 阿苯哒唑（丙硫咪唑，抗蠕敏）：每千克体重 20 毫克，1 次喂服，对成虫有效，对童虫效果较差。

4. 硝氯酚（拜耳 9015）：每千克体重 4 ~ 5 毫克，1 次喂服。对早期童虫效果较差。

5. 氯氰碘柳胺钠：片剂或混悬液，每千克体重 8 ~ 10 毫克，1 次喂服；注射液，每千克体重 5 ~ 10 毫克，1 次皮下或肌内注射。

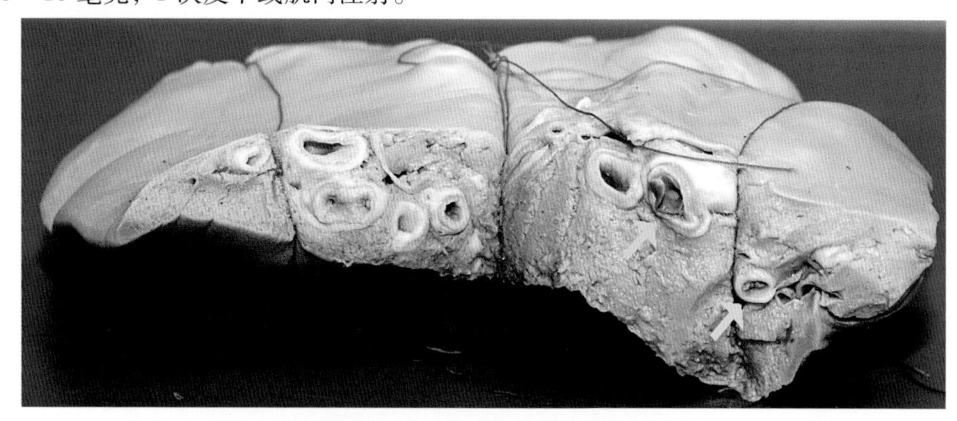

图 2 – 19　感染片形吸虫的肝脏

（显示肝脏胆管腔增大，管壁增厚，管腔内有虫体寄生）

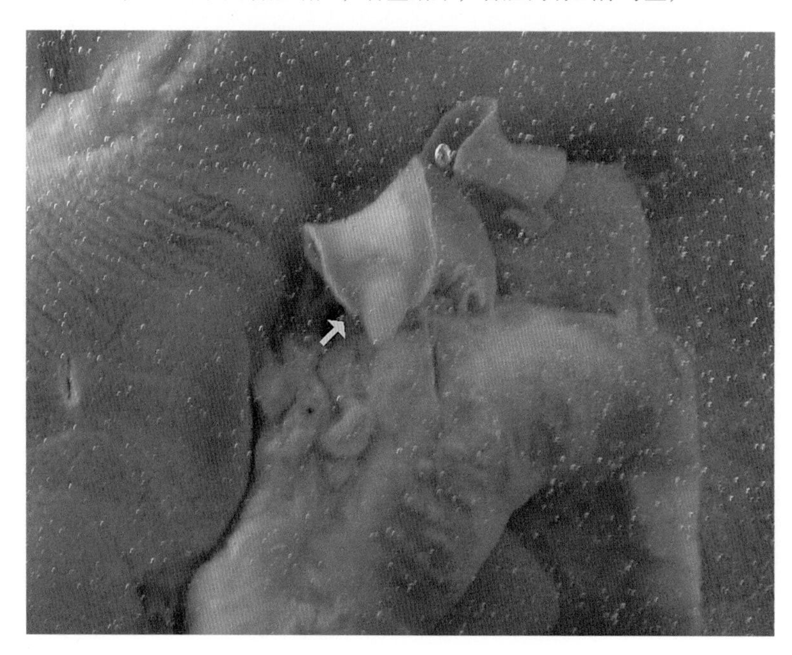

图 2 – 20　肝片吸虫寄生的羊肝脏

（显示肝片吸虫在寄生部位）

八、羊阔盘吸虫病

阔盘吸虫病是由歧腔科阔盘属的数种吸虫寄生于牛、羊等反刍动物的胰管中所引起的一种寄生虫病。病原偶可寄生于胆管和十二指肠。本病除发生于牛、羊等反刍动物外，还可感染猪、兔、猴和人等。羊患此病后，表现为下痢、贫血、消瘦和水肿等症状，严重时可引起死亡。

病原　寄生于牛羊等反刍动物的阔盘吸虫主要有胰阔盘吸虫、腔阔盘吸虫和支睾阔盘吸虫，其中以胰阔盘吸虫最为常见。

胰阔盘吸虫虫体扁平，较厚，呈长卵圆形，棕红色，大小为长 8 ~ 16 毫米，宽 5.0 ~ 5.8 毫米。口吸盘大于腹吸盘。咽小，食道短，两个睾丸呈圆形或稍分叶，位于腹吸盘水平线的稍后方。生殖孔位于肠管分支处稍后方（图 2 – 21）。卵巢分 3 ~ 6 瓣，位于睾丸之后，体中线附近。卵黄腺呈颗粒状，成簇排列，分布于虫体中部两侧。子宫弯曲，充于虫体后部。两条排泄管沿肠管外侧走向于虫体两侧。虫卵呈黄棕色或深褐色，椭圆形，两侧稍不对称，一端有卵盖，大小为（42 ~ 50）微米 ×（26 ~ 33）微米。卵壳厚，内含一个椭圆形的毛蚴。

腔阔盘吸虫虫体较为短小，呈短椭圆形体后端有一个明显的尾突，大小为长 7.48 ~ 8.05 毫米，宽 2.73 ~ 4.76 毫米（图 2 – 22）。卵巢多呈圆形，少数有缺刻或分叶。睾丸大都为圆形或椭圆形。虫卵大小为（34 ~ 47）×（26 ~ 36）微米。

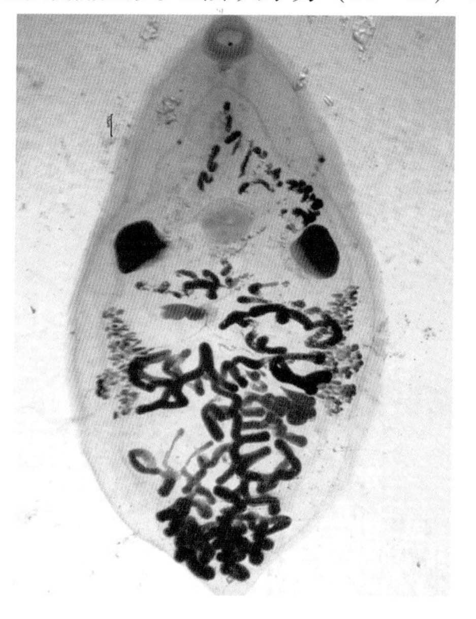

图 2 – 21　胰阔盘吸虫成虫（40 ×）

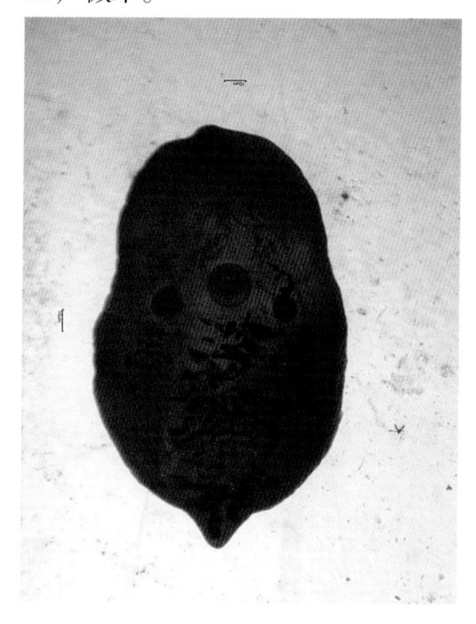

图 2 – 22　腔阔盘吸虫成虫（40 ×）

支睾阔盘吸虫虫体呈前尖后钝的瓜子形，长 4.49 ~ 7.90 毫米，宽 2.17 ~ 3.07 毫米。口吸盘略小于腹吸盘睾丸大面分枝，卵巢分叶 5 ~ 6 瓣。虫卵大小为（45 ~ 42）微米 ×（30 ~ 34）微米。

流行特点　阔盘吸虫在我国分布广泛，主要是胰阔盘吸虫和腔阔盘吸虫。成虫寄生于终末宿主牛、羊、猪、骆驼和人的胰管中，有时也寄生于胆管和十二指肠内。需二个中宿主，第一中宿主为蜗牛，第二中为草螽和针蟋。蜗牛主动吃入阔盘吸虫的虫卵而感染。本病的流行与其中间宿主陆地螺等的分布密切相关。牛、羊等家畜感染囊蚴多在7~10月。牛、羊发病多在冬、春季。

症状 阔盘吸虫大量寄生时，由于虫体刺激和毒素作用，使胰管发生慢性增生性炎症，使胰管管腔窄小，甚至闭塞。胰消化酶的产生和分泌及糖代谢机能失调，引起消化及营养障碍。患羊表现消化不良、消瘦、贫血、颌下及胸前水肿、衰弱、下痢，粪中常有黏液严重时可引起死亡。

病理变化 尸体消瘦，胰腺肿大，胰管因高度扩张呈黑色蚯蚓状突出于胰脏表面，胰管增厚，管腔黏膜不平，呈乳头状小结节突起，并有点状出血，胰管内含大量虫体，慢性感染时，则因结缔组织增生而导致整个胰脏硬化、萎缩，胰管内仍有数量不等的虫体寄生。

诊断 用水洗沉淀法检查粪便中的虫卵，或剖检发现大量的虫体可确诊。

防治 防治本病的重点是做好预防性驱虫和粪便管理工作。预防或治疗性驱虫可用吡喹酮，按每千克体重35~45毫克，1次内服或腹腔内注射。本病流行区在冬初和早春给羊进行预防性驱虫。驱虫后的羊粪堆积发酵无害化处理，防止病原散播。平时加强饲养管理，避免在中间宿主活跃的地方放牧以避免感染。砒喹酮口服时，剂量按每千克体重40~60毫克剂量口服，或者每千克体重30~50毫克腹腔注射。

九、羊歧腔吸虫病

本病是由歧腔吸虫寄生于牛、羊等反刍动物的肝脏胆管和胆囊内所引起的寄生虫病。

病原 病原为扁形动物门（Platyhelminthes）吸虫纲（Trematoda）歧腔科（Dicrocoelliidae）歧腔属（Dicrocoelium）的矛形歧腔吸虫（*D. lanceatum*）和中华歧腔吸虫（*D. chinensis*）。

矛形歧腔吸虫，也称枝歧腔吸虫。呈矛形，棕红色，大小为长6.67~8.34毫米，宽1.61~2.14毫米，肠管简单。腹吸盘大于口吸盘。睾丸圆形或边缘具缺刻，前后排列或斜列于腹吸盘后。雄茎囊位于肠分叉与腹吸盘之间。生殖孔开口于肠分叉处。卵巢圆形，居于后睾之后。卵黄腺简单。子宫位于后半部（图2-23）。虫卵似卵圆形，褐色，具卵盖，大小为长34~44微米，宽29~33微米，内含毛蚴。

中华歧腔吸虫，与矛形歧腔吸虫相似，但虫体较宽扁，其前方体部呈头锥形，后两侧作肩样突，长3.54~8.96毫米，宽2.03~3.09毫米。睾丸两个呈圆形，边缘不整齐或稍分叶，左右并列于腹吸盘后（图2-24）。虫卵长45~51，宽30~33微米。

流行特点 本病的分布几乎遍及世界各地，多呈地方性流行。在我国主要分布于东北、华北、西北和西南诸省和自治区。尤其以西北各省、区和内蒙古较为严重。宿主动物极其广泛，现已记录的哺乳动物达70余种，除牛、羊、骆驼、鹿、马和兔等家畜外，许多野生的偶蹄类动物均可感染。歧腔吸虫在其发育过程中，需要两个中间宿主参加，第一中间宿主为陆地螺（蜗牛），第二中间宿主为蚂蚁。在温暖潮湿的南方地区，第一、第二中间宿主蜗牛和蚂蚁可全年活动，因此，动物几乎全年都可感染；而在寒冷干燥的北方地区，中间宿主要冬眠，动物的感染明显具有春、秋两季特点，但动物发病多在冬、春季节。动物随年龄的增加，其感染率和感染强度也逐渐增加，感染的虫体数可达数千

条，甚至上万条，这说明动物获得性免疫力较差。虫卵对外界环境条件的抵抗力较强，在土壤和粪便中可存活数月，仍具感染性。虫卵和在第一、第二中间宿主体内的各期幼虫均可越冬，且不丧失感染性。据调查，不同地区羊矛形双腔吸虫的感染率差别较大，有些库区羊的感染率高达100%。

图2－23　矛形歧腔吸虫（75×）

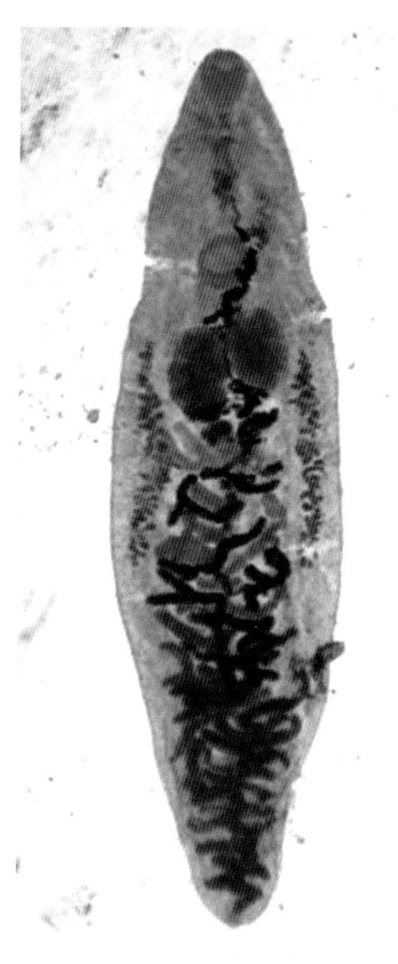

图2－24　中华歧腔吸虫（75×）

症状　羊歧腔吸虫病的症状与片形吸虫病症状相似。多数牛、羊在感染歧腔吸虫初症状轻微或不表现症状。严重感染时，表现为慢性消耗性疾病的临床特征，如病羊精神沉郁、食欲不振、眼结膜黄染，消化紊乱，颌下水肿，出现血便、顽固性腹泻、异嗜、贫血，逐渐消瘦，病羊粪便有血腥味，体温升高，肝区触诊有痛感等。严重时可致死亡。

病理变化　剖检所见主要病变为胆管出现卡他性炎症，管壁增生、肥厚，胆汁暗褐色，胆管周围结缔组织增生，肝脏有虫体移行的痕迹，肠系膜严重水肿，腹腔、心包积液，胆囊、胆管内有长0.5～1.5厘米、宽0.15～0.25厘米的半透明吸虫。胆管和胆囊内有大量棕红色狭长虫体。寄生数量较多时，可使肝脏发生硬变、肿大，肝表面形成瘢痕，胆管呈索状。

诊断　据临床症状和流行病学资料可初步做出诊断。进一步通过实验室检验、粪便虫卵检查，并结合剖检检查及虫体形态检查，即可确定诊断。

防治　防治本病应做好定期预防性驱虫和发病羊的及时治疗性驱虫，驱虫后的粪便应堆积发酵无害化处理。防治该病可用下列药物：吡喹酮或硝硫氰胺，按每千克体重 30 毫克，1 次内服。或用丙硫咪唑，按每千克体重 15 ~ 20 毫克，1 次内服。据报道，苯硫咪唑按每千克体重 90 毫克，1 次内服，对矛形双腔吸虫的驱虫率可达 100%。预防措施：定期驱虫，每年的秋后和冬季驱虫；消灭中间宿主陆地螺蛳等；加强饲养管理。其他预防措施可参考片形吸虫病。

十、羊前后盘吸虫病

前后盘吸虫病又名同端吸盘虫病、瘤胃吸虫病，成虫寄生于羊、牛的瘤胃和网胃内引起临床以持续性腹泻为特征的寄生虫病。

病原　本病病原属于前后盘科（Paramphistomatidae），种类较多，包括前后盘吸虫、殖盘吸虫、腹袋吸虫、菲策吸虫、卡妙吸虫、平腹吸虫等。成虫呈深红色或灰白色，圆柱状、梨形或圆锥形等，而平腹属的吸虫呈背腹扁平、中部膨大的南瓜子状；虫体长数毫米到二十多毫米不等。口吸盘位于虫体前段，另一吸盘位于虫体后端，显著大于口吸盘（图 2 - 25、图 2 - 26）。殖盘吸虫有一个生殖吸盘围绕生殖孔。腹袋吸虫、菲策吸虫、卡妙吸虫均有一个大腹袋。菲策吸虫肠管仅达虫体中部，睾丸背腹方向排列，生殖孔位于食道后部、肠管分叉前方的腹袋内。平腹吸虫腹面有许多尖锐的乳突；口吸盘二侧各有一个突出袋；生殖孔开口在食道中部水平。虫卵呈卵圆形，深灰色或无色，有卵盖，内含一个胚细胞和多个卵黄细胞，但卵黄细胞不充满虫卵，一端较拥挤，另一端留有空隙。虫卵大小因种而异，鹿前后盘吸虫卵长 114 ~ 176 微米，宽 73 ~ 100 微米。

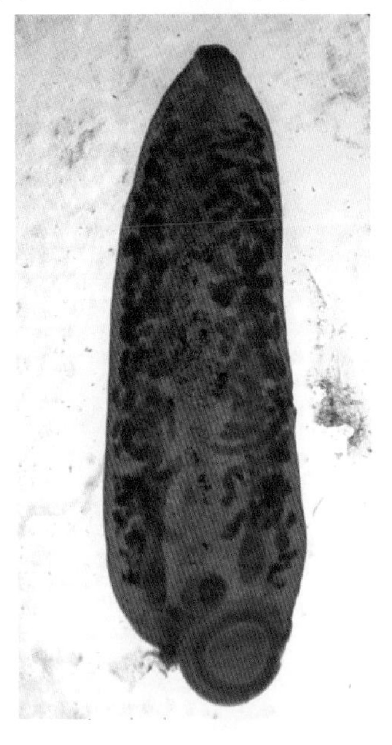

图 2 - 25　前后盘吸虫

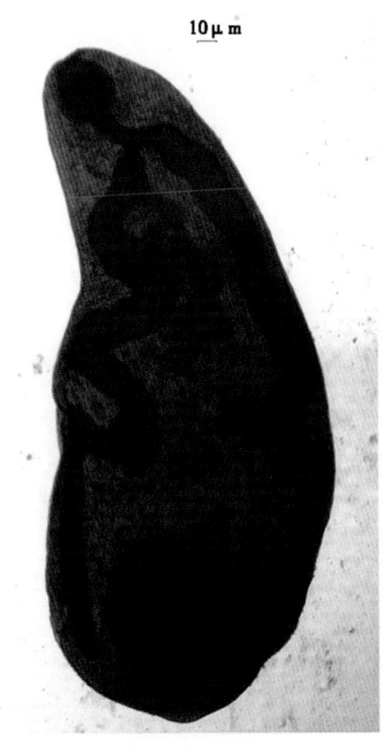

图 2 - 26　前后盘吸虫

流行特点　前后盘吸虫病呈世界性分布，我国各地几乎都有不同程度的流行，该病多发于夏秋两季，特别是在多雨或洪涝年份，在此季节中长期在湖滩地放牧，采食水淹过的青草

的羊最易感染，其中，吃草猛、食量大的青壮龄羊发病严重，甚至死亡；除平腹吸虫成虫寄生于牛、羊盲肠中外，其他种的成虫寄生在牛羊等反刍兽的瘤胃和网胃壁上。成虫寄生在羊的瘤胃和网胃壁上，为害不大；幼虫则因在发育过程中移行于真胃、小肠、胆管和胆囊，可造成较严重的疾病，甚至导致死亡。前后盘吸虫的中间宿主为多种淡水螺蛳。终宿主牛、羊因吃入含囊蚴的水草而感染，在肠内童虫逸出，在小肠、胆管、胆囊和真胃内移行、寄生数十天，最后上行至瘤胃和网胃发育为成虫。此外，在腹腔、腹水、大肠、肝、肾和膀胱等处也可见童虫，但均不能发育成熟而停留于童虫阶段。前后盘吸虫的种类较多，但以鹿前后盘吸虫和长形菲氏吸虫最常见。虫体分布遍及全国，但以我国南方较多发生本病。

症状　该病成虫为害不大，但大量幼虫寄生可引起严重症状甚至造成牛羊大批死亡。在幼虫大量入侵十二指肠期间，病羊精神沉郁，厌食，消瘦，被毛粗乱，数天后发生顽固性拉稀，粪便呈粥状或水样，恶臭，混有血液。发病羊急剧消瘦，高度贫血，黏膜苍白，体温一般正常。病至后期，精神萎靡，极度虚弱，眼睑、颌下、胸腹下部水肿，最后常因恶病质而死亡。成虫引起的症状也是消瘦、贫血、下痢和水肿，但病程缓慢（图 2－27）。

图 2－27　寄生前后盘吸虫的羊：身体消瘦，精神沉郁

病理变化　剖检可见尸体消瘦，皮下脂肪消失，成虫寄生部位发炎，结缔组织增生，形成米粒大的灰白色圆形结节，结节表面光滑。瘤胃绒毛脱落。在瘤胃和网胃内可见成虫（图 2－28）。童虫则引起所寄生器官的炎症。瘤胃绒毛脱落，瘤胃和网胃内可见虫体。

诊断

1. 生前诊断　幼虫引起的疾病，主要是根据临床症状，结合流行病学资料分析来判断。还可进行试验性驱虫，如果粪便中找到相当数量的童虫或症状好转，即可作出诊断；对成虫可用沉淀法在粪便中找出虫卵加以确诊。

2. 死后诊断　在瘤胃发现成虫或在其他器官找到幼虫虫体，即可确诊（图 2－29）。

防治　防治本病的重点应做好定期预防性驱虫、粪便管理和灭螺工作。预防或治疗性驱虫可用下列药物之一：氯硝柳胺，按每千克体重 60～70 毫克，1 次内服。硫双二氯酚（别丁），按每千克体重 65～75 毫克，1 次内服。六氯酚，按每千克体重 15～20 毫克，1 次内服。

图 2-28　前后盘吸虫成虫

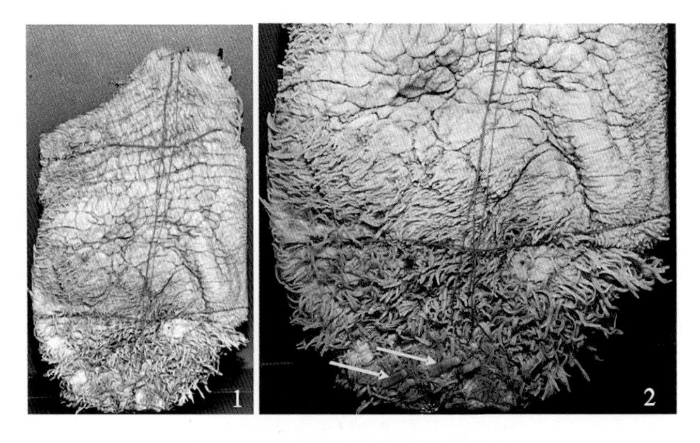

图 2-29　被前后盘吸虫寄生胃
（2 为 1 的下端，显示胃绒毛以大量脱落，箭头所指为寄生的虫体）

十一、羊日本分体吸虫病

日本分体吸虫病又称日本血吸虫病，是由分体科、分体属的日本分体吸虫寄生于人和牛、羊、猪、犬、猫、啮齿类及 20 多种野生哺乳动物的门静脉系统的小血管内而引起的一种人兽共患寄生虫病。临床以体温升高、严重贫血等为主要特征。

病原　日本分体吸虫呈线状，雌雄异体。雄虫为乳白色，短而粗，长 9～18 毫米，宽 0.5 毫米［图 2-30（1）］。口吸盘位于虫体前端，后面不远处为腹吸盘。雌虫细长，呈暗褐色，长 12～22 毫米，宽 0.1～0.3 毫米［图 2-30（2）］。体背光滑，仅吸盘内和抱雌沟边缘有小刺。体壁自腹吸盘后方至尾部，两侧向腹面卷起形成抱雌沟，雌虫常居雄虫抱雌沟内，呈合抱状态，交配产卵（图 2-31）。有 6～8 个睾丸，于腹吸盘后下方纵行排列。虫卵为椭圆形、黄褐色，大小长为 70～100 微米，宽为 50～65 微米。卵壳较薄，无盖，在其侧方有一小刺，卵内含毛蚴。

流行特点　该病原中间宿主为钉螺（图 2-32），因此该病的分布与钉螺的分布呈正相关。日本分体吸虫分布于中国、日本、菲律宾及印度尼西亚，近年来在马来西亚也有报道。在我国广泛分布于长江流域和江南的 13 个省、市、自治区（贵州省除外）。主要为害人和

牛、羊等家畜。我国台湾的日本分体吸虫为动物株（啮齿类动物），不感染人。钉螺为该虫的中间宿主，因此钉螺阳性率高的地区，人、畜的感染率也高。病人、病畜的分布基本上与当地水系的分布相一致。成熟的尾蚴逸出钉螺后主动钻入宿主皮肤入侵，尾蚴形状见图2－32。

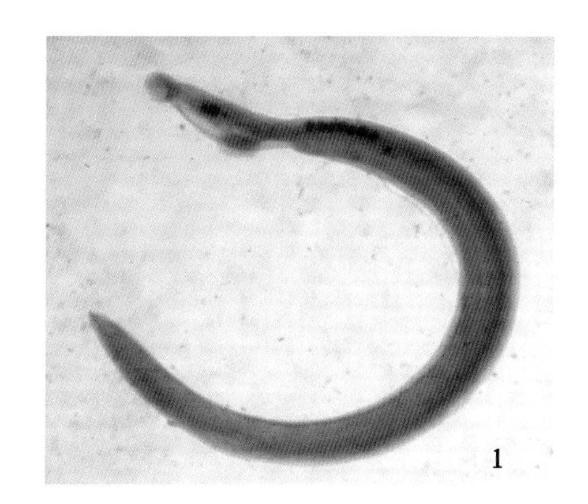

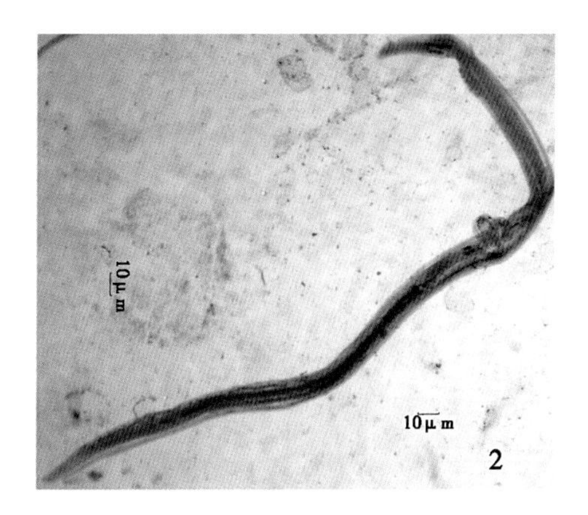

图 2－30　日本分体吸虫雄虫（1）和雌虫（2）

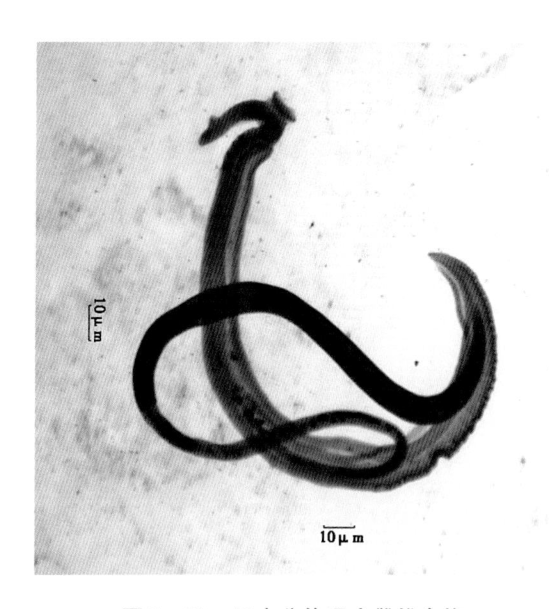

图 2－31　日本分体吸虫雌雄合抱

症状　日本分体吸虫病以犊牛和犬的症状较重，羊和猪较轻。若突然大量尾蚴感染则导致羊急性发病，体温升高，食欲减退甚至废绝，呼吸促迫，在山羊和羔羊可见急性成批死亡。少量感染时症状不明显，多呈慢性经过，动物为无症状带虫状态。

病理变化　剖检主要变化为虫卵沉积于组织中形成虫卵结节或虫卵性肉芽肿（图 2－33）。尸体明显消瘦、贫血，腹腔内常有大量腹水。急性病死羊或病初肝脏肿大，有出血点，后期肝组织不同程度结缔组织增生，肝脏萎缩、硬化，肝表面可见灰白色小米粒大到高粱米大的坏死性虫卵结节，肝表面凹凸不平。肠壁分区性肥厚，有出血点或坏死灶、溃疡或瘢痕。肠系膜静脉内可见雌雄合抱状态的成虫。肠系膜淋巴结水肿。

诊断 根据临床症状、病理变化及实验室检查结果确诊此次发病为日本分体吸虫病感染。常用的病原学诊断方法为虫卵毛蚴孵化法，沉淀法，尼龙绢袋集卵法。血清学试验为间接血球凝集试验和酶联免疫吸附试验。

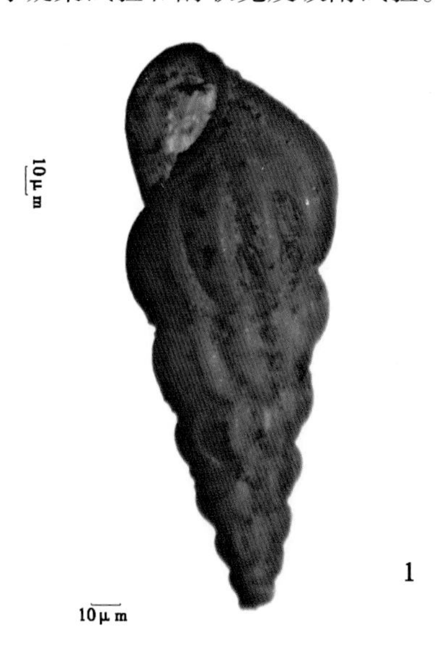

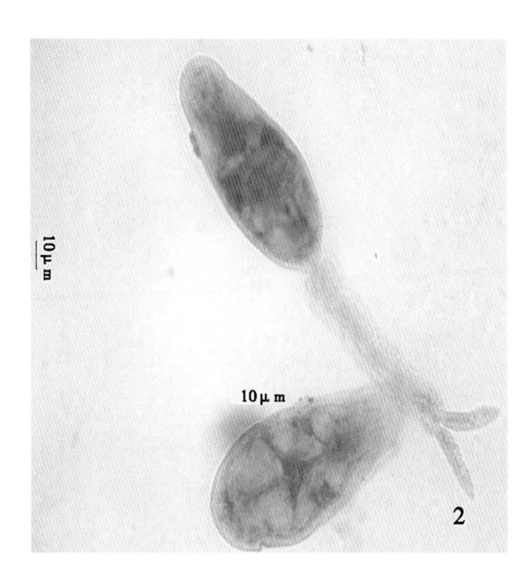

图 2－32 中间宿主钉螺（40×）和日本分体吸虫尾蚴（40×）

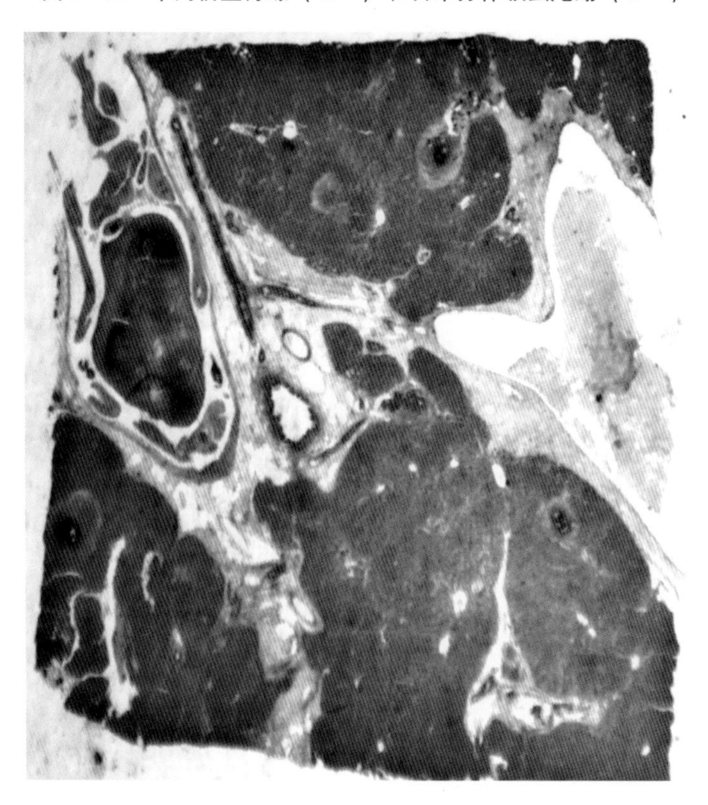

图 2－33 日本分体吸虫寄生于肝静脉管横切片（75×）

防治 防治本病需采取综合性措施，做好粪、水管理和无害化处理工作，做到安全放牧，防止人、畜感染。做好预防性驱虫，根据流行区的具体情况，制定适宜的驱虫方案和程序，至少应春秋二季对羊各驱虫1次。结合人畜饮水改造工程或用灭螺药物杀灭中间宿主螺蛳（参考片形吸虫病），阻断血吸虫的循环途径。疫区内粪便进行堆肥发酵或制做沼气，杀灭虫卵。选择无螺水源，提倡用清洁自来水或者干净水源作为人畜饮水，以杜绝尾蚴的感染。及时查治病羊。预防和治疗本病可用下列药物之一：硝硫氰胺，每千克体重4毫克，配成2%～3%无菌水悬液，颈部静脉注射。吡喹酮，每千克体重30～50毫克，1次灌服。敌百虫，每千克体重绵羊按70～100毫克，山羊按50～70毫克，灌服。

十二、羊棘球蚴病

本病是由棘球绦虫的中绦期—棘球蚴寄生于绵羊和山羊的肝脏、肺脏和心脏等组织中所引起的一种寄生虫病，又称包虫病，临床以脏器萎缩和功能障碍为主要特征。棘球绦虫成虫寄生于犬科动物的小肠中。

病原 病原是扁形动物门绦虫纲多节亚纲圆叶目带科棘球属的棘球绦虫的幼虫。在我国，常见的棘球绦虫有细粒棘球绦虫和多房棘球绦虫。细粒棘球绦虫很小，仅有2～7毫米长，由1个头节和3～4个节片组成（图2－34）。头节上有4个吸盘，顶突钩36～40个，虫卵大小为（32～36）微米×（25～30）微米。细粒棘球蚴为一包囊状，内含液体。形状一般呈近似球形，直径为5～10厘米（图2－35、图2－36）。游离于囊液中的育囊、原头蚴和子囊统称为棘球砂（图2－37）。多房棘球绦虫与细粒棘球绦虫相似，仅1.2～4.5毫米长。多房棘球蚴，又称泡球蚴，由无数个小的囊泡聚集而成。

流行特点 棘球蚴病呈世界性分布，以牧区为多。国内主要流行于新疆、甘肃、青海、内蒙古等地，其他地区零星分布。绵羊感染率最高，分布面积最广。

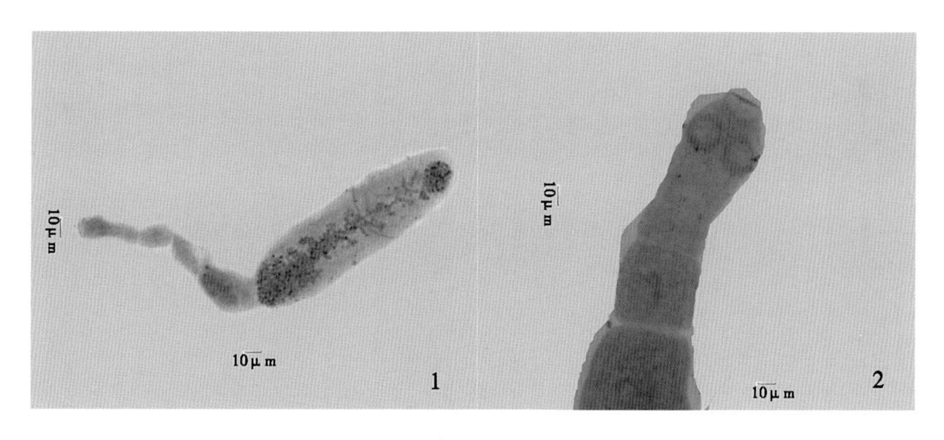

图2－34 细粒棘球绦虫（1）及其头节（2）

症状 棘球蚴可引起机械性压迫，中毒和过敏反应等症，其严重程度主要取决于棘球蚴的大小、数量和寄生部位。机械性压迫使周围组织发生萎缩和功能障碍（图2－36），代谢产物被吸收后，周围组织易发生炎症或全身过敏反应，严重者死亡；棘球蚴若寄生在浅表位置，可在体表形成肿块，触之坚韧而富有弹性，叩诊时可有棘球蚴震颤。绵羊对棘球蚴较敏感，死亡率也较高，严重感染者表现为消瘦、被毛逆立、脱毛、倒地不起。

病理变化 棘球蚴的囊泡常见于肝和肺。单个囊泡大多位于器官的浅表，凸出于器官的浆膜上。有时会出现无数个大小不一的囊泡，常紧靠在一起，直径一般为5~10厘米，小的仅黄豆大小，大的直径可达50厘米，可以完全遮盖器官的表面，囊泡之间仅残留窄条状器官实质。囊泡为灰白色或浅黄色，呈球形、卵圆形或不正形，能波动（因含大量液体），有弹性，迅速切开或穿刺时，可流出透明的囊液。其囊膜由两层构成，外层为角质层，内层为

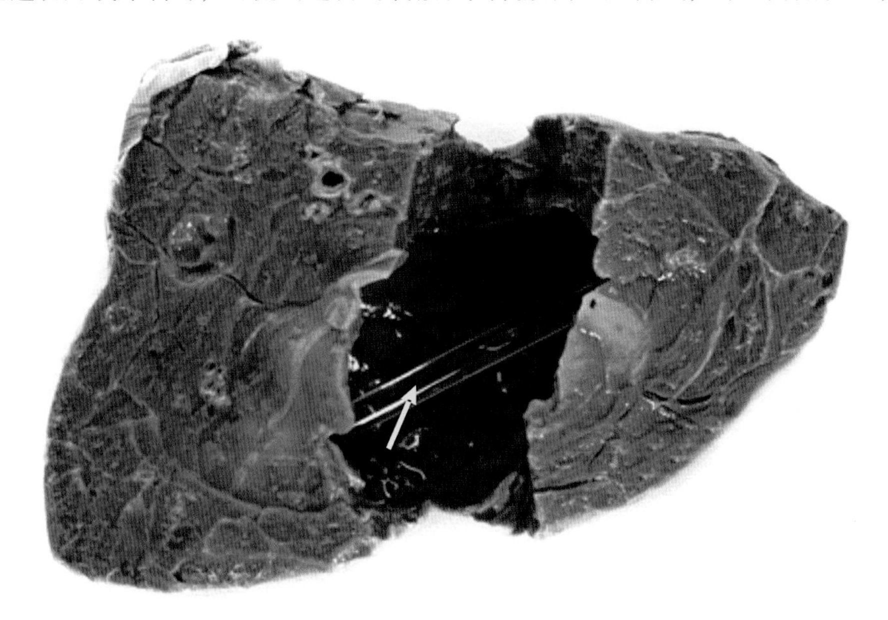

图2-35 被棘球蚴侵害的肺脏浸渍标本
［箭头所示用玻璃棒撑起的空洞部分为肺脏中的棘球蚴（大小如拳头）］

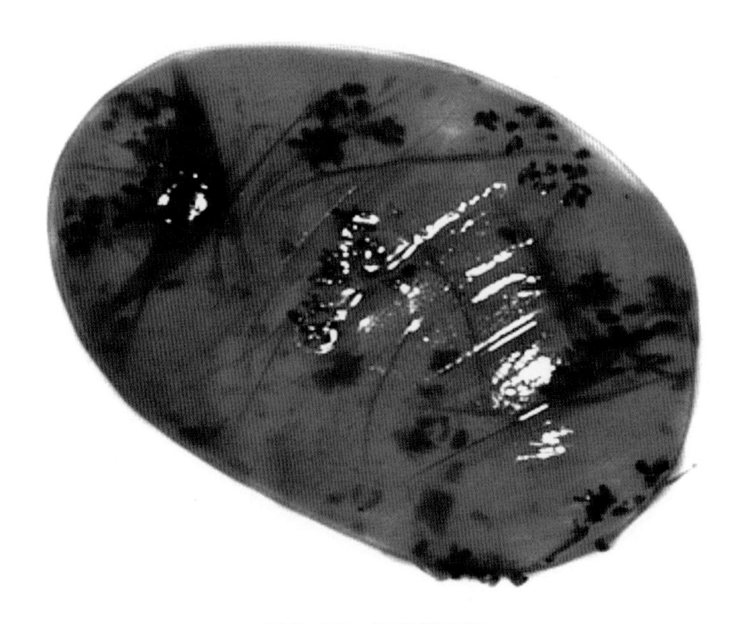

图2-36 细粒棘球蚴

胚层，是头节的来源。棘球蚴的外面常由肉芽组织所形成的光滑、发亮的包囊所围绕。肉芽

组织包囊和棘球蚴囊膜之间仅由少量浆液分开，两者虽极为靠近，但并未融合，切开后，棘球蚴易于脱出。棘球蚴常常变性，液体被吸收，剩余浓稠的内容物，囊萎陷、皱缩；胚层变性，仅保留角质层。变性坏死和萎陷的棘球蚴可继发感染，或发生钙化。

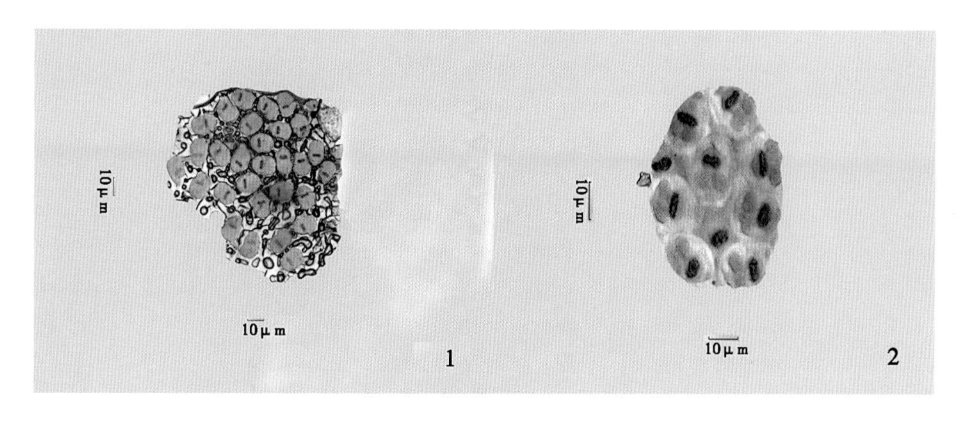

图 2－37　细粒棘球砂：（1）和（2）

诊断　生前诊断比较困难，往往在尸体剖检时才能发现。也可采用皮内变态反应检查法、间接血球凝集试验（IHA）以及酶联免疫吸附试验（ELISA）进行诊断。

防治　应做好以下预防措施：①加强肉品卫生检验工作，有棘球蚴的内脏不可喂犬，应按肉品卫生检验规程进行无害化处理。②加强管理，捕杀野犬等肉食动物。人与犬接触时，应注意个人卫生。保持畜舍、饲草、饮水的卫生，防止环境被犬粪污染。③对犬进行定期驱虫，常用药物有：吡喹酮，按每千克体重 5 毫克口服，疗效 100%；氢溴酸槟榔碱，每千克体重 2 毫克口服；盐酸丁奈脒，每千克体重 25 毫克口服。驱虫后，特别要注意犬粪的无害化处理。

十三、羊脑多头蚴病

本病是由多头带绦虫的中绦期—多头蚴寄生在绵羊、山羊（中间宿主）的脑及脊髓内所引起的一种临床以脑炎、脑膜炎及一系列神经症状，甚至死亡为主要特征的寄生虫病。又称脑包虫病、羊疯病、羊多头蚴病。

病原　本病病原为带科（Taeniidae）多头属（*Multiceps*）多头绦虫（*M. multiceps*）的幼虫，因其寄生于脑部，所以也称脑包虫。脑多头蚴呈囊泡状，豌豆大到鸡蛋大，最大的可达 20 多厘米；囊壁薄，呈白色半透明状，囊内充满无色囊液和 150～200 个内嵌的头节（图 2－38）。头节结构与成虫头节相同。其成虫为多头绦虫，呈背腹扁平的分节带状，长 0.4～1 米，由 200～250 个节片组成（图 2－39）。头节呈球形，头节上有 4 个圆形吸盘，顶突上有二圈小钩。卵巢分二叶，孕节子宫每侧 18～26 个主分枝。虫卵无色，近圆形，直径 27～39 微米，卵内含六钩蚴。

流行特点　脑多头蚴病为全球性分布，在亚洲、欧洲、北美洲均有发生，在我国西北、东北及内蒙古等牧区多呈地方性流行。成虫在犬小肠可生存数年之久，所以该病一年四季均可发生，但多发于春季。

流行特点　成虫寄生于犬、狼等食肉动物的小肠内，成熟孕节自动脱落并随粪便排到外界，羊、牛吃入虫卵污染的饲草或饮水等而感染。在小肠内，六钩蚴从虫卵内逸出并钻入肠黏膜血管，随血流到脑内，经2~3个月发育为多头蚴。犬吞食了含多头蚴的羊、牛脑即感染，在小肠内头节翻出，以吸盘和顶突上的小钩附着在肠壁上，经1~2个月发育为成虫。

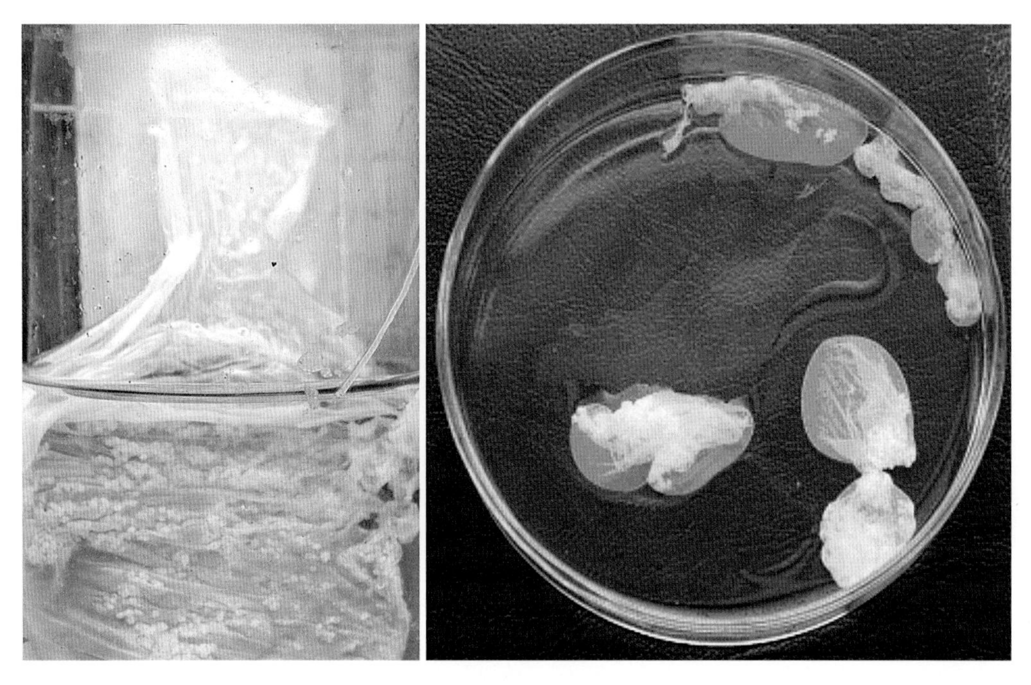

图2-38　多头蚴浸渍标本（右图引自肉羊体系东营综合试验站朱文广）

本病呈世界性分布。我国各地均有报道，东北、西北牧区多发，多呈地方性流行；农区多呈散发，或某羊场、羊群小范围发生，多与养犬相关。本病无明显季节性，一年中四季均可发生。两岁以内的羊发生较多。

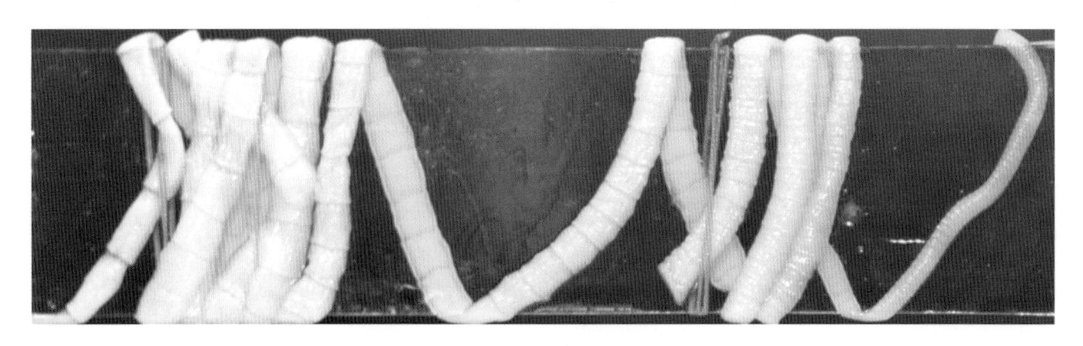

图2-39　多头带绦虫

临床症状　患羊初期体温升高，呼吸和心跳加快，表现强烈兴奋、脑炎和脑膜炎等神经症状，甚至急性死亡。后期，病羊将头倾向脑多头蚴寄生侧，并向患侧做圆圈运动，故常将此病称为“回旋症”（图2-40）；有的病羊头颈向侧后弯曲，呆立不动。虫体寄生于脑前部时，病羊头下垂，向前猛冲或抵物不动。寄生于脑后部时，则头高举或后仰，做后退运动或坐地不能站立。寄生于脑脊髓部则致后躯麻痹。寄生于脑表层则导致颅骨变薄变软，局部隆起，触诊有痛感，叩诊有浊音。病畜视力减退甚至失明。

病理变化　急性死亡的羊见有脑膜炎和脑炎病变，还可见到六钩蚴在脑膜中移行时留下

的虫道。慢性期的病例则可在脑脊髓的不同部位发现1个或数个大小不等的囊状多头蚴，囊中有许多白色小米大小的头节，相互靠近散布囊的内膜上，几十个甚至达到数百个（图2-41）；在病变或虫体相接的颅骨处，骨质松软、变薄，甚至穿孔。致使皮肤向表面隆起；病灶周围脑组织或较远的部位发炎，有时可见萎缩变性和钙化的多头蚴。

图2-40　脑多头蚴病导致羊扭头转圈和衰竭死亡（引自肉羊体系东营综合试验站朱文广）

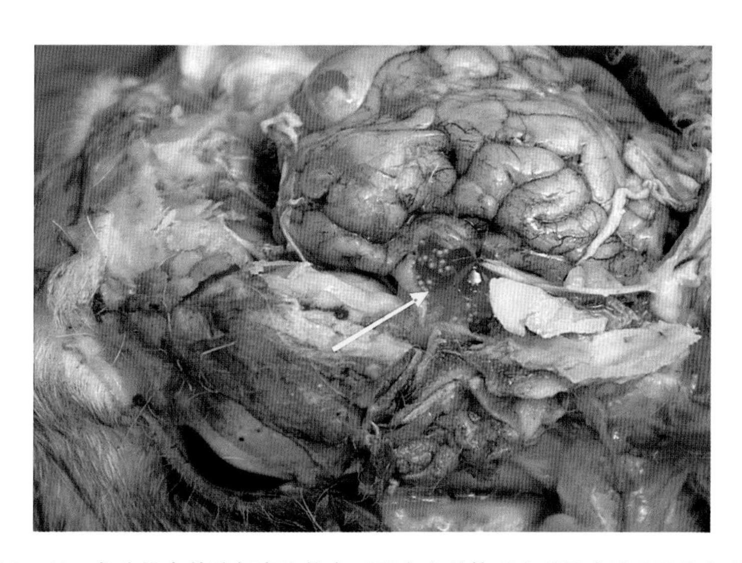

图2-41　多头蚴在羊脑部寄生状态（引自肉羊体系东营综合试验站朱文广）

诊断　在流行区，可根据特殊的临床症状、病史做出初步判断。寄生在大脑皮层时，头部触诊可以判定虫所在部位。有些病例需在剖检时才能确诊，CT或MRI检查也可确诊。

防治　预防羊脑多头蚴病应加强犬，尤其是牧羊犬的管理，防止犬粪中的虫体节片或虫卵污染羊的饲草、饲料或饮水；做好定期预防性驱虫并无害处理犬粪。

驱除犬小肠内的多头绦虫，可用吡喹酮，按每千克体重5~10毫克，1次内服；驱虫后3天内排出的犬粪应集中烧毁或深埋，防止虫体节片和虫卵散播而污染羊的饲草、饲料和饮水等。加强卫生检验，不用含脑多头蚴的羊、牛等动物脑及脊髓喂犬；治疗脑多头蚴病目前尚无特效药。在头部前脑表面寄生的脑多头蚴，可手术摘除。吡喹酮和丙硫咪唑有一定疗效。按每千克体重100毫克，配成10%溶液给羊皮下注射，但有一定的副作用；或按每千克体重50毫克内服，每天1次，连用5天；或按每千克体重70毫克内服，每天1次，连用3天。也有用丙硫咪唑，按每千克体重30毫克内服，每天1次，连用3天。

十四、羊细颈囊尾蚴病

本病是由寄生在犬、狼、狐小肠内的泡状带绦虫的中绦期细颈囊尾蚴所引起的一种寄生虫病，临床以幼虫移行时引起出血性肝炎、腹痛为主要特征。

病原 病原为泡状带绦虫的中绦期细颈囊尾蚴，属带科、带属。细颈囊尾蚴俗称水铃铛，形状类似胆囊，生于腹腔脏器的网膜上，呈乳白色，囊泡状，囊内充满透明液体，大小如鸡蛋或更大，直径约有8厘米，囊壁薄，在其一端的延伸处有一白结，即其头节。头节上有两行小钩，颈细而长（图2－42、图2－43、图2－44）。在脏器中的细颈囊尾蚴囊体外还有一层由宿主组织反应产生的厚膜包围，故不透明，易与棘球蚴相混。成虫为泡状带绦虫，呈乳白色或稍带黄色，体长可达5米，头节的顶突有26～46个角质小钩，虫体孕卵节片的子宫内含有大量圆形的虫卵，虫卵内含有六钩蚴。

流行特点 猪感染本病最普遍，牧区绵羊感染严重，小羊也可感染，牛较少感染。潜伏期为51天，成虫在犬体内可生活1年之久。幼虫寄生在猪、牛、羊等家畜的肠系膜、网膜和肝等处。其成虫寄生于犬的小肠，虫卵抵抗力很强，在外界环境中长期存在，污染牧场，导致本病广泛散布。

症状 本病无特异性症状，轻度感染时不表现临床症状。对羔羊、仔猪等为害较严重。多数幼畜表现为虚弱、不安、流涎、不食、消瘦、腹痛和腹泻。有急性腹膜炎时，体温升高并有腹水，按压腹壁有痛感，腹部体积增大。严重时，有幼虫大量从肝脏向腹腔移行，可引起出血性肝炎，腹膜炎，贫血，消瘦等症状，但不易察觉。

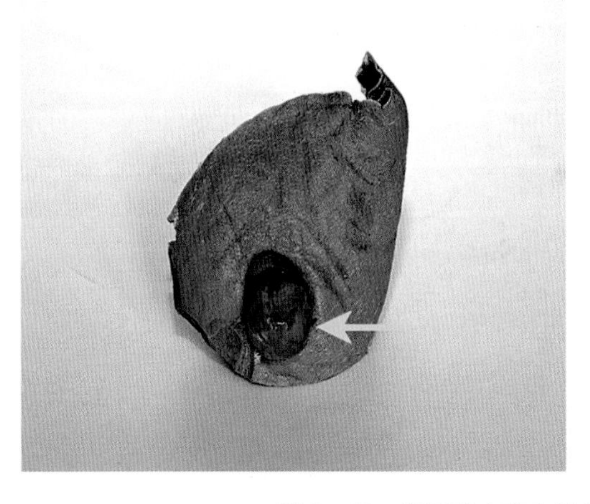

图2－42 羊肝脏内寄生的细颈囊尾蚴（箭头所指）

病理变化 病变主要在肝脏、瘤胃浆膜和小肠黏膜上。主要表现血液稀薄、无黏滞性肝脏肿大，质地稍软，被膜粗糙，被覆大量灰白色纤维素性渗出物，并可见散在的出血点。肝脏被膜下和实质可见直径为1～2毫米的弯曲索状病灶。肝脏、瘤胃的腹侧壁、小肠系膜处分别见鸡蛋大小的细颈囊尾蚴（图2－43、图4－44）。

诊断 本病的生前诊断较困难，可用血清学诊断法诊断。一般根据流行病学、临床症状

以及在死后剖检发现细颈囊尾蚴而确诊。

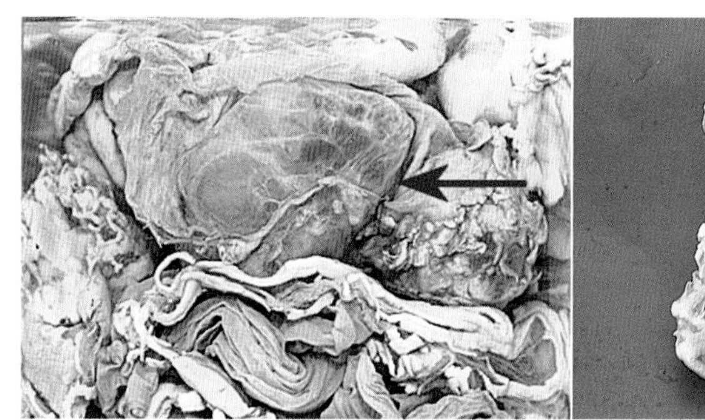
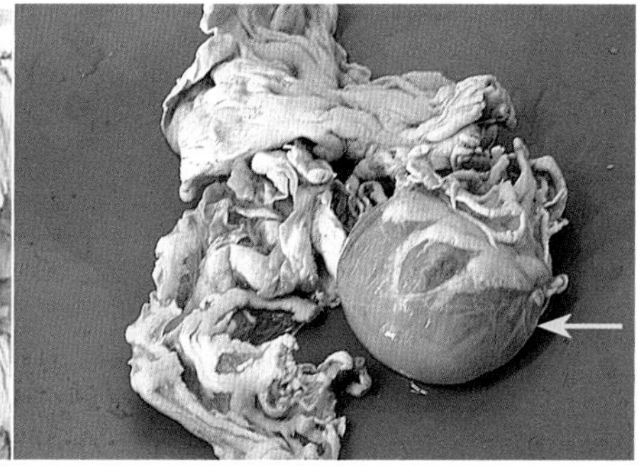

图 2-43 羊腹腔脏器浆膜上寄生的细颈囊尾蚴（箭头所指）

图 2-44 大小不等的细颈囊尾蚴

防治 对犬进行定期驱虫，主要药物有吡喹酮、氯硝柳胺。防止犬进入猪、羊舍内散布虫卵，污染饲料和饮水；勿用猪、羊屠宰废弃物喂犬。吡喹酮对细颈囊尾蚴病有一定疗效，按每千克体重 100 毫克，用无菌液体石蜡将吡喹酮配成 10% 的混悬液，分两天两次肌肉注射。

十五、羊绦虫病

羊绦虫病是由莫尼茨绦虫、曲子宫绦虫及无卵黄腺绦虫寄生于绵羊、山羊的小肠而引起的一种蠕虫病，主要为害羔羊，影响幼畜生长发育，严重感染时可导致死亡。

病原 引起羊绦虫病的病原体包括裸头科（Anoplocephalidae）莫尼茨属（*Moniezia*）的扩展莫尼茨绦虫（*M. expansa*）（图 2-45）和贝氏莫尼茨绦虫（*M. benedeni*）、曲子宫属（*Helictometra*）的盖氏曲子宫绦虫（图 2-46）（*H. giardi*）、无卵黄腺属（*Avitellina*）的中点无卵黄腺绦虫（*A. centripunctata*）等，均为乳白色、背腹扁平的分节链带状（图 2-47、图 2-48）。头节小，近似球形，上有 4 个吸盘，无顶突和小钩（图 2-48）。绦虫雌雄同体，全长1~5米，每个体节上都包括1~2组雌雄生殖器官，自体受精。莫尼茨绦虫的子宫呈网状。曲子宫绦虫的子宫管状横行，呈波状弯曲，几乎横贯节片的全部（图2－49）。无卵黄腺绦虫子宫在节片中央，无卵黄腺和梅氏腺。虫卵近似圆形、三角形或者四角形，卵内有特殊的梨形器，器内含六钩蚴（图2－50）。

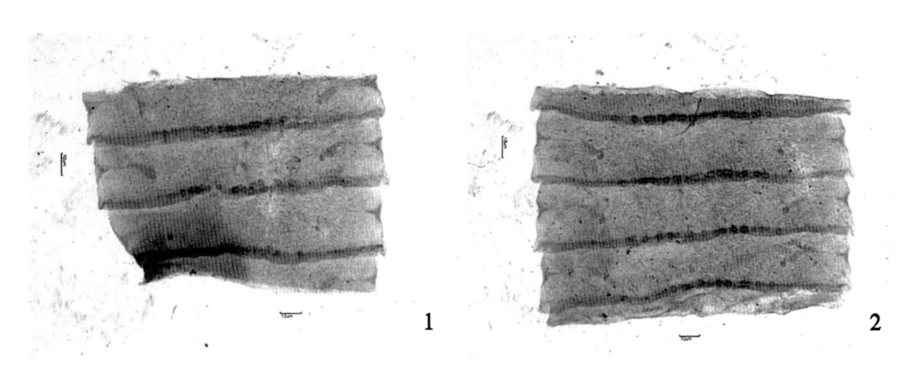

图2－45　扩展莫尼茨绦虫（10×）：成节（1）；孕节（2）

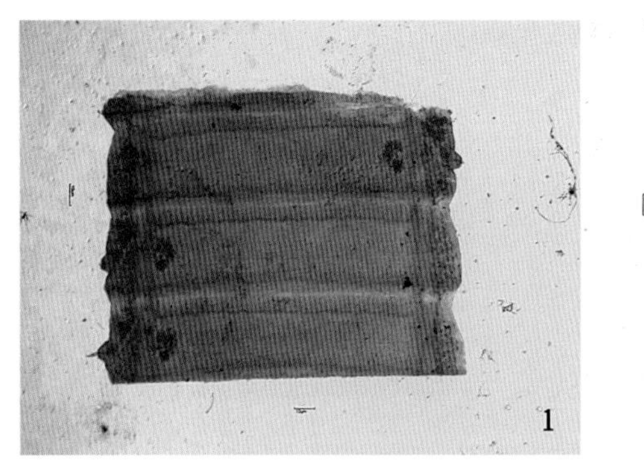

图2－46　曲子宫绦虫（10×）：成节（1）；孕节（2）

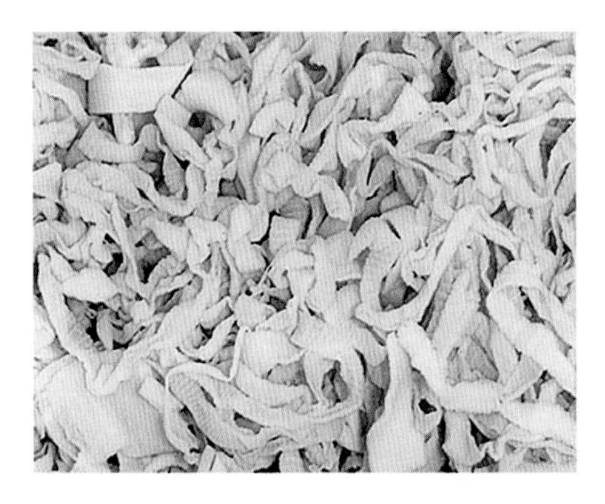

图2－47　羊小肠内寄生的扩展莫尼茨绦虫

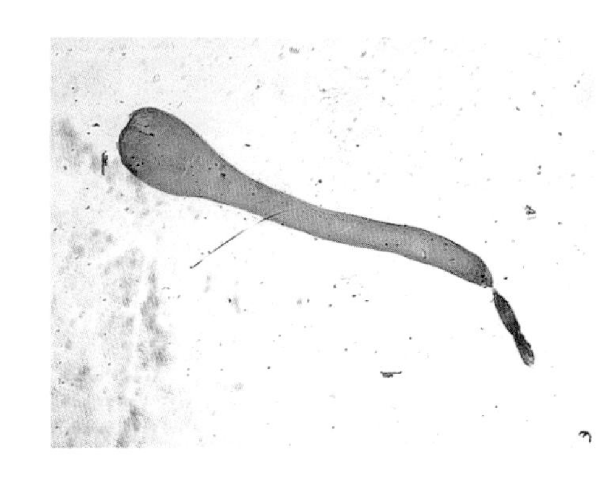

图2－48　扩展莫尼茨绦虫头节（20×）

流行特点　本病主要为害8月龄以下的羊，青年羊也会发病或死亡，2岁以上的羊发病率较低。虫体节片随粪便排出体外，节片崩解，虫卵被地螨吞食后，卵内的六钩蚴在螨体内经1个月左右发育成具有感染力的似囊尾蚴，羊吞食了含有似囊尾蚴的土壤螨以后，幼虫吸附在羊小肠黏膜上，经40天左右，发育为成虫。在春、夏、秋温暖季节地螨

孳生繁殖，尤以草地、森林、灌木丛生的地方。土壤螨具有向湿性和向弱光性，在黄昏和黎明的弱光时向草稍部爬，因此，在低洼潮湿处或清晨、傍晚放牧或割喂露水草，羊牛易因摄入带有似囊尾蚴的土壤螨而感染。羊牛发病季节与土壤螨出没规律相一致，多在7~8月或冬季发病。

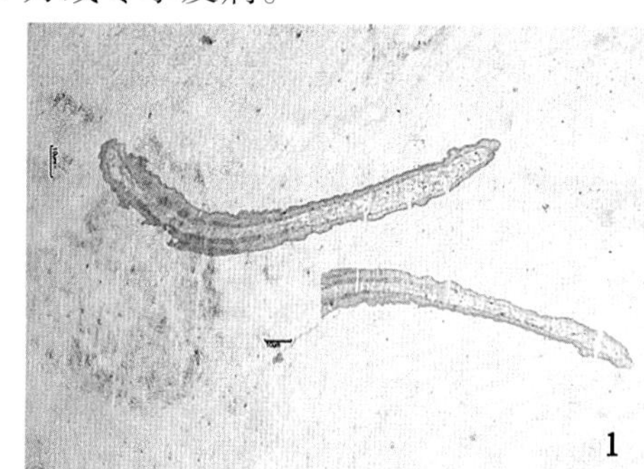

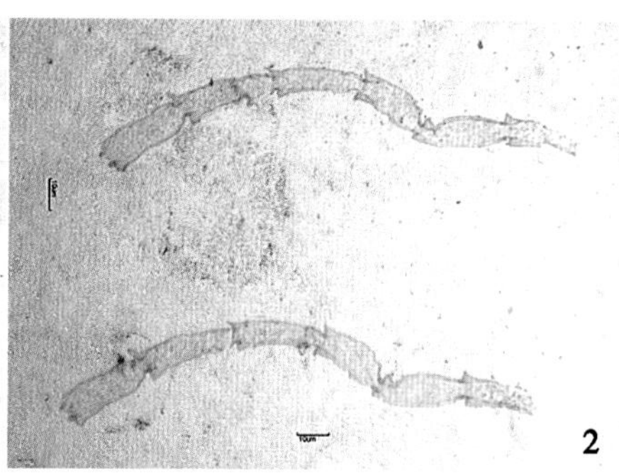

图2-49　扩展莫尼茨绦虫（10×）：横切（1）；纵切（2）

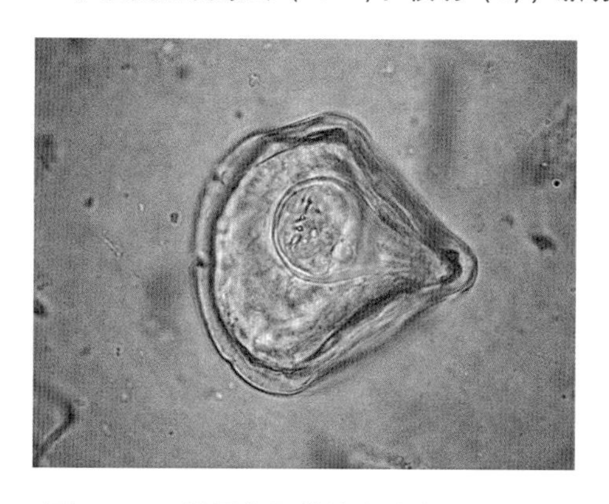

图2-50　扩展莫尼茨绦虫虫卵（400×）

症状　轻度感染患羊症状不明显，当寄生数量较多时，症状加重，尤其是幼年羊。病羊食欲减退，渴欲增加，消瘦、贫血、水肿、脱毛、腹部疼痛，下痢或便秘交替出现，淋巴结肿大。粪便中混有绦虫节片；有时体温升高，躺卧不起，黏膜苍白，被毛干枯无光泽，体重迅速下降；有时伴有神经症状，如摇摆不稳、痉挛、肌肉抽搐、旋回运动等。神经型的莫尼茨绦虫病羊往往以死亡告终。

病理变化　尸体消瘦，黏膜苍白，贫血。胸腔渗出液增多。肠系膜淋巴结、肠黏膜、脾增生。肠黏膜出血，有时大脑出血，浸润，肠内有绦虫。由于虫体较大，多时可致肠阻塞、套叠、扭转甚至破裂而致死。

诊断　在患羊粪球表面有黄白色的孕节片，形似煮熟的米粒，将孕节作涂片检查时，可见到大量灰白色、特征性的虫卵。用饱和盐水浮集法检查粪便时，可发现虫卵。结合临床针状和流行病学资料分析便可确立诊断。

防治　预防应做好定期预防性驱虫和粪便管理，一般应在春秋二季各驱虫1次。尽可能减少牧场上的中间宿主土壤螨孳生，不在清晨、傍晚放牧，不割喂露水草。可通过深翻土地以杀灭土壤螨。与单蹄兽轮牧，一般间隔二年，阳性土壤螨便死亡。选用下列药物之一防治驱除羊绦虫均有良好效果。

1. 芬苯哒唑（苯硫咪唑）：按每千克体重10毫克，1次内服。
2. 阿苯哒唑（丙硫咪唑）：按每千克体重10～20毫克，1次内服。
3. 吡喹酮：按每千克体重8～10毫克，1次内服。
4. 硫双二氯酚：按每千克体重100毫克，1次内服。
5. 氯硝柳胺（灭绦灵）：按每千克体重70～100毫克，1次内服。

十六、羊毛圆线虫病

本病是由毛圆线虫寄生于羊体胃肠道内而引起动物消化道功能异常的人兽共患寄生虫病，临床上以呕吐、腹泻甚至死亡等为主要特征。

病原 毛圆属线虫虫卵呈椭圆形，壳薄（图2－51）。虫体细小，一般不超过7毫米。呈淡红或褐色（图2－52）。缺口囊和颈乳突。排泄孔位于靠近体前端的一个明显的腹侧凹迹内。雄虫交合伞的侧叶大，背叶极不明显，腹腹肋特别细小，常与侧腹肋成直角。侧腹肋与侧肋并行，背肋小，末端分小支。交合刺短而粗，常有扭曲和隆起的脊，呈褐色。有引器。雌虫阴门位于虫体的后半部内，子宫一向前，一向后。无阴门盖，尾端钝。常见种有：蛇形毛圆线虫，艾氏毛圆线虫，突尾毛圆线虫等。虫卵呈椭圆形，卵壳薄，粪检常见发育到桑葚胚期（图2－51）。

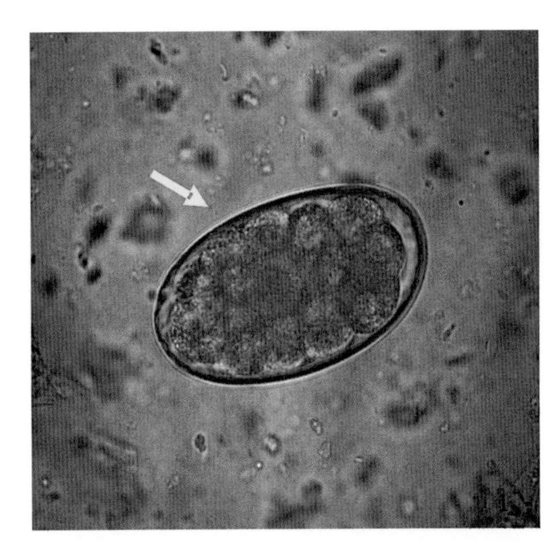
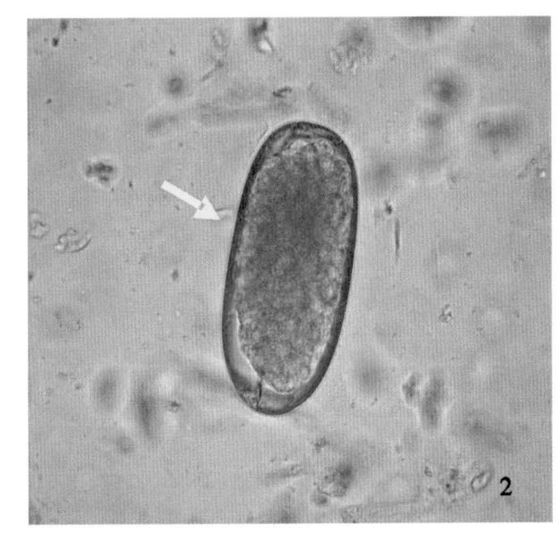

图2－51　不同发育阶段的圆线虫卵（100×）

流行特点 绵羊和山羊，特别是断乳后至1岁的羔羊对毛圆线虫最易感。母羊往往是羔羊的感染源。3期幼虫对干燥抵抗力强，在土壤中可存活3～4个月，且耐低温，可在牧地上过冬，越冬的数量足以使动物春季感染发病，故有春季发病高潮现象。在外界发育到感染性3期幼虫，在黏膜内发育蜕皮，4期幼虫返回第四胃或小肠，发育为成虫。常分布于农村，似有一定的地区性。

症状 感染虫数轻度者，可引起食欲不振，生长受阻，消瘦，贫血，皮肤干燥，排软便和腹泻与便秘交替发生；动物在短时间内严重感染时可引起急性发作，表现腹泻，急剧消瘦，体重迅速减轻，死亡。

病理变化 急性病例除胃肠道外，其他器官无损伤，黏膜肿胀，特别是十二指肠，轻度

充血，覆有黏液，刮取物于镜下可见到发育受阻和发育中的幼虫。慢性病例可见尸体消瘦，贫血，肝脏脂肪变性，黏膜肥厚，发炎和溃疡。

图 2－52　毛圆线虫

诊断　本病诊断以粪便中查见虫卵或剖检查出虫体为准。粪检方法常用饱和盐水浮集法，亦可用培养法查丝状蚴。诊断过程中应注意与钩虫和粪类圆线虫的虫卵或丝状蚴相区别。

防治　针对本病的防治，应至少春秋两次进行驱虫，平时注意合理处理粪便，防止因卵囊散播而导致的疾病传播。具体治疗措施可参考以下用药方法：①丙硫苯咪唑，20～25 毫克/千克体重。1 次/日，连服 3 天。②甲苯咪唑，20 毫克/千克体重。1 次/日，连服 3 天。③左旋咪唑，10 毫克/千克体重。1 次/日，连服 3 天。④伊维菌素，0.2 毫克/千克体重。口服或皮下。⑤对症疗法，补液，补碱，强心，止血，消炎等对症治疗。

十七、羊食道口线虫病

食道口线虫病，又名结节虫病。是由食道口科的几种线虫的幼虫及其成虫寄生于反刍动物肠壁与肠腔引起的以消化道功能异常、临床上常以持续性腹泻、血便甚至死亡为主要特征的线虫病。

病原　引起本病的病原为食道口科（Trichestrongylidae）、食道口属（*Oesophagostomum*）的几种线虫的幼虫及其成虫。寄生于动物机体的结肠和盲肠。本属线虫的口囊呈小而浅的圆筒形，其外周为一显著的口领。口缘有叶冠。有颈沟，其前部的表皮常膨大形成头囊。颈乳突位于颈沟后方的两侧。有或无侧翼。雄虫的交合伞发达，有 1 对等长的交合刺。雌虫阴门位于肛门前方附近，排卵器发达，呈肾形。虫卵较大。主要病原体有哥伦比亚食道口线虫（图 2－53），微管食道口线虫，粗纹食道口线虫（图 2－54），辐射食道口线虫（图 2－55），甘肃食道口线虫等。

流行特点　感染率最高在春季和秋季。尤在清晨、雨后和多雾天气放牧时易受感染。宿主感染系摄入被感染性幼虫污染的青草和饮水所致。环境温度低于 9℃时虫卵不能发育。当牧场上的相对湿度为 48%～50%，平均温度为 11～12℃时，可生存 60 天以上。第 1 期和 2 期幼虫对干燥很敏感，极易死亡。第 3 期幼虫有鞘，为感染性幼虫，在适宜条件下可存活 10 个月左右；冰冻可使之致死。温度在 35℃以上时，所有幼虫均迅速死亡。

症状 急性病例的病羊腹泻于感染后第6天开始。表现明显的持续性腹泻，粪便呈暗绿色，表面带有很多黏液，有时带血，最后可能由于体液失去平衡，衰竭致死。在慢性病例中，则表现为便秘与腹泻交替的进行性消瘦，下颌间可能发生水肿，最后多因机体衰竭，虚脱死亡。

病理变化 食道口线虫危害较大，幼虫阶段在小肠和大肠壁中形成结节，影响肠蠕动、食物消化和吸收。剖检见在大肠壁上有很多结节，结节直径2～10毫米（图2－56），含淡绿色脓汁，有小孔与肠腔相通，引起溃疡性和化脓性结肠炎。在新结节中可发现虫体。成虫食道腺的分泌液可使肠黏液增多，肠壁充血和增厚，成为一种肠黏膜的慢性炎症，成虫以此炎性产物为食。

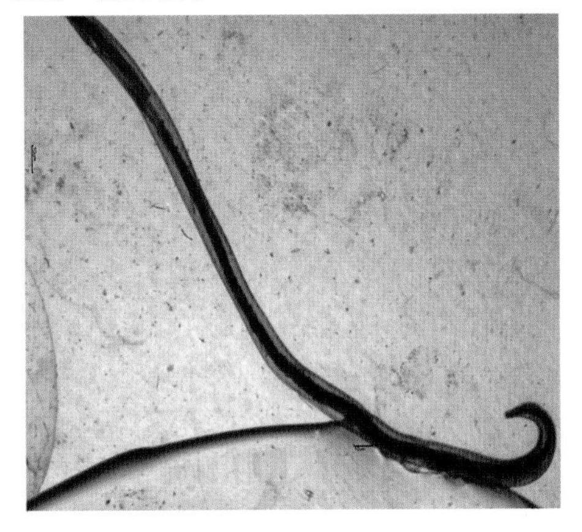

图2－53 哥伦比亚结节线虫雌虫

图2－54 粗纹食道口线虫

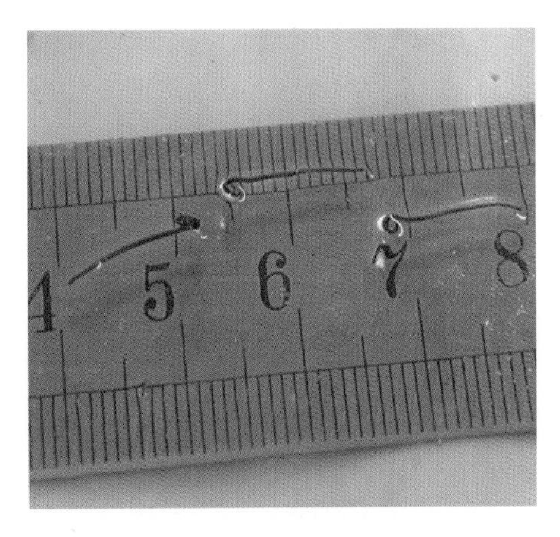

图2－55 辐射食道口线虫

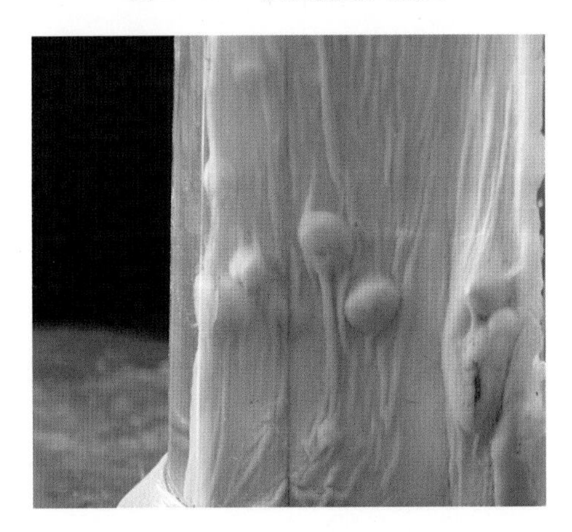

图2－56 结节线虫幼虫引起的羊肠壁结节

诊断 结节虫虫卵和其他一些圆线虫卵（特别是捻转血矛线虫卵）很相似，不易鉴别。应根据症状，包括粪便中检出虫卵，并结合在尸体剖检中发现肠壁上有大量幼虫结节，以及肠腔内有多量虫体作出判断。

防治 在本病的预防过程中，应定期驱虫，加强营养，合理处理粪便，饮水和饲草须保持清洁，保证牧场和饲养环境的清洁。对于患病动物，可用噻苯唑、左咪唑、氟苯达唑或伊维菌素等药驱虫，亦可选用0.5%福尔马林溶液灌肠；病情较重的羊只，除应用上述药物治

疗之外，还应根据具体情况进行对症治疗。

十八、羊仰口线虫病

本病是羊仰口线虫引起的以贫血为特征的肠道线虫病，又称为钩虫病。

病原 病原为钩口科（Ancylostomatidae），仰口属（*Bunostomum*）的羊仰口线虫。羊仰口线虫呈乳白色或淡红色（图 2－57）。口囊底部的背侧生有一个大背齿，背沟由此穿出；底部腹侧有 1 对小的亚腹侧齿（图 2－58）。雄虫长 12.5～17.0 毫米，交合伞发达（图 2－59）。背叶不对称，右外背肋比左面的长，并且由背干的高处伸出。交合刺等长，褐色。无引器。雌虫长 15.5～21.0 毫米，尾端钝圆。阴门位于虫体中部前不远处。虫卵长 79～97 微米，宽 47～50 微米，两端钝圆，胚细胞大而数少，内含暗黑色颗粒。

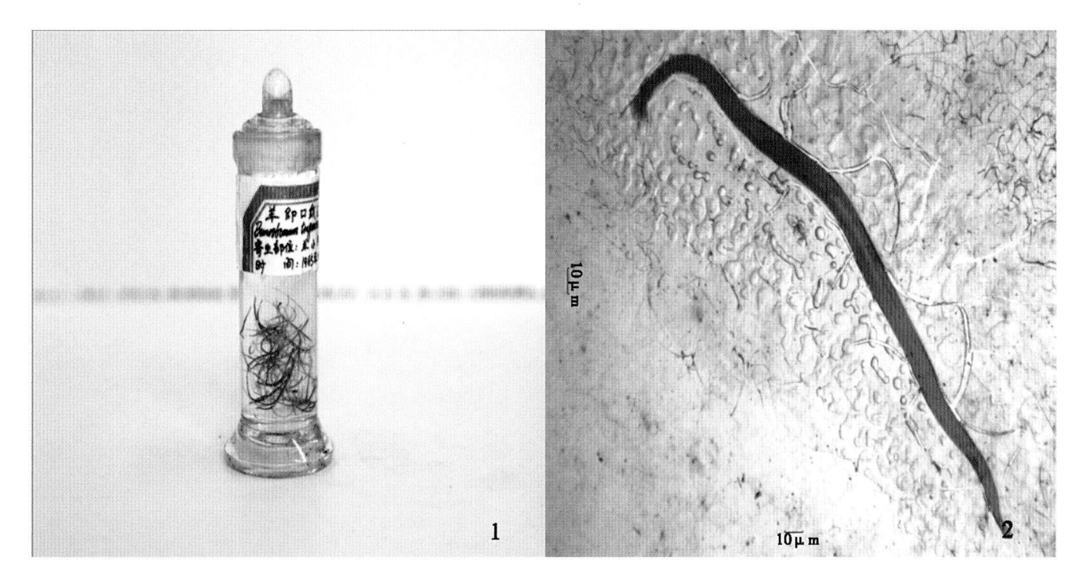

图 2－57 羊仰口线虫浸渍标本（1）和压片标本（2）

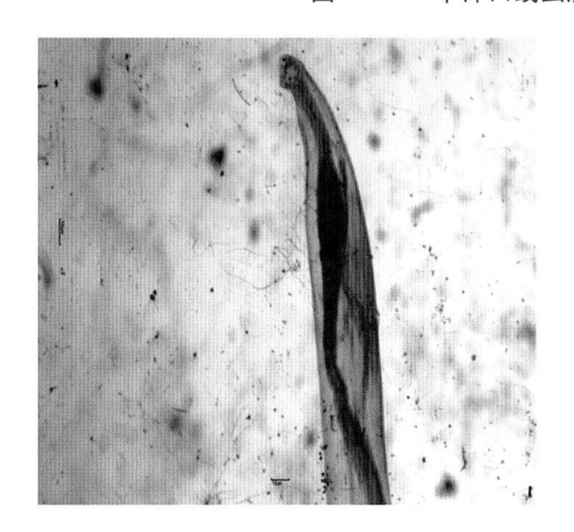

图 2－58 砂洋红染色的仰口线虫头部

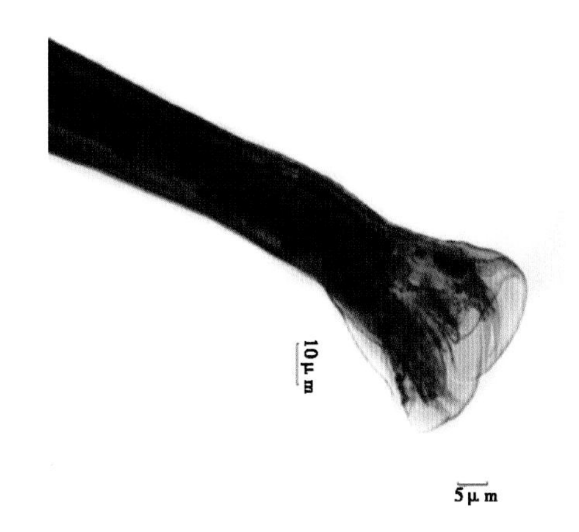

图 2－59 仰口线虫雄虫尾部交合伞

流行特点 仰口线虫病分布于全国各地，在比较潮湿的草场放牧的牛、羊流行更为严重。多呈地方性流行感染，一般为秋季感染，春季发病。成虫寄生于小肠，交配产卵到外界，卵随宿主粪便排出后，在适宜的温度下，成第一期幼虫，经2次蜕化发育成为感染性的幼虫，经口或皮肤感染宿主，其中经皮肤感染为主要途径。感染性幼虫在夏季牧场能存活2~3个月，在春季和秋季存活的时间较长一些。严冬寒冷的气候对幼虫具有杀灭的作用。

症状 当幼虫侵入皮肤时，引起发痒和皮炎，一般不易察觉。幼虫移行到肺时引起肺出血，但通常无临床症状。仰口线虫的致病作用主要是吸食血液、血液流失毒素作用及移行引起的畜禽的损伤。据报道，100条虫体每天可吸食8毫升血液。病羊常表现为进行性贫血、顽固性下痢、严重消瘦，下颌水肿，粪带黑色。幼畜表现为神经症状，发育受阻且死亡率很高。

病理变化 解剖尸体皮下有浆液性浸润；血液色淡，水样，凝固不全；肺有淤血性出血和出血点；心肌松软，冠状沟水肿；肝呈淡灰色，松软，质脆；肾呈棕黄色；十二指肠和空肠有大量虫体游离于呈褐色或血红色的肠内容物中或附着在发炎的肠黏膜上，肠黏膜发炎并有出血点和小齿痕。

诊断 根据临床症状，依靠粪便虫卵检查、饱和盐水漂浮法和死后剖检发现多量虫体即可确诊。

防治 根据钩虫的流行特点，主要在春秋两季进行防治。春、秋两季用左旋咪唑每千克体重7.5毫克，内服或用蒸馏水溶解后皮下注射，或者伊维菌素每千克体重0.2毫克皮下注射或口服驱虫。对为害严重的地区，可依据当地钩虫的发病季节动态，高峰期每月进行2次（间隔1周）预防性驱虫，连续进行3个月。还可用噻苯唑、苯硫咪唑或者丙硫苯咪唑等药驱虫。驱虫后，粪便集中发酵处理，并对羊圈加强消毒处理。

十九、羊肺线虫病

肺线虫病是由网尾科和原圆科的线虫寄生在牛、羊、骆驼等反刍动物的气管、支气管、细支气管乃至肺实质引起的以支气管炎和肺炎为主要症状的疾病。

病原 肺线虫病是网尾科（Dictyocaulidae）网尾属（*Dictyacaulus*）和原圆科（Protostrongylidae）缪勒属（*Muelletius*）的多种线虫寄生于反刍兽的呼吸器官而引起的疾病。网尾科的线虫，虫体较大，其引起的疾病又称大型肺线虫病；原圆科的虫体较小，其引起的疾病又称小型肺线虫病。

网尾线虫均呈乳白色丝线状（图2-60）。口囊小，口缘四个小唇片。交合伞的前侧肋独立，中、后侧肋融合，外背肋独立，背肋分为二枝，每枝末端又分为2~3个小枝。交合刺黄褐色、等长短粗的靴状多孔性构造。有一个多泡性构造的椭圆形引器。阴门位体中部。卵胎生，虫卵无色，椭圆形，内含一幼虫（图2-61）。

D. filaris（丝状网尾线虫）：寄生于山羊、绵羊、骆驼及一些野生反刍兽支气管及气管和细支气管内。主要危害羔羊。雄虫长30毫米，融合的中、后侧肋末端分叉。雌虫长35~44.5毫米，虫卵（120~130）微米×（70~90）微米，一期幼虫头端有一小的扣状结节。卵胎生。

流行特点 丝状网尾线虫幼虫发育期间所需要的温度较低，在4~5℃时，幼虫就可发育，且可以保持活力达100天之久。感染性的幼虫即使在积雪覆盖的环境下仍能生存。成年羊易感性比较高，蚯蚓可做其储藏宿主；原圆线虫科的第一期幼虫可在粪便和土壤中生存几个月。对低温和干燥有较强的抵抗力，喜低温、潮湿的环境。

症状　羊群的首发症状是咳嗽，先是个别羊发生咳嗽，继而成群发作，尤其是在羊只被驱赶和夜间休息时尤为明显，可听到羊群的咳嗽声和拉风箱似的呼吸声，咳出的痰液中可见幼虫和卵，患羊逐渐消瘦，被毛干枯，贫血，头胸部和四肢水肿，呼吸困难、频次加快，体温一般不高，当病情加剧和接近死亡时，呼吸困难加剧、干咳、迅速消瘦，患羊最终死于肺炎或者并发症。羔羊一般症状较为严重，感染轻微的羊和成年羊常常为慢性感染，症状不明显。网尾科线虫和原圆科线虫并发感染时，可造成羊群大量死亡。

图 2－60　大量肺线虫（左）和雌、雄虫（右）

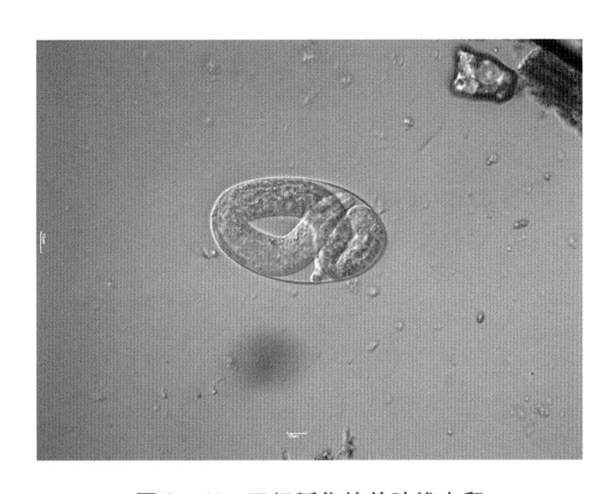

图 2－61　已经孵化的羊肺线虫卵

病理变化　病死羊尸体消瘦，贫血；气管、支气管中有黏性、黏液脓性并混有血丝的分泌物，其中有白色线虫（成虫、幼虫）（图 2－62、图 2－63）；支气管黏膜混浊、肿胀，有小豆状出血点；肺表面隆起，呈灰白色，有不同程度的肺气肿和肺膨胀不全，虫体寄生部位的肺表面稍隆起，切开可见虫体。原圆科线虫科的虫卵和幼虫可引起灶状支气管肺炎。

诊断　根据临床症状和在粪便中发现虫卵或幼虫，鼻分泌液中也可查出虫卵或幼虫，并做出确诊，特别依据羊群咳嗽发生的季节（春季）和咳嗽的频率，应考虑是否为肺线虫感染。大约每克粪便中有 150 条幼虫时，便可认为是具有病理意义的荷虫量。

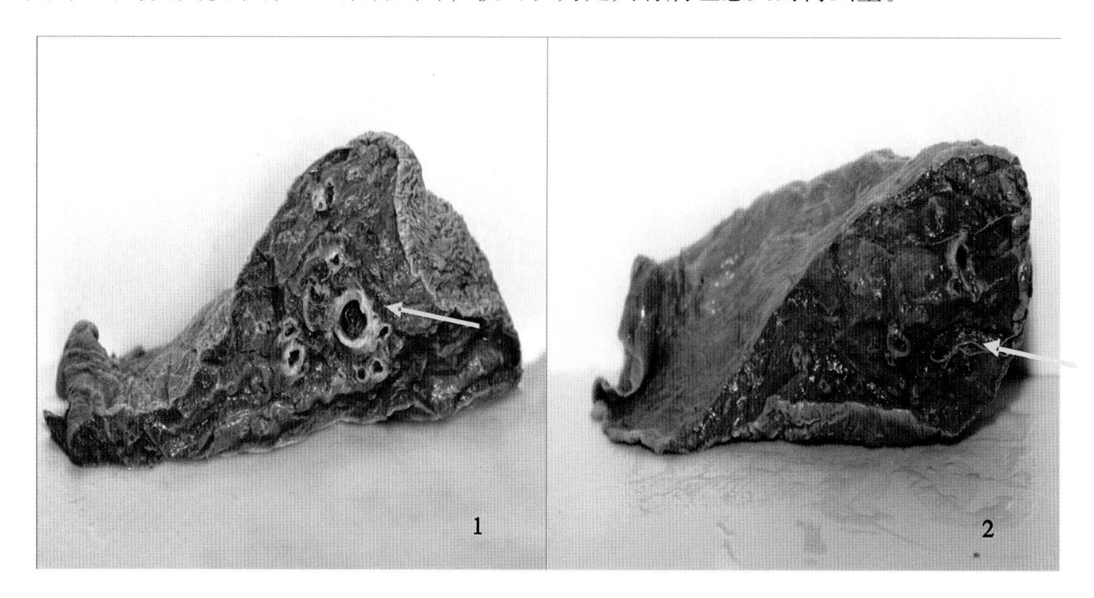

图 2－62　肺线虫寄生的肺脏（显示气管中有线虫和管壁增厚）

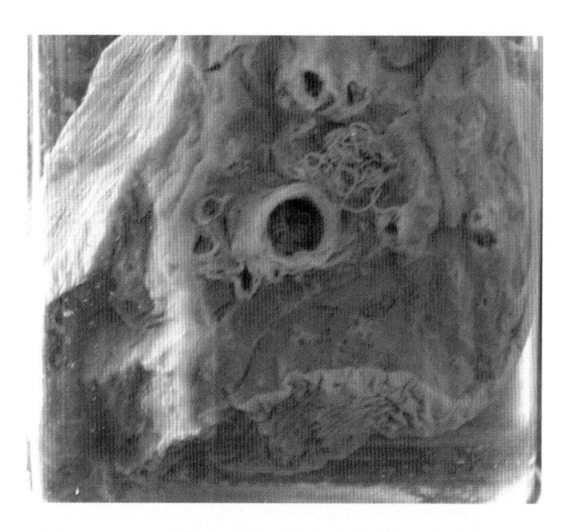

图 2－63　肺线虫寄生的肺脏气管中充满虫体

防治　该病流行区内，每年应对羊群进行 1～2 次普遍驱虫，并及时对病羊进行治疗。驱虫治疗期应收集粪便进行生物热处理；羔羊与成年羊应分群放牧，并饮用流动水或井水；有条件的地区，可实行轮牧，避免在低湿沼泽地区牧羊；冬季羊群应适当补饲，补饲期间，每隔 1 日可在饲料中加入阿维菌素（按其说明书进行投药），让羊自由采食，能大大减少病原的感染。可选用下列药物进行治疗。

丙硫咪唑，剂量按每千克体重 10～15 毫克，口服。这种药对各种肺线虫均有良效；苯硫咪唑，剂量按每千克体重 5 毫克，口服；左咪唑，剂量按每千克体重 8～10 毫克，口服；阿维菌素或者伊维菌素按每千克体重 0. 2 毫克，口服或者皮下注射。

二十、羊鞭虫病

鞭虫病是由毛首线虫引起的以盲肠和结肠炎症、消化功能紊乱为主要特征的的肠道线虫病

病原　由毛首目（Trichocephalida）毛首科（trichuridae）毛首属（*Trichuris*）的球鞘毛首线虫寄生于羊、牛、鹿、驼等动物大肠（主要是盲肠）引起的肠道线虫病。虫体前部呈毛发状，所以称毛首线虫。虫体整个外形像鞭子，前部细像鞭绳，后部粗像鞭杆，所以又称鞭虫（图2－64）。虫体乳白色，长20～80毫米（图2－64），前部细长为食道部，由一列食道腺细胞围绕，占虫体全长的2/3以上；后部短粗为体部，内有肠及生殖器官。雄虫后部弯曲，泄殖腔在尾端，一根交合刺，在有刺的交合刺鞘内。雌虫后端钝圆，生殖器官单管型（图2－65）。阴门位虫体粗细交界处。卵生。虫卵棕黄色，腰鼓形，卵壳厚，二端有卵塞，内含一个近圆形胚胎。绵羊毛首线虫虫卵大小为长70～80微米，宽30～40微米（图2－66）。

图2－64　鞭虫成虫

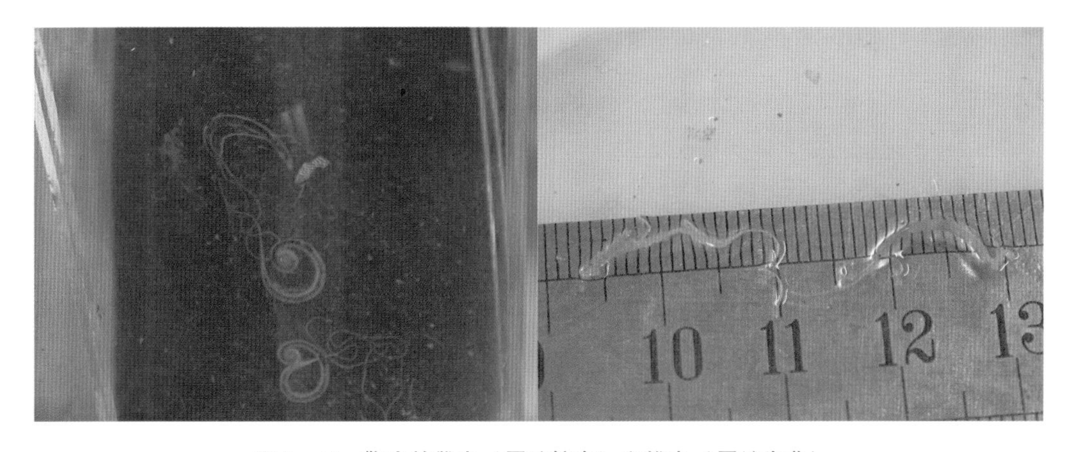

图2－65　鞭虫的雌虫（尾端较直）和雄虫（尾端卷曲）

流行特点　该线虫生活史简单，为直接发育型，不需中间宿主，以含第一期幼虫的感染性虫卵感染宿主。

症状 轻者表现为慢性盲肠及结肠卡他性炎症，食欲减退；重者消化功能紊乱，消瘦、贫血，腹泻甚至水样血便，严重者可致死亡。

图 2-66 鞭虫卵

病理变化 鞭虫成虫以其细长的前段插入肠黏膜乃至肠黏膜下层摄取营养，加上虫体分泌物排泄物的刺激，导致肠壁黏膜组织呈现轻度炎症或出血点，病程长的可见肠黏膜溃疡斑或因肠壁炎症、细胞增生、肠壁增厚而形成肉芽肿。

诊断 漂浮或沉淀法查到粪便中特征性虫卵或死后在大肠查到虫体确诊。

防治 加强饲养管理。搞好环境卫生；无害处理粪便。在流行地区进行治疗性或预防性驱虫。可用丙硫咪唑按每千克体重 15 ~ 20 毫克口服治疗。

二十一、羊疥螨病

本病是由于疥螨寄生于羊体表所引起的一种接触传染的慢性皮肤病。病畜表现剧痒、皮肤变厚、脱毛和消瘦等主要症状。严重感染时，常导致羊生产性能降低，甚至发生死亡。

病原 病原为节肢动物门、蛛形纲、真螨目、粉螨亚目、疥螨科、疥螨属的疥螨。疥螨又叫疥癣，俗称癞病。疥螨虫体近圆形，长 0.2 ~ 0.5 毫米，呈灰白色或黄色，不分节，由假头部与体部组成，其前端中央有蹄铁形口器，腹面有足 4 对，前后各两对短粗、呈圆锥形的腿，末端具有吸盘。咀嚼式口器，成虫在皮肤角质层下挖掘隧道，以表皮细胞液及淋巴液为营养。疥螨的发育经虫卵、幼虫、若虫和成虫四个阶段，整个发育过程为 8 ~ 22 天。雌螨在隧道内产卵，每两三天产卵一次，一生可产 40 ~ 50 个卵。

流行特点 疥螨病广泛流行于全国各地，一年四季均可发生，但多发生在冬季、秋末和初春。该病的传播主要由于健畜与患畜直接接触或通过被螨及其虫卵污染的厩舍、用具等间接接触引起感染，另外也可由饲养人员的衣服及手接触传播病原，带螨状态的羊也是危险的传染源。其中羔羊感染疥螨病的几率和发病程度高于成年羊，小羊随着年龄的增长，抗螨免疫性增强；另外免疫力的强弱还与羊只的营养、健康状况有关。圈舍卫生条件差、阴暗潮湿、饲养密度过大、营养缺乏、体质瘦弱等不良条件下易发本病。

症状 患羊主要表现为剧痒、消瘦、皮肤增厚、龟裂、结痂和脱毛，影响羊只健康和羊毛产量及质量（图 2-67）。疥螨病多见于山羊，绵羊较少，因淋巴液的渗出较痒螨病少，故有的地方称为“干骚”。本病通常首先发现于嘴唇、鼻面、眼圈、耳根、鼠蹊部、乳房及阴囊等

皮肤薄嫩、毛稀处。因虫体挖凿隧道时的刺激，使羊发生强烈痒觉，病部肿胀或有水泡，皮屑增多。水泡破裂后，结成干灰色痂皮，皮肤变厚、脱毛，干如皮革，内含大量虫体。虫体迅速蔓延至全身，羊只消瘦，严重时食欲废绝，甚至衰竭死亡（图2－68、图2－69）。

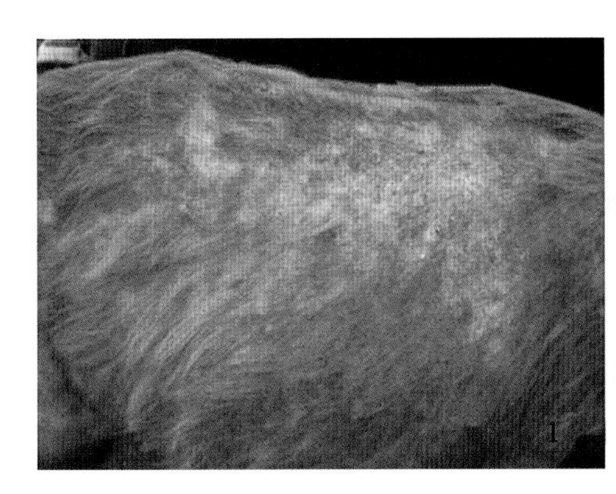

图2－67 疥螨导致山羊皮肤脱毛（1）和结痂（2）

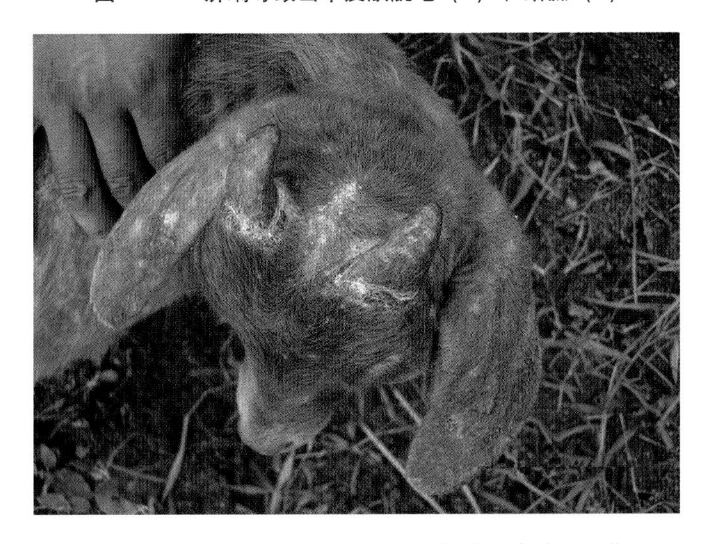

图2－68 疥螨导致山羊头面部、耳部的皮肤脱毛和增厚

病理变化 尸检时，病羊消瘦，贫血，可见疥螨挖凿部位的损伤。局部组织发炎、水肿、皮肤增厚等。若有其他继发感染，病变相对复杂。

诊断 根据羊的临床表现及疾病流行情况，对可疑病羊刮取皮肤组织以便确诊。其方法是：用经过火焰消毒的小刀在患部与健康部的交接处刮取皮屑，将其放于载玻片上，滴加煤油（观察死亡虫体）或10%氢氧化钠溶液、液体石蜡、50%甘油水溶液（观察活虫体）盖上盖玻片制成压片，低倍显微镜即可检到虫体。

防治 保持畜舍透光、干燥和通风良好，畜群密度合理。定期清扫消毒，对于引进家畜要隔离观察确定无病时，再行并群。经常注意观察畜群，及时挑出可疑畜体，隔离饲养并查明病因对症治疗。用于治疗羊疥螨的药物有多种：①2%敌百虫溶液或煤油患部涂擦；②新灭癞灵稀释成1%～2%的水溶液，患部刷拭；③每千克体重600毫克螨净喷淋；④伊维菌素每千克体重0.2毫克皮下注射；⑤0.05%溴氰菊酯药浴。一般需治疗2～3次，间隔7～10

天重复用药。

图 2－69 疥螨导致羊脱毛和皮肤发炎

二十二、羊痒螨病

本病是由于疥螨在羊体表皮肤寄生而引起的一种慢性寄生虫病。其特征是剧痒、脱毛、结痂，传染性强。对羊的毛皮为害严重，也可造成死亡。

病原 病原为节肢动物门、蛛形纲、真螨目、粉螨亚目、痒螨科、痒螨属的痒螨。虫体椭圆形，体长 0.5 ~ 0.8 毫克，眼观如针尖大。口器长而尖，腿细长，末端有吸盘（图 2 － 70）。痒螨口器为刺吸式，寄生于皮肤表面，吸取渗出液为食。

痒螨具有坚韧的角质表皮对不利环境的抵抗能力超过疥螨，一般能存活两个月左右。牧场上能活 25 天，在 －12 ~ －2℃经 4 天死亡，在 25℃经 6 小时死亡。

痒螨的发育同疥螨一样也经虫卵、幼虫、若虫和成虫四个阶段，雄螨和雌螨也分别有 1 个和 2 个若虫期，但其完成生活史需要 10 ~ 12 天。雌螨多在皮肤上产卵，一生可产约 40 个卵，寿命约 42 天。

流行特点 与羊疥螨病流行特点相似。

症状 主要症状与疥螨病相似。痒螨病绵羊发生较多，多发于身体毛长、被毛稠密的部位。如背部及臀、尾部，严重者波及全身（图 2 －71）。因为痒螨刺激皮肤，吸食体液，故

痒螨多时使皮肤发红、肿胀、发热，有液体渗出。脱毛先发于背部，严重者全身脱毛；皮肤变厚皱缩。病羊感到奇痒，显出疯狂性的摩擦。如继发细菌感染则发生化脓，形成淡黄色疮痂。

病理变化、诊断及防治 参考羊疥螨病。

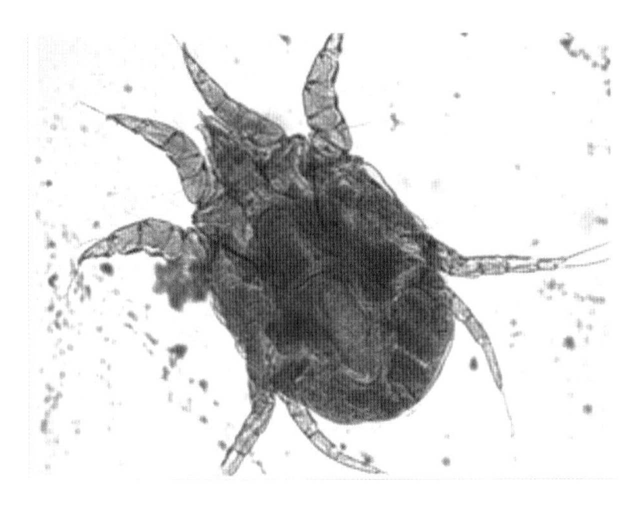

图 2－70 痒螨成虫背面观（100×）

图 2－71 羊痒螨导致绵羊出现不同程度的脱毛症状

二十三、羊狂蝇蛆病

羊狂蝇蛆病是由羊狂蝇的幼虫寄生在羊的鼻腔及附近的腔窦内所引起的一种慢性寄生虫病，主要侵害绵羊，对山羊感染较轻。常引起羊的慢性鼻炎和鼻窦、额窦炎。有时可出现神经症状，危害羊体健康。

病原 羊狂蝇蛆病的病原体为羊狂蝇，羊狂蝇亦称羊鼻蝇，属双翅目（Diptera），狂蝇科（Oestridae），狂蝇属（Oeslrus）。成蝇成虫口器退化，其大小、形状似家蝇、灰褐色，比家蝇大，体长10～12毫米，体表密生短的细毛，头大呈半球形，黄色，胸部有断续不明显的黑色纵纹，腹部有褐色及银白色斑点，翅透明。羊狂蝇的发育过程分为幼虫、蛹和成蝇三个阶段。幼虫按其发育形态又分为3个期。幼虫第1期呈淡黄白色，长约1毫米，体表丛生小棘；第二期幼虫椭圆形，长20～25毫米。体表刺不明显；第三期幼虫长28～30毫米，背面隆起，腹面扁平，有两个口前钩，虫体背面无棘，成熟后各节上有深褐色带斑，各节前缘有数列小棘（图2－72）。

图2－72 羊狂蝇二、三期幼虫

成蝇出现在5～9月间温暖季节，在晴朗的白天较活跃，有雌雄之分，雌雄交配后，雄蝇死亡。雌蝇遇到羊只时，突然急速追逐羊只，将幼虫产在羊的鼻孔附近，每次可产幼虫20～40个，数日内1个雌蝇能产出幼虫500～600个，产完幼虫后雌蝇死亡，新生幼虫蠕动爬入羊的鼻腔及鼻窦中，经2次脱化，需9～10个月的时间，发育为三期幼虫，三期幼虫在第2年春天由鼻腔深部逐渐移向鼻孔，当宿主因鼻腔受幼虫蠕动刺激发痒打喷嚏时，幼虫被喷出，落地入土化蛹。蛹期为1～2个月，再羽化为成蝇。成蝇的寿命2～3周。

流行特点 根据外界环境的不同，虫体各期所需的时间也不同。在温带，第一期幼虫期约9个月，蛹期可长达49～66天。暖温带，第一期幼虫需25～35天，蛹期27～28天。因此，本虫在北方每年仅繁殖一代；而在温暖地区，则可每年繁殖两代。

症状 病羊表现为精神不安、体质消瘦，甚至发生死亡。成虫侵袭羊群产幼虫时，羊群骚动，惊慌不安，互相拥挤，频频摇头、喷鼻，将鼻孔抵于地面，或将头隐藏于其他羊的腹下或腿间，羊只采食和休息受到严重的扰乱。幼虫在鼻腔、鼻窦、额窦中移行过程中，由于口前钩和腹面小刺机械刺激、损伤黏膜，引起发炎、肿胀、出血，流出浆液性、黏液性、脓性鼻液，有时混有血液。鼻液干涸成痂，堵塞鼻孔，可导致病羊呼吸困难，表现为喷鼻，甩鼻子，摩擦鼻部。时常摇头，磨牙，眼睑肿胀，流泪，食欲减退、日渐消瘦。数日后症状有

所减轻，但发育到第三期幼虫并向鼻孔移动时，疾病症状加剧。少数第一期幼虫可进入颅腔，损伤脑膜，或引起鼻窦炎而伤及脑膜，可引起羊神经症状，表现为运动失调、旋转运动、头弯向一侧或发生麻痹，最后病羊食欲废绝，极度衰竭而死。

病理变化　羊狂蝇在羊鼻孔附近产下幼虫，幼虫钻入鼻腔、额窦，在移行过程中，造成黏膜组织损伤、肿胀、出血、发炎。幼虫长期寄生在鼻腔、额窦内，以吸取组织液为营养，分泌毒素，对畜体产生损害，寄生多量时可造成患羊严重的消瘦、贫血，有时个别幼虫钻入患羊颅腔，使脑膜发炎或受损，出现运动失调、转圈、弯头或痉挛、麻痹等神经症状。严重的可造成极度衰竭而死亡。

诊断　用药液喷入鼻腔，收集用药后的鼻腔喷出物，发现幼虫确诊。患羊表现为精神不安、时常摇头、频频打喷嚏、鼻经常擦地、流有黏液性和脓性鼻液且有时混有血丝、呼吸困难、食欲减退、日渐消瘦等症状作出初步诊断，剖检时可在鼻腔及邻近腔窦内发现羊狂蝇幼虫即可确诊。出现神经症状时，应与羊多头蚴和莫尼茨绦虫病相区别。

防治　按照羊狂蝇成虫和幼虫的个体活动情况。采用灭杀成蝇、驱除体内幼虫的防治方法。在羊狂蝇蛆病流行地区，每逢成蝇活动季节，用诱蝇板，引诱成蝇飞落板上，每天检查诱蝇板，将成蝇取下消灭。杀灭羊体内幼虫的常用药物：2% 敌百虫溶液，喷擦羊的鼻孔，可杀死在鼻腔外围刚出生的幼虫及进入鼻腔内的幼虫；伊维菌素，剂量每千克体重 0.2 毫克，1% 溶液皮下注射；20% 碘硝酚注射液，每千克体重 0.05 毫升，皮下注射；5% 氯氰柳胺钠注射液，每千克体重 5 毫克，皮下注射；氯氰柳胺，每千克体重 5 毫克，口服。为防止药物中毒，每次用药时，应先进行小群实验，确定安全后再全群使用，为提高治疗效果，需要重复用药 2 ~3 次，每次间隔 10 ~20 天。

二十四、羊硬蜱病

本病是由于硬蜱寄生于羊体表引起的一种吸血性外寄生虫病，临床以羊的急性皮炎和贫血为主要特征，此外蜱传疾病对羊的为害也不容忽视。

病原　病原为节肢动物门、蛛形纲、蜱螨目、硬蜱科的多种硬蜱。硬蜱俗称狗豆子、草爬子、壁虱、扁虱、草虱等，在我国，常见的硬蜱种类有长角血蜱（图 2 –73）、残缘玻眼蜱、血红扇头蜱、微小牛蜱、全沟硬蜱等。成蜱饥饿时呈黄褐色、前窄后宽、背腹扁平的长卵圆形，芝麻粒大到大米粒大（2 ~13 毫米）。虫体前端有口器，可穿刺皮肤和吸血（图2 –74）。吸饱血的硬蜱体积增大几十倍至近百倍，如蓖麻子大，呈暗红色或红褐色（图 2 –75）。

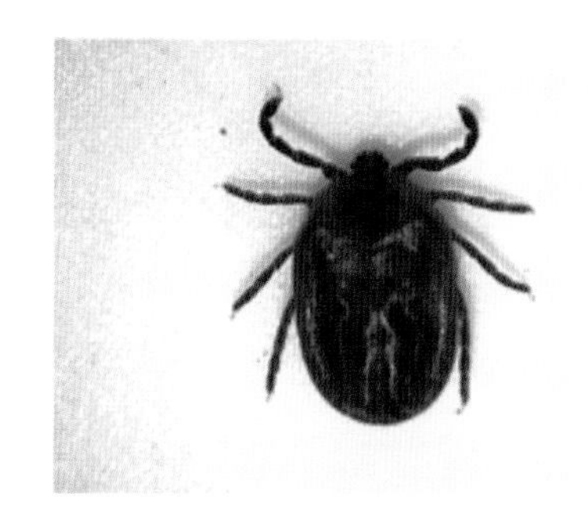

图 2 –73　羊体寄生的长角血蜱的背面观和腹面观（10 ×）

流行特点 硬蜱广泛分布于世界各地，但不同气候、地理、地貌区域，各种硬蜱的活动季节有所不同，一般2月末到11月中旬都有硬蜱活动。硬蜱可侵袭各种品种的羊和包括人、牛、马、禽等多种动物。羊被硬蜱侵袭多发生在白天放牧采食过程中，全身各处均可寄生，主要寄生于羊的皮薄毛少部位，以耳廓、头面部、前后肢内侧等寄生较多。硬蜱的发育经虫卵、幼虫、若虫和成虫四个阶段，吸饱血的雌蜱落地产卵，一生只产一次卵，但产卵量大，可达几千至万个以上。

图2－74　羊体寄生的长角血蜱的背面（40×）和假头部腹面观（100×）

症状 硬蜱对羊的危害包括直接危害和间接危害。硬蜱以其前部的口器刺入羊皮肤吸血时初期以刺激与扰烦为特征（图2－76），影响羊只采食，造成局部痛痒，损伤，皮肤发炎、水肿、出血甚至血痂，皮肤肥厚等；若继发细菌感染可引起化脓、肿胀和蜂窝组织炎等。硬蜱叮咬吸血时向局部注入唾液的毒素作用，病羊可出现神经症状及麻痹，引起“蜱瘫痪”。大量硬蜱密集寄生的患羊严重贫血，消瘦，生长发育缓慢，皮毛质量降低，泌乳羊产奶量下降等（图2－77）。部分怀孕母羊流产，羔羊和分娩后的母羊死亡率很高。硬蜱叮咬羊吸血时，还可随唾液把巴贝斯虫、泰勒虫及某些病毒、细菌、立克次氏体等病原注入羊体内而传播疾病。

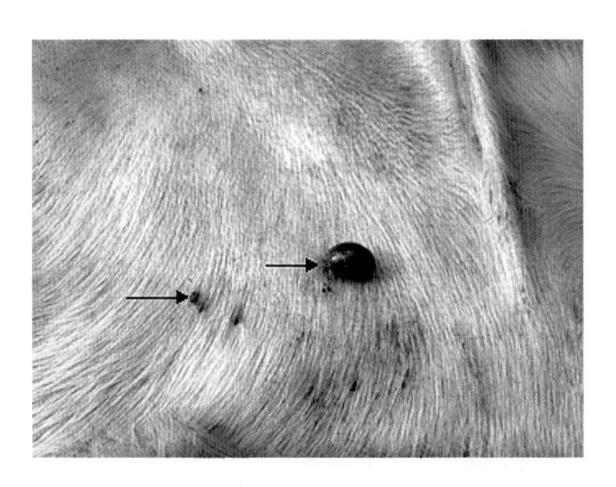

图2－75　羊体饱血的和未饱血的蜱

病理变化 尸检时，病羊消瘦，贫血，可见硬蜱及其附着部位的损伤，局部组织发炎、水肿、皮肤增厚等（图2－78）。如果有蜱传疾病如血液原虫病同时发生，病变相对复杂。

诊断 根据寄生于羊的致病性蜱数与贫血等症状可以作出诊断。在早春若发现一些有麻

痹症状的羊有硬蜱寄生，可怀疑为此病，在移除蜱后某些羊症状减轻，即可确定诊断。

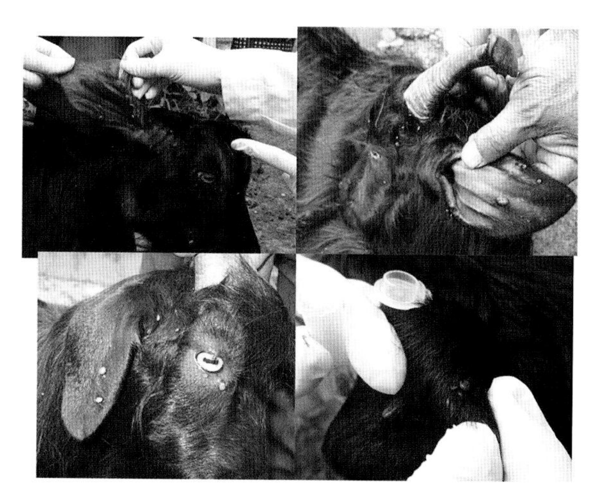

图2－76　硬蜱寄生于黑山羊的耳部和头面部

防治　主要应杀灭羊体和环境中的硬蜱。杀灭羊体上的硬蜱可用2.5%敌杀死乳油250～500倍水稀释，或20%杀灭菊酯乳油2 000～3 000倍稀释，或1%敌百虫喷淋、药浴、涂擦羊体；或用伊维菌素或阿维菌素，按每千克体重0.2毫克皮下注射，对各发育阶段的蜱均有良好杀灭效果；间隔15天左右再用药1次。对羊舍和周围环境中的硬蜱，可用上述药物或1%～2%马拉硫磷或辛硫磷喷洒畜舍、柱栏及墙壁和运动场以灭蜱。感染严重且羊体质较差，伴有继发感染者，应注意对症治疗。

图2－77　硬蜱叮咬后患病的羊

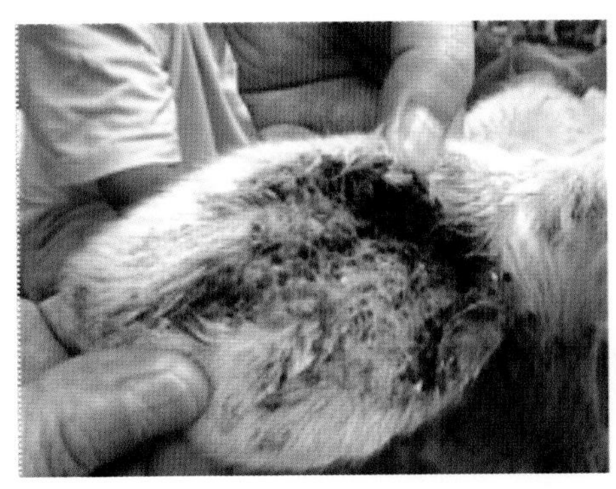

图 2-78　大量蜱寄生引起的耳部水肿炎症

二十五、羊虱病

本病是由于毛虱、血虱、虱蝇等寄生于羊毛或体表上引起的一种外寄生虫病。羊虱营终生寄生生活，其中毛虱以啮食毛及皮屑为生，颚虱和血虱以吸食羊的血液为生。临床以羊的痒感，蹭痒，不安，以及由此造成的皮肤损伤、脱毛、生产性能降低等为主要特征。

病原　病原为节肢动物门、昆虫纲。羊毛虱为食毛目、毛虱科，体长 0.5～1.0 毫米，体扁平，无翅，多扁而宽；头部钝圆，其宽度大于胸部，咀嚼式口器（图 2-79）；胸部分为前胸、中胸和后胸，中胸、后胸常有不同程度的愈合，头部侧面有触角一对，由 3～5 节组成；每一胸节上着生一对足；腹部由 11 节组成，但最后数节常变成生殖器。颚虱和血虱为虱目，分别属于颚虱科和血虱科，体背腹扁平，头部较胸部为窄，呈圆锥形；触角短，通常由五节组成；口器刺吸式，不吸血时缩入咽下的刺器囊内。胸部三节，有不同程度的愈合，足三对，粗短有力；腹部由九节组成。颚虱和血虱的区别为血虱属的腹部每节两侧有侧背片，而颚虱属则缺；血虱属每一腹节上有一列小刺，而颚虱属则有多列小毛。

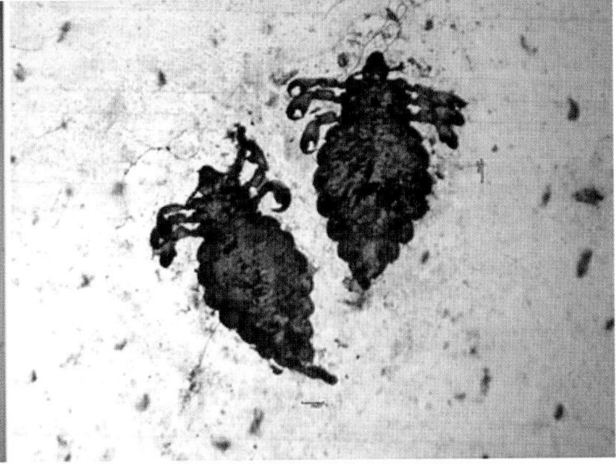

图 2-79　羊体寄生的羊虱：毛虱（左）和血虱（右）

流行特点　流行时间长，如果不采取防治措施，可全年带虫；但严重的发病时间在每年的 10 月至次年的 6 月。传播速度快，最初只是发现几只羊有症状，一个多月时间就能扩散到全群。绵羊、山羊的颚虱和毛虱均为混合感染，山羊比绵羊易感染。母羊在接羔时发生虱

病，虱子可迅速侵袭羔羊，感染率为100%，且感染强度大。深秋按操作规程选用有效药物药浴的羊或用驱杀内外寄生虫药的羊，羊虱病发生的时间要晚，否则相反。

症状 发病羊有痒感，表现不安，用嘴啃、蹄弹、腿挠解痒；在木桩、墙壁等处擦痒。严重感染时，可引起病羊脱毛、消瘦、发育不良。使其产毛、产绒、产肉、产奶等生产性能降低。羔羊感染时羊毛乱而无光泽，毛不顺，生长发育不良。由于羔羊经常舐吮患部和食入舍内的羊毛，可发生胃肠道毛球病。

病理变化 毛虱、颚虱、血虱等侵袭羊体后，造成皮肤局部损伤、水肿、皮肤肥厚，甚至还可进一步造成细菌感染，引起化脓、肿胀和发炎等，当幼虱大量侵袭羊体后，可形成恶性贫血。

诊断 根据查到的病原、流行病学调查和临床症状，在羊体表面发现虱或虱卵即可确诊。诊断虱病时应注意虱和形态相近虱蝇区别开来（图2－80）。虱蝇为刺吸口器，吸血为生。绵羊虱蝇比较常见，呈红褐色，离开宿主几天即不会存活；因能污染羊毛，使之售价降低从而造成重大经济损失。

图2－80 虱蝇

防治 本病宜采用个体治疗和全面预防相结合的方法进行。杀灭羊体上的虱可用长效伊维菌素按每千克体重0.2毫克皮下注射；或碘硝酚以每千克体重0.5毫升剂量皮下注射；或复方伊维菌素混悬液（双威），按每千克体重0.2毫克剂量口服；或用灭虱粉，个体治疗可把药粉在全身涂擦，适用于治疗羔羊虱病，防治全群羊时，可把药物均匀地撒在羊体上，剂量为每只羊10克，能达到羊体和羊舍同时杀虫；也可用除癞灵，全身涂擦法，可用木棍前端缠上纱布，蘸取除癞灵原液，分部位在羊体上从后向前擦10余次，每只羊用药12毫升左右。

第三章　羊普通病

一、羊口炎

口炎又名口疮，是口腔黏膜炎症的总称，包括舌炎、腭炎和齿龈炎。口炎类型较多，各种家畜都可发生，尤以羊多发，羔羊多见。

病因　主要是因机械损伤，例如：采食粗硬有芒刺的饲草（麦秸、玉米秸秆、向日葵头、狼针草等）、各种尖锐外物（如骨头、铁丝、碎玻璃、疫苗针头等），或误食了高浓度的刺激性药物（水合氯醛、醋酸、氨盐、酒石酸锑钾等），或有毒植物（毛茛科植物、白芥等）或者是维生素缺乏和不足而引起。采食冰冻、发霉的不良饲草料，牙齿磨面不正，也可引起本病的发生。

症状　病羊采食缓慢，食欲减少或拒食，口流灰白色恶臭黏液，颊部、齿龈、舌、咽等处发生假膜性炎症，或糜烂坏死溃疡；舌、齿龈易出血；颌下淋巴结及唾液腺呈轻度肿胀。有时体温升高。如不及时治疗，会因继发感染而死亡。

检查口腔，口黏膜发红、肿胀、增温、疼痛，有时可见创伤、水疱、溃疡和糜烂等。溃疡和糜烂有时遍及牙龈（图3－1、图3－2、图3－3）。临床上主要表现为流涎、采食、咀嚼困难。

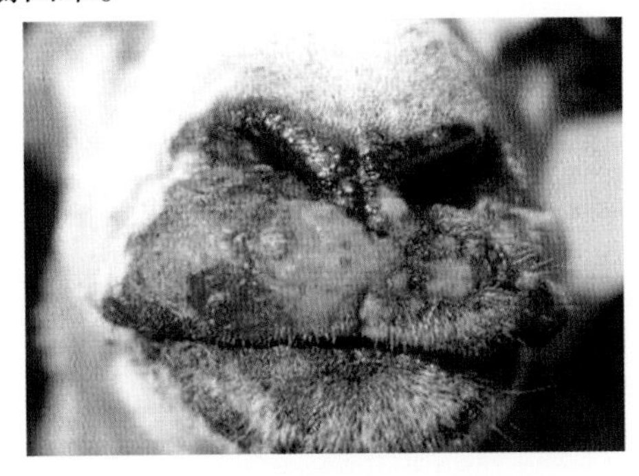

图3－1　羊口鼻周围的假膜性炎症
（引自吴树清）

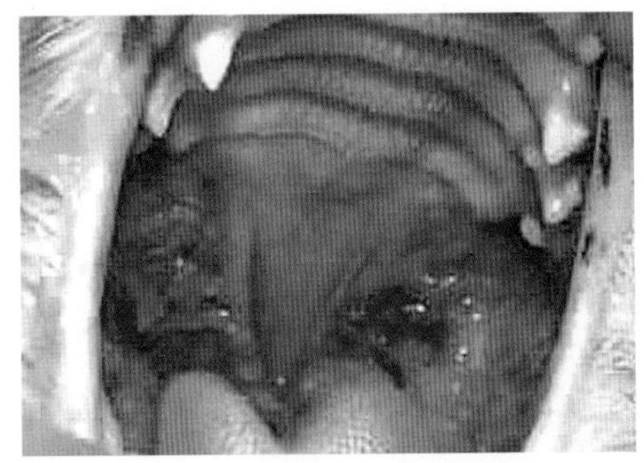

图3－2　患病羊的口腔黏膜发红
（引自吴树清）

诊断　患畜食欲减少或废绝，拒食粗硬饲草料，流涎，常选择植物的柔软部分，小心咀嚼，或略微咀嚼又从口中成团吐出。由于炎性的刺激，致唾液分泌增加，每次咀嚼时口角附着白色泡沫或有大量唾液呈丝状从口中流出。病羊常拒绝检查口腔，口腔黏膜充血、红肿、疼痛及口温升高，口腔恶臭是其共同的临床特征。

口炎发病原因比较复杂，若出现群发性的口腔炎症，就要考虑是否是传染病所致。首先

应立即采集口腔新鲜水泡皮，保存在50%甘油中，送当地动物疾病防控中心进行鉴别确诊，并做好相应的预防措施。

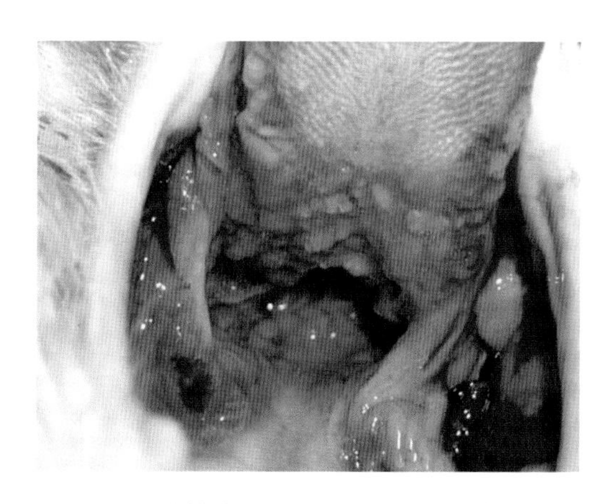

图3-3　患病羊的口腔充血、红肿（引自吴树清）

预防

（1）加强平时饲养管理，按照免疫程序，定期进行疫苗注射，合理调配饲草料，防止带刺异物、有毒植物混入饲料，不喂发霉、变质和冰冻的饲草料。

（2）严格按要求使用带有刺激性或腐蚀性药物。

（3）对羔羊的饲养要特别注意饲料质量，多喂柔软青嫩的牧草，适当补充多种维生素（特别是瘤胃消化功能尚未健全时应注意补充维生素B和维生素C）。

（4）定期检查口腔，牙齿不齐时及时修整。

（5）对饲槽用具、圈舍环境等处定期进行消毒，控制病原菌的繁殖，防止疫病的发生和流行。

治疗　消除病因如：拔出芒刺，除去锐齿，不喂霉败饲料，给易消化的饲料和清洁的饮水等。

（1）炎症初期，用0.1%雷佛诺尔或0.1%高锰酸钾溶液冲洗口腔，也可用20%盐水冲洗；发生糜烂及渗出时，可用2%的明矾液冲洗；口腔黏膜有溃疡时，可用碘甘油、5%碘酊、龙胆紫溶液冲洗，或用磺胺软膏、四环素软膏等涂布患处。

（2）如继发细菌感染，病羊体温升高时，可用青霉素40万~80万单位、链霉素100万单位肌肉注射，每天2次，连用3~5天，也可内服或注射磺胺类药物等。

二、羊食管阻塞

羊食管阻塞是羊食道因草料团或异物阻塞而引起吞咽障碍的一种急性疾病，俗称“草噎”。本病常发于舍饲育肥羊。

病因　主要是由于羊抢食、贪食一大口食物或异物，又未经咀嚼便囫囵吞下所致，或在垃圾堆放处放牧，羊采食了菜根、萝卜、塑料袋、地膜等阻塞性食物或异物而引起。继发性阻塞见于异食癖、食管狭窄、扩张、憩室、麻痹、痉挛及炎症等病程中。

症状　采食中突然发病，停止采食，惊恐不安，头颈伸展，空嚼吞咽，大量流涎，呼吸急促，当异物进入气管时还引起咳嗽、流泪。食管完全阻塞时，吞咽的饲料残渣、唾液等有时从鼻孔逆出，颈左侧食管沟阻塞上部呈圆桶状膨隆，触压有波动感（图3－4），若阻塞发生在颈部食管，可触到很硬的阻塞物，并易发瘤胃鼓气。不完全阻塞，则不见瘤胃鼓气。当用胃管探诊时，插到阻塞处，有抵抗感觉，如果强行插入，病羊有疼痛表现。向胃管灌水，能缓慢流入的为不完全阻塞，反之为完全阻塞。

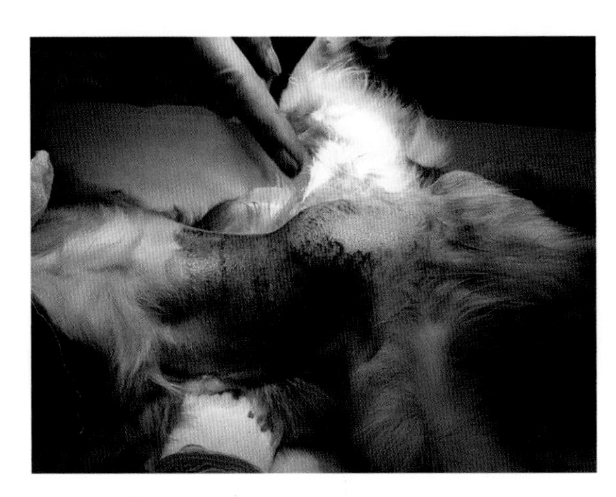

图3－4　食管阻塞羊的食道（引自吴树清）

诊断　依据胃管探诊和X射线检查可以确诊。若阻塞物部位在颈部，可用手触诊能摸到。

阻塞时如果鼻腔分泌物吸入气管还可引起异物性气管炎和异物性肺炎。咽炎、瘤胃臌胀和一些口腔疾病的临床症状与食管阻塞有相似之处，要鉴别诊断。

预防　加强管理，防止羊偷吃到未加工的块根饲料，补充维生素和微量元素添加剂，经常清理羊舍周围的废弃物，以消除隐患。

治疗　原则上是以解除阻塞、消除炎症、预防并发症的发生。该病一般情况下，排除阻塞物后症状立即消失，但羊常伴发急性瘤胃臌气，或引起窒息死亡。因而要尽早确诊，及时处理，降低死亡率。

（1）阻塞物如果是草料团，可将羊固定好，插胃管后用橡皮球吸水注入胃管，在阻塞物上部或前部软化，反复冲洗，边注入边吸出，反复操作，直到食管畅通。

（2）当阻塞物易碎、表面光滑且阻塞在颈部食道，可在阻塞物两侧垫上软垫，将一侧固定，在另一侧用木槌或拳头砸（用力要均匀）使其破碎后咽入瘤胃。

（3）当阻塞物在食管下部靠近贲门部位时，可用植物油或石蜡油30毫升通过胃管送到阻塞部位，静止10～12分钟，再把阻塞物推进瘤胃。如果阻塞物无法推进瘤胃，就要考虑实施食管切开术，取出阻塞物。若阻塞物为塑料制品（地膜、食品袋等），也要考虑手术取出，但预后多不良。

（4）当发生瘤胃臌气时，要及时放气，以免发生羊死亡。

三、羊前胃弛缓

前胃弛缓是指前胃（瘤胃、网胃和瓣胃）神经兴奋性降低，肌肉收缩和兴奋能力减弱，

饲料在前胃不能正常消化和向后移动，因而饲料在瘤胃中腐败分解，产生有毒物质引起消化机能障碍和全身机能紊乱的一种疾病。本病多见于山羊，绵羊较少发病。

病因　饲养管理不当是引起原发性前胃弛缓的主要诱因，例如：

（1）精饲料饲喂过多。

（2）食入过多不易消化的粗饲料。

（3）饲喂发霉、变质、冰冻的饲草料。

（4）饲料突然发生改变。

（5）维生素及微量元素、矿物质缺乏，特别是缺钙，易导致神经-体液调节机能紊乱。

（6）饲喂草料后，急赶急运动而使羊得不到休息和反刍。

（7）圈舍阴冷，长期缺乏光照、狭小和拥挤。

所有上述这些管理兼饲草料条件变化均足以严重破坏前胃的正常消化反射，导致前胃机能紊乱。

（8）继发性前胃弛缓通常被看成是其他疾病在临床上呈现的消化不良的一种综合症。常见于某些寄生虫病，例如：肝片吸虫、血孢子虫病等，以及一些传染病如：结核、布鲁氏菌病、传染性胸膜肺炎等。一些普通性疾病也可继发本病，如口炎、瘤胃臌气、创伤性网胃炎、肠胃炎、瓣胃阻塞、骨软症、酮病及齿病等。

症状　临床上以消化障碍、食欲降低、反刍减缓，胃蠕动减慢或停止为典型特征，严重时可造成家畜死亡。此病为反刍动物最常见的疾病之一，特别是舍饲状态下的育肥老羊发病率较高。

诊断　该病呈现急、慢性两种。

急性：食欲降低、反刍减少或消失，胃肠蠕动减慢，排出带有暗红色黏液的干燥粪便，精神沉郁，瘤胃内容物腐败发酵，气体大量增加，左腹膨隆，触诊有柔软感，体温、脉搏基本正常（图3-5）。瘤胃液酸度增高，pH值降至5.5以下，纤毛虫数量减少、活力降低，消化能力减弱。

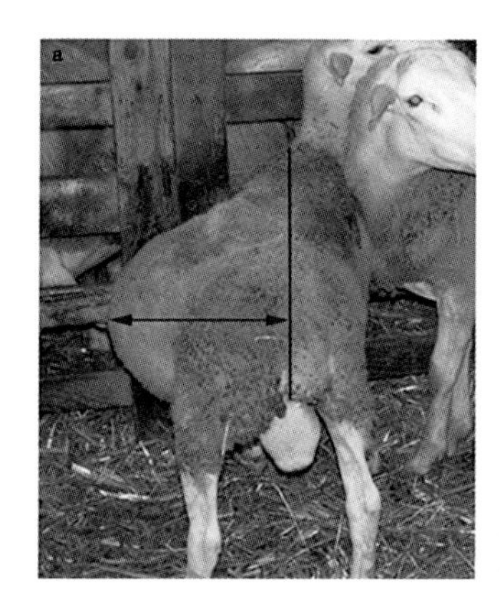

图3-5　前胃弛缓羊，左腹膨隆（引自马玉忠等，2009）

慢性：病程长，体况日渐消瘦，被毛粗乱，便秘、腹泻交替进行，病重的病羊出现全身反应，甚至引起死亡。

本病还应与创伤性网胃腹膜炎和瘤胃积食加以区别：创伤性网胃腹膜炎有姿势异常，体温升高现象，触诊网胃区出现疼痛反应。瘤胃积食有瘤胃内容物充满、坚硬的表现。

预防 预防本病加强饲养管理是关键。

（1）不饲喂腐败、变质、冰冻的饲料。

（2）配制全价日粮。

（3）羊进料要定时定量，以保证有充足的运动时间和休息时间。

治疗 原则为缓泻、止酵、促进瘤胃蠕动。

（1）疾病初期先禁食1～2天，每天按摩瘤胃数次，每次8～15分钟，并少量饲喂易消化的多汁饲料。

（2）瘤胃内容物过多时，投服缓泻剂，常用的有液体石蜡油100～200毫升或硫酸镁20～30克。

（3）为了促进瘤胃蠕动，增强神经兴奋性，皮下注射氨甲酰胆碱0.2～0.4毫克或毛果芸香碱5～10毫克，也可用大蒜酊20毫升、龙胆末10克、豆蔻酊10毫升，加水适量，一次口服。

（4）临床上证明静脉注射促反刍液（通常用5%氯化钠溶液150毫升，5%氯化钙溶液150毫升，安钠咖0.5克，1次静脉注射）或10%～20%的高渗盐水（0.1克/千克体重）内加10%安钠咖20毫升一次静脉注射也有良好的效果。

（5）当发生酸中毒时，静脉注射25%葡萄糖200～500毫升，碳酸氢钠溶液200毫升，或口服碳酸氢钠10～15克，但治疗效果不如静脉注射。

（6）中药可用党参、白术、陈皮、木香各15克，麦芽、健曲、生姜各30～45克，研末冲服。

四、羊瘤胃积食

瘤胃积食又称急性胃扩张，是由于采食多量难消化、易膨胀的精料或粗纤维饲料，致使瘤胃体积增大，胃壁扩张，运动机能紊乱，胃内容物滞留引起的一种严重消化不良性疾病。中兽医上称为“畜草不转”。本病以舍饲羊常发多见。

病因 瘤胃积食主要是过食所致，饲料的适口性太好也可引起。通常是采食过多难消化的粗纤维饲料或易膨胀的干饲料而引发本病。

运动过量或缺乏，体质虚弱，饮水不足，突然变换饲料等都是引起本病发生的诱因。

瓣胃阻塞、创伤性网胃炎、真胃炎等也可继发本病。

症状 以反刍、嗳气停止，瘤胃坚实，腹痛，瘤胃蠕动减弱或消失为典型特征。

诊断 根据过食病史常常可做出初步确诊。一般情况下表现为：发病急，病初食欲减退或废绝，反刍、嗳气减少或很快停止，患羊表现腹痛不安，努责，弓背，后蹄踏地或踢腹，瘤胃扩张（图3-6），腹部膨大，尤以左肷部明显。触诊瘤胃饱满、坚实有痛感。听诊初期瘤胃蠕动音增强，后期减弱或消失。呼吸困难，结膜发绀，心跳急促，排便不畅，初期排出少量干而色暗并带有黏液的粪便，偶尔亦可排出少量恶臭的稀便，尿少或无尿，体温多无太大变化。

过食豆谷类引起的瘤胃积食，通常呈急性，大量采食谷类饲料后，12小时就出现症状，而采食豆类饲料则需要48～72小时才出现临床症状。粪便中可发现未消化的豆谷颗粒。瘤胃听诊可听到潺潺的气体发生音，有时可出现腹泻或胃肠臌气，继而出现视力障碍，盲目直

走或转圈，严重者病羊狂躁不安，头顶墙壁或冲击人畜或嗜睡不起，出现严重的脱水、酸中毒是豆谷积食的主要特征，最后因窒息或心脏衰竭而死亡。

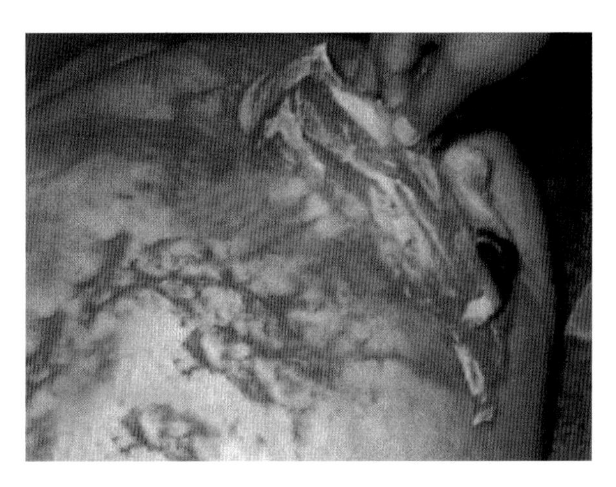

图3－6　瘤胃积食而导致的瘤胃扩张

轻型病例，甚至不加治疗可于1～2天康复。一般病程为7～10天，常有反复，时好时坏。若积食与弛缓合并发生往往呈慢性经过。急性病例12小时左右就出现症状，24～72小时死亡率最高。6～10天内没有任何好转的征兆甚至病情有急性发展等往往预后不良，如果出现食欲，反刍和瘤胃蠕动并有嗳气和粪便排出，表示病情好转。

预防　加强饲养管理，防止过量采食，合理放牧。

治疗　以排出瘤胃内容物，止酵，防止自体中毒和提高瘤胃兴奋性为原则。

（1）病情较轻的可禁食1～2天，勤喝水，经常按摩瘤胃，每次10～15分钟，可自愈。如能结合按摩并灌服大量温水则效果更好。

（2）消导下泻可用盐类和油类泻剂混合后灌服，通常使用的有硫酸镁或硫酸钠50克、石蜡油80～100毫升，加水溶解后一次内服。

（3）止酵防腐，可用来苏尔3毫升或福尔马林1～3毫升或鱼石脂1～3克，加水适量内服。

（4）促进瘤胃蠕动可静脉注射10%盐水100～200毫升或促反刍液200毫升，有良好效果。

（5）发生酸中毒时，可用5%碳酸氢钠溶液100毫升，5%葡萄糖溶液200毫升，静脉注射。

（6）发生心衰时，用10%安钠咖5毫升或10%樟脑磺酸钠4毫升，肌肉注射。

积食严重时，需采取手术措施，取出瘤胃内容物，同时静脉注射抗生素（青霉素钠）和糖盐水，防止继发感染。

五、羊瘤胃臌胀

瘤胃臌胀又称为瘤胃臌气，是羊采食了大量易发酵的饲草料，在瘤胃微生物的参与下过度发酵，迅速产生大量气体，机体对气体的吸收与排出发生障碍，致瘤胃容积急剧增大，胃壁发生急剧扩张而引起反刍、嗳气障碍及消化系统机能紊乱的一种常见疾病。本病绵羊多发，山羊少见。

病因 原发性瘤胃臌胀主要是在牧草丰盛的季节，羊采食了大量易发酵的饲草料或霜冻季节采食了带霜的青绿饲料及霉败、变质的青贮饲料、有毒植物、豆类等，在短时间内形成大量气体造成瘤胃内气体的生成和气体嗳出的不平衡状态，在一定时间内导致瘤胃内气体积聚过多，引起本病的发生（图 3－7）。

图 3－7　因瘤胃臌胀而死亡的羊（引自吴树清）

继发性瘤胃臌胀主要是食管阻塞、前胃弛缓、创伤性网胃炎及真胃积食等疾病过程中，由于嗳气障碍而继发本病。

症状 急性瘤胃臌气初期，病羊表现不安，回头顾腹，弓背伸腰，肷窝突起，有时左肷向外突出高于髋结节或中背线。反刍和嗳气停止。触诊腹部有弹性，叩诊呈鼓音。听诊瘤胃蠕动音减弱。黏膜发绀，心律增快，呼吸困难，严重者张口呼吸，步态不稳，卧地不起，如不及时抢救，会迅整发生窒息或心脏麻痹而死亡。

诊断

（1）原发性瘤胃臌胀：发病迅速，常于采食易发酵饲草料后 15～30 分钟出现臌气，很快伴有精神委靡，食欲废绝，反刍、嗳气停止，左腹部急剧膨胀，严重时高过脊背，腹壁紧张，触诊有弹性，叩诊呈鼓音或金属音，听诊瘤胃蠕动音初期增强，以后逐渐减弱至停止，体温正常，呼吸急促，可视黏膜发绀，运动失调，最后倒地呻吟而死。

（2）泡沫性瘤胃臌胀：表现为张口流涎，常有泡沫状唾液从口腔中溢出或喷出，臌胀发展非常迅速，病症严重，发病几小时就可引起窒息死亡。非泡沫性瘤胃鼓气通过胃管或放气针可从胃内排出大量酸臭气体，膨胀显著减轻，而泡沫性瘤胃臌胀仅排出少量气体，或间断性的向外排气，常常堵塞放气针头，膨胀减轻不明显，病程往往预后不良。

（3）继发性瘤胃臌胀：多由继发性疾病发展而来，病程发展缓慢，常在采食或饮水后反复发生，病畜逐渐消瘦，常出现间歇性腹泻和便秘。以非泡沫性瘤胃臌胀居多，治疗多愈后不良。

预防 加强饲养管理，牧草茂盛时，严格控制饲草饲喂量，特别是优质牧草。平时不喂腐败、变质的青贮饲料，控制发酵饲料的采食量，更换饲料时要渐次进行。

治疗　本病的治疗原则就是排气减压，消除病因，恢复前胃机能。

（1）病初或轻症病羊，先进行瘤胃按摩，促进瘤胃蠕动、嗳气，并将病羊头抬高，帮助瘤胃内气体排出，同时灌服一些消气健胃的药物（来苏尔3毫升、福尔马林1～3毫升或鱼石脂1～3克，加水适量内服；消气健胃散100～200克/次，一日1剂，开水冲调，候温加食油灌服。三天为一疗程）。

（2）重症病羊，要立即采取急救措施，用套管针或胃导管排气、放气。具体方法在左肷部膨胀的最高点或左侧髋关节与最后肋骨连线的中点用套管针穿刺放气，放气速度不要太快，以防大脑贫血和昏迷。放气后可通过针管投入药物，胃导管通过口腔进入瘤胃放气、投药（主要投一些消气止酵，防止窒息，对症治疗的药物）。

（3）对采食腐败饲料引起该病的病羊，同时可服泻下剂，如硫酸钠30～50克、鱼石脂10～20克、干姜末3～4克，温水混合，一次灌服。

（4）对于泡沫性瘤胃臌胀以消胀为目的：宜内服表面活性剂药物如：二甲基硅油0.5～1克；消胀片（含二甲基硅油25毫克，氢氧化铝40毫克）25～50片/次；松节油10毫升，液体石蜡30毫升，加适量的水一起内服。

六、羊创伤性网胃—腹膜炎

创伤性网胃—腹膜炎是由于混杂在饲料内的金属异物被反刍动物采食吞咽落入网胃，而导致急性或慢性前胃弛缓，瘤胃反复膨胀，消化不良等，同时因金属异物极易穿透网胃刺伤膈和腹膜，而引起急性弥漫性或慢性局限性网胃、腹膜的炎症（图3－8），或继发创伤性心包炎。在集约化饲养的条件下，该病易发。

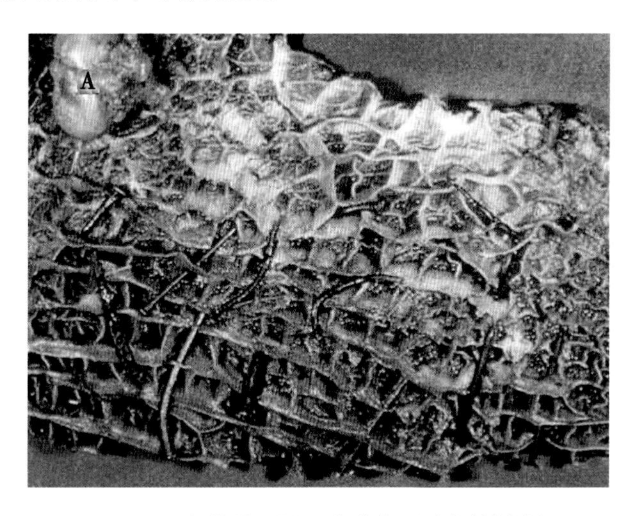

图3－8　创伤性网胃—腹膜炎（引自吴树清）

病因　该病的发生主要是羊误食了混在饲料中的尖锐金属异物，如铁丝、钢丝、卡子、针头或其他金属片等，从屠宰场现场调查证明，许多生前临床上表现正常的健康动物，网胃中可能发现各种各样的金属异物，但多数不引起网胃壁的损伤，最多导致前胃弛缓。但个别金属异物在网胃的收缩过程中，会刺破胃壁引起损伤和发生炎症，当异物穿透横膈膜刺入心包后，就会发生心包炎，当异物穿透胃壁损伤肝、脾等脏器时，可引起腹膜炎和脏器的化脓性炎症。

症状 本病发病初期临床症状表现不明显，随着病程的加长，病羊开始表现出食欲不振，精神委靡，反刍减少，瘤胃蠕动减弱或停止，持续性臌气，排粪减少，粪便干燥，常覆盖一层黏稠的黏液，有时可发现潜血。用手冲击网胃区及心区，或用拳头顶压剑状软骨区时，病畜表现疼痛、呻吟、躲闪。站立时，肘关节外展，不愿意走下坡路或急转弯，体温一般无异常，但个别略有升高。当发生创伤性心包炎时，体温急剧升高、心跳加快，颈静脉扩张，颌下、胸前区出现水肿。听诊，心浊音区扩大，有心包摩擦音和排水音。病情严重时，常发生腹膜粘连、心包化脓和脓毒败血症。急性病例初期血液检查，白细胞总数每立方毫米高达14 000～20 000个，白细胞分类初期核左移，嗜中性白细胞高达70%，淋巴细胞则降至30%左右。

诊断 根据临床症状和病史，结合进行金属探测仪及X光透视拍片检查，确诊本病并不困难。

金属探测器检查对网胃和心包内金属异物可获得阳性结果，但对胃内的游离异物难以鉴别，因为凡是探测阳性者未必已造成穿孔；而其他非金属的尖锐物也可造成穿孔，但探测结果阴性。因而它必须结合病情分析才具有实际临床诊断意义，或与X光结合进行可弥补二者的不足。

腹腔穿刺检查。当创伤性网胃—腹膜炎时，腹腔穿刺液能在15～20分钟内凝固，李瓦氏实验阳性。并在显微镜下发现大量白细胞和红细胞，但必须与其他原因的腹膜炎相区别。

预防 加强饲养管理，经常清除饲草料中的金属异物，有条件的牧场应在饲草料加工设备出口处安放磁铁以清除异物，不要在场内乱丢各种铁丝、金属异物等，免疫注射或治疗后一定要注意收集不用的针头，放到指定的垃圾点进行处理。严格禁止危险的金属异物存放在圈舍或饲料加工场所；饲养员禁止佩戴尖锐饰品。

治疗 主要是保守疗法，疾病初期，尽量减少活动或放牧，减少草料饲喂量，以降低腹腔脏器对网胃的压力，必要时采取消炎措施如青、链霉素肌肉注射，剂量为青霉素80万单位，链霉素0.5克，1次/日，疗程一周。

另外常用的治疗法还有站台疗法，将病畜放在一个站台上，使其前躯升高，以减轻网胃承受的压力，促使异物由胃壁退回，有一定的疗效。

病情严重时，可进行瘤胃切开术取出异物，它被认为是治疗本病的一种有效方法，但治疗成本高。因而可根据羊的经济价值选择进行手术或淘汰。

七、羊皱胃阻塞

皱胃阻塞又称为皱胃积食，是由于迷走神经调节机能紊乱或受损，导致皱胃内积满大量食糜，致使胃壁扩张，体积增大而形成阻塞（图3－9）的一种疾病，同时它可继发瓣胃秘结，引起消化机能极度障碍，瘤胃积液，自体中毒和脱水的严重病理过程，常常导致病畜死亡。

病因 原发性皱胃阻塞的根本原因是饲养管理不当造成的，在北方各省每年的冬、春季节，青绿饲草缺乏，长期饲喂谷草、麦秸、玉米秸秆再加谷物精料，同时饮水不足，极易引起本病的发生。

此外由于消化机能和代谢机能紊乱，发生异嗜，舔食砂石、水泥、毛球、麻线、破布、木屑、刨花、塑料薄膜甚至食入胎盘而引起机械性皱胃阻塞。

继发性皱胃阻塞主要是由前胃弛缓、创伤性网胃炎、皱胃炎、皱胃溃疡、小肠秘结等疾病引起。

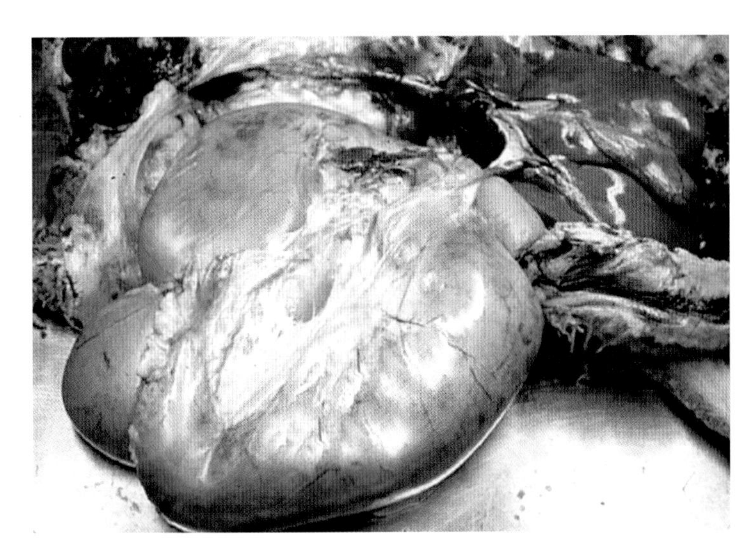

图 3-9　皱胃阻塞（引自马玉忠等，2009）

症状　该病发展较慢，初期主要表现出前胃弛缓的症状，具体为食欲减退或不食，反刍减少，部分病羊喜饮水；瘤胃蠕动音减弱，腹围变化不明显，尿量减少，粪便干燥。

随着病情的不断发展，病羊精神委靡，鼻镜干燥或干裂，食欲废绝，反刍停止，腹围明显增大，瘤胃蠕动音消失，肠音微弱，经常出现排粪姿势，但排出的粪便稀少、糊状、有恶臭味儿，并混杂少量黏液或紫黑色血丝和血凝块。

当瘤胃大量积液时，冲击式触诊呈现波动或有水响音。按压右侧中下腹部肋骨弓的后下方皱胃区，病羊表现不安，并触到皱胃体积增大而坚硬，若采取皱胃内容物检测 pH 值为 1～4，呈酸性。

诊断　根据病羊的临床症状，以及触诊可以诊断此病。

皱胃阻塞的临床病症与前胃疾病，皱胃或肠变位的症状有很多相似之处，临床上往往误诊，应加以鉴别。

前胃弛缓：右腹部皱胃区往往不隆起，听诊、叩诊没有钢管叩击声。

皱胃变位：瘤胃蠕动音虽然低沉但不消失。并且从左腹肋到肘后水平线位置，可以听到由皱胃发出的一种高朗的玎玲音，或潺潺的流水音。

肠扭转：病畜有明显的肚腹疼痛表现。

预防　加强饲养管理是预防本病的关键。羊群要定时定量饲喂饲草料，提供优质牧草，保证充足清洁的饮水，并供给全价饲料。

治疗　本病治疗原则为消积化滞，促进皱胃内容物排除，防止脱水和酸中毒。

（1）疾病早期，可用25%硫酸镁溶液50毫升、甘油30毫升、生理盐水100毫升，注入皱胃中，注射部位在皱胃区，右腹下肋骨弓处胃体凸起的部位。注射8～10小时后，用吡噻可灵2毫升，皮下注射，效果明显。

（2）疾病发展到中期时主要以改善神经调节功能，提高胃肠运动机能，强心补液为主，同时为了防止继发感染还可使用一些抗生素，具体可用10%氯化钠注射液20毫升，20%安钠咖注射液3毫升，静脉注射。维生素C 10毫升，肌肉注射。

（3）到了后期为了防止脱水和自体中毒，主要以补液为主，5%葡萄糖生理盐水500毫升，20%安钠咖注射液3毫升，40%乌洛托品注射液3毫升，静脉滴注。

（4）中药治疗：

加味大承气汤：大黄8克、厚补3克、枳实8克、芒硝40克、莱菔子12克、生姜12克，水煎，候温，一次灌服。或大黄、郁李仁各8克、牡丹皮、川楝子、桃仁、白芍、蒲公英、双花各10克、当归12克，一次煎服，连服3剂。

皱胃阻塞药物治疗往往疗效不佳，必要时需进行瘤胃切开术，取出阻塞物，冲洗瓣胃和皱胃，达到治疗目的。

八、羊胃肠炎

胃肠炎是指发生在动物真胃和肠黏膜及其深层组织的炎性病变。临床上很多胃炎和肠炎往往相伴发生，故合称为胃肠炎。

病因　原发性胃肠炎主要是饲养管理不当所致。

（1）饲喂霉败饲料或不洁的饮水。

（2）采食了蓖麻、巴豆等有毒植物。

（3）误咽了酸、碱、砷、汞、铅、磷等有强烈刺激或腐蚀的化学物质。

（4）食入了尖锐的异物损伤胃肠黏膜后被链球菌、金色葡萄球菌等化脓菌感染而导致胃肠炎的发生。

（5）畜舍阴暗潮湿，卫生条件差，气候骤变，车船运输，过劳，过度紧张，动物机体处于应激状态，容易受到致病因素侵害，致使胃肠炎的发生。

（6）此外滥用抗生素，一方面细菌产生抗药性，另一方面在用药过程中造成肠道的菌群失调引起二重感染，引起胃肠炎。

继发性胃肠炎：主要见于急性胃肠卡他、肠便秘、肠变位、幼畜消化不良、化脓性子宫炎、瘤胃炎、创伤性网胃炎、炭疽、病毒性肠炎及大肠杆菌病等。

症状　临床上多以消化功能紊乱、发热、腹痛、腹泻和自体中毒为典型特征，胃肠道主要出现淤血、出血、化脓、坏死等病理变化（图3－10）。

诊断　发病初期病羊主要表现消化不良，精神沉郁、口渴喜水，食欲及反刍减少至废绝，腹痛，肠蠕动音由渐强到渐弱甚至消失。后期出现剧烈腹泻，粪便呈水样，恶臭，并混有黏液，有时还夹杂血液，病至后期，肛门松弛，排粪失禁。病羊肢体消瘦，皮肤弹性减退，血液浓稠，尿量减少。随着病情恶化，病畜体温降至正常温度以下，四肢厥冷，出冷汗，脉搏微弱甚至脉不感手，出现脱水症状，当肠内发酵及腐败物被吸收时，机体出现中毒现象，精神高度沉郁甚至昏睡或昏迷直至死亡。

预防　加强饲养管理是防止本病发生的关键，坚决杜绝饲喂发霉、变质的饲草料，不喂冰冻、有毒饲料，饮用水要清洁，发现病羊及时隔离治疗、淘汰，可有效防止疾病蔓延。

治疗 该病治疗原则为清理胃肠道，消炎灭菌，止泻，补液解毒。

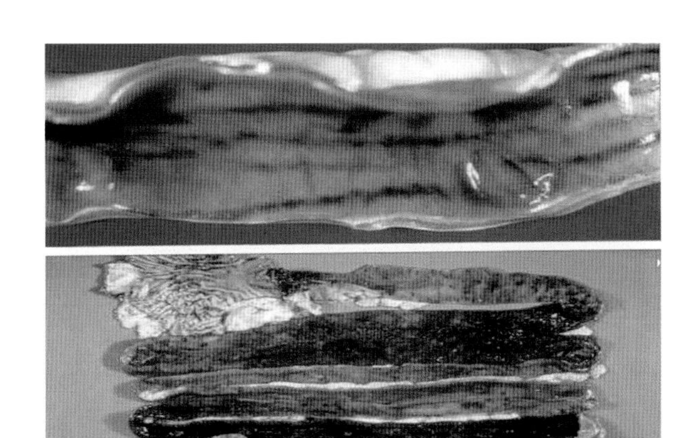

图 3-10 典型出血性胃肠炎的肠道变化（引自吴树清）

（1）石蜡油 50～100 毫升或菜油 100～200 毫升，灌服。以清除肠道内有毒物质。

（2）抗菌消炎①诺氟沙星（氟哌酸）10 毫克/千克体重，2 次/日，连用 3～5 天或乳酸环丙沙星注射液，2.5～5 毫克/千克体重，肌注。② 盐酸黄连素片 0.2～0.5 克，口服，3～5 天为一疗程。③ 庆大霉素 20 万单位，肌内注射，2 次/日，连用 3～5 天。

（3）补液，为防止脱水要进行补液，复方氯化钠注射液或 5% 葡萄糖注射液 300～500 毫升，静注，或 10% 樟脑磺酸钠 4 毫升，维生素 C 100 毫克，混合溶解后，静脉注射，1 次/日。

（4）解毒，当发生自体中毒时，要进行解毒，25% 葡萄糖注射液 200 毫升、5% 碳酸氢钠 50～100 毫升、40% 乌洛托品 10 毫升，混合后静注，1 次/日。

（5）当病畜粪稀如水，频泻不止，腥臭气不大，不带黏液时，应止泻。可用药用炭 10～25 克加适量常水，内服；或者用鞣酸蛋白 2～5 克、碳酸氢钠 5～8 克，加水适量，内服。

（6）中药，黄连 4 克、黄芩、黄柏各 10 克，白头翁、砂仁各 6 克，枳壳、茯苓、泽泻各 9 克，水煎去渣，候温灌服。

九、羊吸入性肺炎

吸入性肺炎是羊将异物吸入肺部从而引起肺局部坏死、分解形成所谓坏疽的一种病症。因而该病又称为异物性肺炎或坏疽性肺炎。

病因 本病多因吸入或误咽入呼吸道中的异物：如小块的饲料、黏液、血液、脓液、呕吐物以及反刍物和其他异物所引起。

投药方法不得当是引起该病的主要原因之一，如投药时，头抬得过高，速度过快，造成吞咽困难，使药物误入气管引起发病。

一些羊吞咽功能失调时也可引起吸入性肺炎，而当有些羊患急性咽炎或咽区脓肿等疾患时，若试图采食和饮水，极易将异物吸入呼吸道引起发病。

肺坏疽也发生于由尖锐物体引起的肺组织创伤，如：肋骨骨折、外伤以及发生在吞咽尖锐的物体（钉、针）时尖锐外物经创伤侵入肺组织，同时带入腐败细菌等而发生肺坏疽。

此外，药浴驱虫时，如果操作不当，药液吸入气管，投药管投错部位等均可引起本病的发生。

症状 在临床上主要以呼吸困难、呼出恶臭气体，流脓性味臭的鼻液（图 3－11）、听诊出现明显啰音为典型特征。

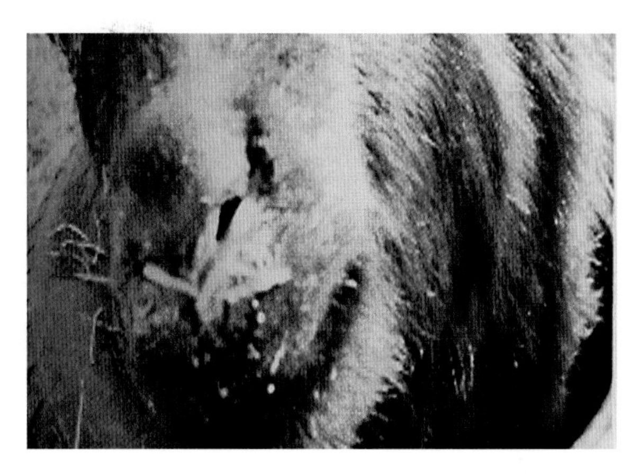

图 3－11 肺炎羊鼻孔流有脓性分泌物（引自马玉忠等，2009）

诊断 发病急促，体温迅速升高，达 40℃，为弛张热。呼吸困难，脉搏增速，呈腹式呼吸，痛性咳嗽，初期干咳，随着病情的发展转变为湿咳。病羊精神沉郁，食欲减退或废绝。肺部听诊有明显湿啰音，叩诊肺区呈浊音。

鼻腔流出浆液性或黏脓性鼻液，当发生肺坏疽时，呼出的气体恶臭，是本病的主要特征之一，并流出恶臭而污秽的鼻液，呈褐灰带红或污绿色，当羊低头或咳嗽时大量流出，将其收入到大玻璃试管中可分为三层，上层为黏液性的，有气泡；中层是浆液性的并含有絮状物；下层为脓液，混有很多小的或大的肺组织碎快。有时可见吸入的异物。将流出的液体混于 10% 氢氧化钠溶液，煮沸后离心，把沉淀物进行镜检，可看到肺组织内的弹力纤维，是本病的又一特征。

血液检查时，白细胞总数增多（1.5～2）$\times 10^{10}$ 个/升，嗜中性粒细胞增加，核左移。而到后期发展为脓毒血症时，由于影响了造血器官而引起白细胞下降，核右移。

X 光检查，可见到被浸润组织轻微局限性阴影。

预防 由于该病发病急、病死率高，所以要以预防为主。

（1）正确掌握投药方法，投药时要确定胃管进入胃部，方可灌入药液。对有呼吸困难、吞咽障碍病症的患羊，不要经口投药。

（2）经口投药或灌油时，尽量放低头部，速度要缓慢，药量要控制在一定范围，保证羊能一次下咽，不得呛入气管。

（3）绵羊药浴时，药浴池要规范，药液不能太深，头在药液中的时间不易过长，以防吸入药液。

治疗 以排出异物、抗菌消炎、防止肺组织腐败分解及对症治疗为主要治疗原则。

（1）使羊保持安静，尽量站在高坡上头向下低，尽最大可能咳出吸入的异物。同时反复注射兴奋呼吸的药物如樟脑制剂。每4～6小时一次并及时注射2%盐酸毛果芸香碱，使气管分泌物增加，促使异物的排出。

（2）不论吸入的是什么异物，都要立即应用抗菌素，常用的有青霉素80万～160万单位，链霉素0.5～1克，肌注2～3次/日，连用5～7天。也可用10%磺胺嘧啶钠注射液20～50毫升，混于500毫升糖盐水中，静注2次/日，连用5～7天。

（3）在治疗过程中还要根据病羊的实际进行对症下药，为增强心脏功能而使用樟脑磺酸钠5～10毫升，皮下或肌肉注射，连用几日。

（4）对症治疗还包括解热镇痛、调节酸碱和电解质平衡、补充能量等。

十、羊酮病

酮病又称酮尿病、酮血病、绵羊妊娠病、双羔病，是由于体内碳水化合物及挥发性脂肪酸代谢紊乱，而引起全身性功能失调的一种代谢性疾病，其主要特征为血液、乳汁、尿中酮体含量增高，血糖浓度降低，消化功能紊乱，机体消瘦，有时还有神经症状，该病多见于营养好的母羊、高产母羊及妊娠羊，死亡率高。

病因　反刍动物的能量和葡萄糖，主要来自瘤胃微生物酵解大量纤维素生成的挥发性脂肪酸（主要是丙酸）经糖异生途径转化为葡萄糖，凡是引起瘤胃内丙酸生成减少的因素，都可引起酮病发生。

酮病的形成受两种饲养条件支配。一种是采食高蛋白和高脂肪饲料，而碳水化合物饲料供应不足。另一种情况是采食低蛋白和低脂肪饲料，而碳水化合物饲料也明显感到不足。不论那一种情况均可引起羊的酮病发生。

另外，因丙酸经糖异生合成葡萄糖必须有维生素 B_{12} 参与，当动物微量元素钴缺乏时，直接影响瘤胃微生物合成维生素 B_{12}，也可影响前胃消化功能，导致酮病产生。

肝脏是反刍动物糖异生的主要场所，肝脏原发性或继发性疾病，都可能影响糖异生作用而诱发酮病。

创伤性网胃炎，前胃弛缓，真胃溃疡，子宫内膜炎，胎衣滞留，产后瘫痪及饲料中毒等均可导致消化机能减退，也是酮病的继发原因。

症状　本病在临床上表现为，食欲减退，前胃蠕动减弱，消化不良，便秘、腹泻交替进行。可视黏膜苍白或黄染。病初呈现兴奋不安，磨牙，颈肩部肌肉痉挛，随后出现站立不稳或站立不起，对外界刺激缺乏反应，呈半昏睡状（图3－12）。体温稍低于正常，脉搏、呼吸数减少。呼出的气体及排出的尿液和分泌的乳汁由于含有酮体而发出丙酮气味或烂苹果味，此项具有一定的诊断意义。尿液易形成泡沫，pH值下降，应用亚硝基铁氰化钠法检验尿液，呈现阳性。

诊断　临床表现通常很不一致，单独从现场做出诊断比较困难，根据饲养特点、产羔时间（分娩前10～20天多发），结合临床症状及血酮、尿酮、血糖等测定结果可以确诊。葡萄糖的特异性治疗反应可以证实本病的诊断。

血液检查表现为血糖浓度降低，从正常的3.33～4.99毫摩尔/升降到0.14毫摩尔/升，血清酮体浓度可从正常的5.85毫摩尔/升升高到547毫摩尔/升，β-羟丁酸从正常的（0.47±0.06）毫摩尔/升高到8.50毫摩尔/升。

预防 加强饲养管理，特别是妊娠母羊后期的饲养管理，日粮搭配要合理，提供营养全面且富含维生素和微量元素的全价饲料。孕羊产前圈舍加强防寒措施，注意保温，分娩前母羊要适当运动。

图 3－12 酮病羊（引自马玉忠等，2009）

治疗

（1）补糖。50%葡萄糖100毫升 静脉注射，对大多数患畜有明显效果。但须重复注射，否则有复发的可能。25%葡萄糖100～200毫升，5%碳酸氢钠液100毫升，静脉注射，连用3～5天。必须注意的是口服补糖效果很小或无效，因为反刍动物瘤胃中的微生物使糖分解生成挥发性脂肪酸，其中丙酸量很少，因此治疗意义不大。

（2）丙酸钠20～60克，内服，2次/天，连用5～6天，也可用乳酸钠，乳酸钙、乳酸氨，这些药物都是葡萄糖前体，有生糖作用。

（3）丙二醇或甘油拌料也有好的治疗效果，一天两次。每次50克，连用2天，随后每天一次，用量减半。

（4）尽快解除酸中毒，口服碳酸氢钠20克，一天两次，或5%碳酸氢钠液100～150毫升，静脉注射。

（5）肌肉注射氢化泼尼松75毫克和地塞米松25毫克，并结合静脉补糖，其成活率可达85%以上。

（6）加强对病羊的护理，适当减少精料的饲喂量，增喂碳水化合物和富含维生素的饲料。适当运动，增强胃肠消化功能。

十一、羊佝偻病

佝偻病是处在生长期的羔羊由于维生素D和钙、磷缺乏或饲料中钙、磷比例不合理引起的一种慢性骨营养不良的代谢性疾病。其特点是生长骨骼钙化不全，软骨持久性肥大，骺端软骨增大和骨骼弯曲变形。

病因

（1）维生素D缺乏：快速生长中的羔羊当阳光照射不足或其他原因造成维生素D缺乏导致钙磷吸收障碍，即使饲料中有充足的钙磷，也可酿成本病的发生。

（2）钙、磷缺乏或饲料中钙、磷比例失调也容易引起佝偻病的发生，一般情况下只要有足够的维生素 D，饲料中钙磷含量和比例稍有偏差时不会造成佝偻病，只有维生素 D 缺乏或处在生理需要临界线时，钙磷含量和比例出现偏差，或幼畜生长速度过快，则可发生佝偻病。

（3）羔羊出现消化紊乱时，就会影响钙、磷及维生素 D 的吸收，内分泌腺的机能紊乱，影响了钙的代谢。这也是佝偻病发生的主要原因之一。

症状　临床上以消化紊乱、异食癖、肋骨下端出现佝偻病性念珠状物，跛行，四肢呈罗圈腿或八字形外展为主要症状。

诊断　病羔食欲不振，消化不良，精神沉郁。出现异食癖，经常见啃食泥土、砂石、毛发、粪便，生长发育非常缓慢或停滞不前。机体消瘦，站立困难，经常卧地，不愿行走。下颌骨肥厚，牙齿钙化不足，排列不整，齿面凸凹不平，管状骨及扁骨的形态渐次发生变化，关节肿胀，肋骨下端出现佝偻病性念珠状物。膨起部分在初期有明显疼痛。跛行，四肢可能呈罗圈腿或八字形外展状，运动时易发生骨折（图 3－13、图 3－14）。病情严重的羔羊，口腔不能闭合，舌突出、流涎，不能正常进食，有时还出现咳嗽、腹泻、呼吸困难和贫血，瘫痪在地。X 光检查证明骨髓变宽和不规则。

图 3－13　患羊跛行，四肢呈八字形外展状（引自马玉忠等，2009）

预防　本病的发生主要是饲料中钙、磷缺乏或比例不当或维生素 D 缺乏造成的，所以羊舍应该通风良好，有日光照射，羔羊要有足够的户外活动，饲养上注意给予青嫩草料，日粮内的钙磷比例要适宜。并且要供给富含维生素 D 的饲料，例如鱼粉、青干草等，这些都有助于防止羔羊佝偻病的发生。

治疗　维生素 D 制剂是治疗本病的主要药物。

（1）维丁胶性钙 1～2 毫升，肌肉注射。

（2）维生素 D_2 注射液（40 万单位/毫升）0.2～0.5 毫升，内服或肌肉注射。

（3）用含维生素 A 和 D 的鱼肝油制剂进行治疗。羔羊每日内服含维生素 A 10 000单位与维生素 $D_2$1 000单位的鱼肝油丸 3～5 粒，连续 10～20 天。或用维生素 A、D 注射液肌肉注射。

图 3－14　佝偻病羊四肢呈罗圈腿，运动时易发生骨折（引自马玉忠等，2009）

十二、羔羊白肌病

羔羊白肌病又称为肌营养不良症，是伴有骨骼肌和心肌变性，并发生运动障碍和急性心肌坏死的一种微量元素缺乏症。

病因　本病的发生主要是饲料中硒和维生素 E 缺乏或不足，或饲料内钴、锌、铜、锰等微量元素含量过高而影响动物对硒的吸收。当饲料、牧草内硒的含量低于 0.03 毫克/千克时，就可发生硒缺乏症。

维生素 E 是一种天然的抗氧化剂，当饲料保存条件不好，高温、湿度过大、淋雨或暴晒，以及存放过久，酸败变质，则维生素 E 很容易被分解破坏。试验证明在酸性土壤中，农作物、牧草对硒的利用率很低，含量很少，羔羊发病率很高。现在已经发现动物缺硒的地理分布比较规律，一般在北纬 35～60°，我国动物缺硒病分布在黑龙江到四川的大面积缺硒地带。

症状　临床上以病羊弓背，四肢无力，行动困难，喜卧等为主要症状，死后剖检，骨骼肌、心肌苍白为典型特征。本病于秋冬、冬春气候骤变，青绿饲料缺乏时多发生。

诊断　羔羊多在出生数周或 2 月后出现病症。临床上主要表现为精神委靡，运动障碍，站立困难，卧地不起，站立时肌肉抖颤，严重的一出生就全身衰弱，不能自行起立（图 3－15）。营养状况较差，但也有营养良好的羔羊发病，食欲逐渐减退至废绝。体温多呈正常状态，心动加速，每分钟可达 200 次以上，呼吸浅而快，达 80～90 次/分钟。尿呈淡红、红褐色，尿中含有蛋白质和糖。有的发生结膜炎，角膜混浊，软化甚至失明。但出现其他病症时，体温会升高至 41℃左右。心区听诊可听到有间歇，节律不齐，有些病羔有舒张期杂音。少数病例伴发下痢。还有些病羊不表现临床症状，在放牧或采食时突然倒地死亡。

剖检可见骨骼肌、心肌、肝脏发生变性为主要特征。常受害的骨骼肌为腰、背、臀的肌肉，病变部肌肉色淡，像煮过似的，呈灰黄色、黄白色的点状、条状、片状等，断面有灰白色、淡黄色斑纹，质地变脆、变软（图 3－16），故得名白肌病。

此病常呈地方性流行，特点为群发，3～5 周龄的羔羊最易患病，死亡率有时高达 40%～60%。生长发育越快的羔羊，易发病，且死亡越快。

预防　加强饲养管理，特别是妊娠母畜的饲养管理，提供优质的豆科牧草，并在产羔前补充微量元素硒、维生素 E 等。

图 3－15　患病弓背，四肢无力
（引自马玉忠等，2009）

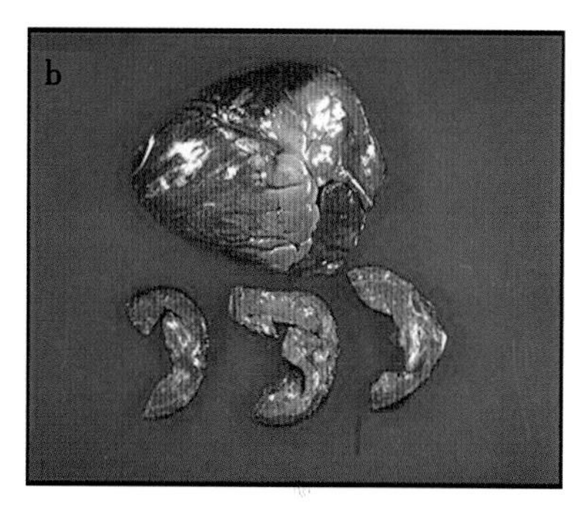

图 3－16　病变肌肉色淡，像煮过一样，质地变脆变软
（引自马玉忠等，2009）

治疗　0.2%亚硒酸钠注射液 2 毫升，肌肉注射，1 次/月，连续应用 2 个月。同时辅助应用氯化钴 3 毫克、硫酸铜 8 毫克、氯化锰 4 毫克、碘盐 3 克，水溶后口服。再结合肌肉注射维生素 E 注射液 300 毫克，疗效更佳。

十三、羊食毛症

食毛症是动物异食癖中的一种表现，它是由于羔羊的代谢机能紊乱，味觉异常的一种非常复杂的多种疾病的综合症。舍饲的羔羊在秋末春初更易发生。其特征是喜欢啃食羊毛，因而常伴发臌气和腹痛。

病因　本病的发病原因是多种多样的，有的至今尚未搞清楚，一般认为有以下因素所致。

（1）饲养原因：主要是母羊和羔羊饲料中矿物质和微量元素钠、铜、钴、钙、铁、硫等缺乏；钙、磷不足或比例失当；长期食喂酸性饲料；羔羊缺乏必需的蛋白质，即可引起本病的发生。某些维生素的缺乏，特别是维生素 B 族的缺乏，因为这是体内许多与代谢关系密切的酶和辅酶的组成成分。当其缺乏或合成不足时导致体内代谢机能紊乱。

（2）环境及管理因素：圈舍拥挤，饲养密度过大，饲养环境恶劣，羊群互相舔食现象严重。圈舍采光不足，运动场狭小，户外运动缺乏，导致阳光照射严重不足，降低了维生素 D 的转化能力，严重影响钙的吸收。

（3）寄生虫病因素：药浴不彻底或患疥螨严重而引起脱毛，当羊互相拥挤、啃咬时吞下羊毛。

症状　主要发生在早春，饲草青黄不接时易发，且多见于羔羊，病初啃食母羊的被毛，或羔羊之间互相啃咬股、腹、尾部的毛和被粪尿污染的毛并采食脱落在地的羊毛及舔墙、舔土等（图 3－17），同时逐渐出现其他异食现象。当食入的羊毛在胃内形成毛球，且阻塞幽门或嵌入肠道造成皱胃和肠道阻塞时，羔羊出现被毛粗乱，生长迟缓，消瘦，下痢及贫血等临床症状，皮肤角化明显，皮肤薄，表皮毛囊萎缩（图 3－18）。特别是幽门阻塞严重时，则表现出腹痛不安、拱腰、不食、排便停止、气喘等。

诊断　根据临床症状和病史，确诊本病不困难。腹部触诊可在胃及肠道摸到核桃大的硬块，可移动，指压不变形。

预防

（1）必须在病原学诊断的基础上，对母羊加强饲养管理，改善饲料质量，根据土壤、饲料的具体情况，缺什么补什么。有条件的地方应增加放牧时间，增加运动量，延长光照时间。

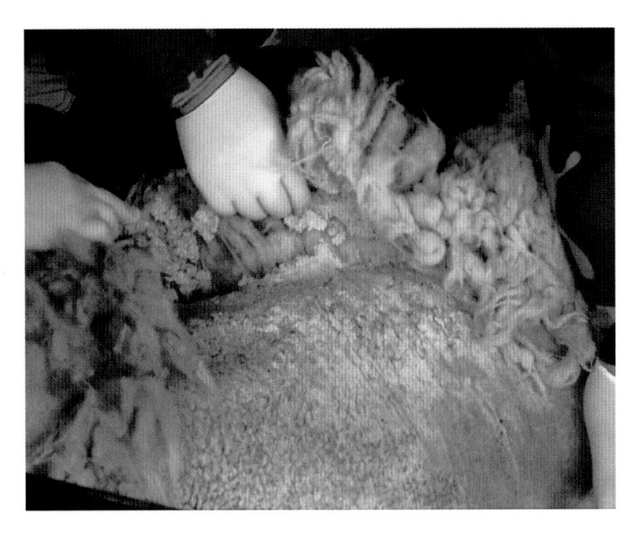

图 3－17　被毛大量脱落或被啃掉

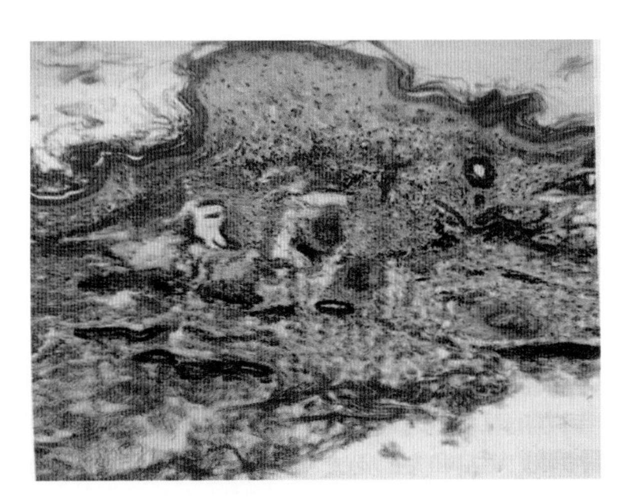

图 3－18　皮肤角化明显，表皮薄，真皮毛囊萎缩（HE ×100）

（引自陈怀涛，2004）

（2）对羔羊要供给富含蛋白质、维生素及微量元素的饲料，饲料中的钙、磷比要合理，食盐要补足。

（3）及时清理圈内羊毛，母羊乳房周围的毛，并给羔羊喂食一定量的鸡蛋，增加营养，防止羔羊食毛症的发生。

（4）加强羔羊的卫生，防止羔羊互相啃咬食毛。

治疗　主要是采取手术疗法，应用手术取出阻塞的毛球。但往往由于治疗价值不高而不

被畜主采纳。

十四、羊尿结石

尿结石又称为石淋，主要是在肾盂、输尿管、膀胱、尿道内生成或没有排出的以碳酸盐、磷酸盐为主的盐类结晶的凝集物，从而引起泌尿器官发生出血、炎症、堵塞的疾病。临床上以排尿困难，肾区疼痛为典型特征。当种公羊患病时，可丧失配种能力。去势公畜多发。

尿石是在某些核心物质（黏液、凝血块、脱落上皮细胞、坏死组织片、异物等）的基础上，其外周由矿物质盐（碳酸盐、磷酸盐、硅酸盐、尿酸盐等）和保护性胶体物质（黏蛋白、黏多糖等）环绕凝结而成，前者被称为尿石的基质，后者称为尿石的实体。尿石的形状为多样性，有球形、椭圆形或多边形，也可是细颗粒或沙石状。大小不一，小的如粟粒，大的如蚕豆或更大。

病因 尿石的形成原因说法不一，迄今尚未完全阐述明白。目前普遍认为尿石的形成是多种因素的综合表现，但是与饲料和饮水的数量和质量，机体矿物质代谢的状态，以及泌尿系统各器官，特别是肾的功能活动有密切关系。

尿结石并非一种单纯的泌尿器官疾病，也非某些矿物质的简单堆积，而是一种泌尿器官病理状态的全身矿物质代谢紊乱的结果。正常尿液中含有大量呈溶解状态的盐类和一定量的胶体物质，它们之间保持着相对的平衡和稳定，一旦这种平衡和稳定被破坏，盐类超过正常的饱和浓度，或胶体物质由于不断的丧失其分子间的稳定性结构且核心物质又不断产生则尿中的盐类结晶物质不断析出，进而形成了尿结石。

症状 尿结石常因发生的部位不同而表现出不同的症状，当泌尿系统存有少量细小结晶体时，一般病症不明显，一旦数量增多、体积变大，则呈现出明显临床症状。排尿发生部分或完全障碍时，就会出现典型症状：肾性疝痛和血尿。

通常病羊初期呻吟或咩叫，弓背努责，频频举尾。以后站立不稳，排尿痛苦，尿量少或淋漓滴下（图 3－19）。食欲不振，精神委靡，体温升高可达41℃左右。尿道结石不完全堵塞时，尿液呈断续或点滴状外流，尿道口外可见盐类沉积物，由于尿液不停浸泡，使阴茎根部发炎肿胀，病羊出现排尿努责，发出痛苦呻吟。完全堵塞时，出现尿闭或肾性腹痛现象。频频做出排尿动作，但无尿排出，膀胱膨满，体积增大，长期尿闭时可造成尿毒症或膀胱破裂。

图 3－19 病羊呻吟或咩叫，弓背努责，频频举尾，排尿痛苦

（引自马玉忠等，2009）

膀胱结石，肾盂结石往往不表现临床症状，死后剖检才发现有结石。而有的肾盂结石当结石进入输尿管时，可使羊出现腹痛。尿液镜检时，可见到脓细胞、肾盂上皮、沙粒或血细胞。当排不出尿时，可发生尿毒症。

诊断 尿石症因无典型特征性的临床症状，若不导致尿道堵塞，诊断比较困难。一般情况下均应根据病史（饲料和饮水的质量和数量的调查分析结果），临床症状（排尿困难、肾性疝痛），尿液的变化（血尿及含有细小沙粒样物体），尿道触诊（公畜尿道阻塞局部膨大、压迫有疼痛感）等诊断结果综合判断，有条件的可实施 X 光检查，病情不同，结石的大小、多少不尽相同，其病变也有一定差异（图 3－20、图 3－21）。肾脏可能肿大，肾盂中有时见细粒或块状结石（图 3－22）。腹腔中积聚大量尿液，并有腹膜炎病变。如膀胱未破裂，则常因排尿减少而扩张（图 3－23）。

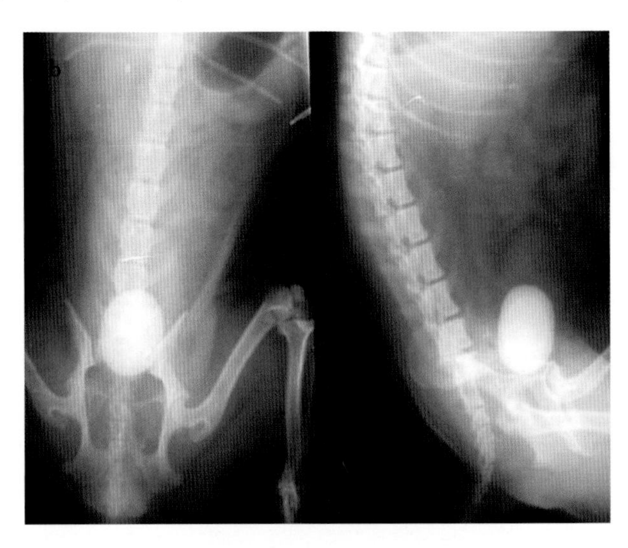

图 3－20　X 光检查下的尿结石（引自马玉忠等，2009）

图 3－21　肉眼观察下的尿结石（引自吴树清）

预防 加强饲养管理，特别是种公羊。增强运动，保证饮水的质量和充足，供给优质的

牧草，饲料中钙磷比要合理。另外，一些饲料如棉籽饼等，饲料中添加比例大，而且长期食用，可引起公羊尿结石病的高发。所以注意这些饲料的添加比例和与其他饲料的搭配。

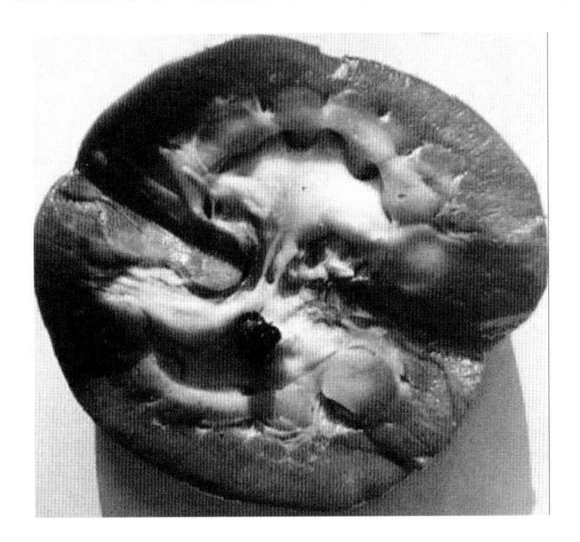

图 3－22　肾盂中有一个紫褐色玉米粒大的不正形绿色结石形成，其表面粗糙
（引自陈怀涛，2004）

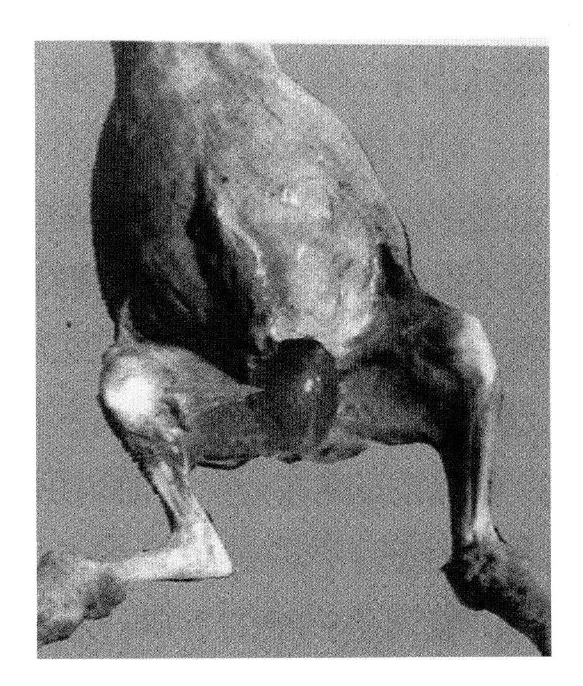

图 3－23　膀胱胀大（因结石堵塞尿道而积尿），腹部膨大（因腹腔积液）
（引自陈怀涛，2004）

给患畜饮磁化水对尿结石有一定预防和治疗作用。

治疗　当有尿石可疑时，通过改善饲养，给与患畜以流体饲料和大量饮水，必要时可投利尿剂，形成大量的稀尿，冲淡尿液中晶体的浓度，减少析出并防止沉淀，同时可冲洗尿道，使小的尿结石随尿排出。

对于体积较大的结石主要是采取手术治疗（对种公羊而言）。由于肾盂和膀胱结石可因小块结石随尿液落入尿道而造成尿道阻塞。因此，在进行肾盂和膀胱结石摘出术时，要注意结石进入尿道，造成预后不良。

该病药物治疗一般效果不好，仅能起到缓解病情的作用。

消石散：芒硝21克、滑石50克、茯苓30克、冬葵子30克、木通50克、海金砂35克，共为末，分三份，每日一份，开水冲调，候温灌服。

据报道对草酸盐形成的尿结石，应用硫酸阿托品或硫酸镁；对磷酸盐尿结石应用稀盐酸进行治疗可获得良好的效果。

十五、羊脱毛症

羊脱毛症是指由于某种特殊病因，如代谢紊乱和营养缺乏、寄生虫侵害、细菌感染、中毒等，导致羊毛根萎缩，被毛脱落，或是被毛发育不全的总称。绵羊和山羊均可发生，但是，报道大多以绵羊为主，绒山羊报道甚少。本病呈地方性流行，发病率可高达50%～60%，死亡率较低。主要集中于内蒙古自治区、甘肃、宁夏回族自治区、辽宁等省，以内蒙古自治区和甘肃农区以及半农半牧区发病居多。

病因　关于羊脱毛症的病因学研究较多，但是，确切病因尚未确定。由于羊脱毛症病因复杂，现将其简单归纳为以下几个方面。

（1）营养代谢性脱毛症　研究证明，动物微量元素硫、锌等的缺乏可引起严重的地方性脱毛症。特别是硫，它是生命所必需的非金属元素，在动物所有组织中都以含硫氨基酸的形式存在，如胱氨酸、半胱氨酸、蛋氨酸等。参与体蛋白的合成，脂肪、碳水化合物代谢，起着组织蛋白质和各种生物活性物质（如激素、维生素）的功能。特别是硫参与角质蛋白的合成，而羊毛（绒）纤维的主要成分是角蛋白，因此硫的含量和存在的形式及结构对毛纤维的品质有着重要作用。

放牧家畜矿物质元素硫缺乏主要是由土壤、牧草和饲料以及动物体内矿物质缺乏三方面而引起的。其中，如果任何一方面长期缺乏都可能引起硫缺乏症，导致动物被毛质量下降，表现为羊毛弹性下降，弯曲度减少，毛囊上皮萎缩，表皮细胞角化，皮肤表皮层变薄，真皮层有结缔组织增生等症状。严重的出现脱毛症状。

动物缺锌时表现为羊毛变脆，失去弯曲，被毛粗乱并伴有不同程度的脱毛，严重时被毛成片脱落，直至脱光，其中，在我国的北方部分省份都有关于缺锌引起羊脱毛症的报道，其中以内蒙古地区较多。经过对饮水、牧草、绵羊血浆锌状况的检测后，得出绵羊脱毛症是一种自然缺锌症。

（2）寄生虫病性脱毛症　羊体外寄生虫也可以引起羊脱毛症的发生，例如，羊疥螨病、羊痒螨病。

（3）传染病性脱毛症　据相关资料报道，能引起羊脱毛症的传染性疾病有皮肤真菌病、绵羊痘、山羊痘、羊传染性脓疱、溃疡性皮炎、坏死杆菌病等。这些疫病致病机理都是通过引起局部皮肤溃疡或坏死，导致局部脱毛。其中以皮肤真菌病和绵羊（山羊）痘最为常见。

（4）长期大量使用磺胺类药物也有造成羊脱毛症的报道。

症状　发病羊只表现为体温正常或偏低，脉搏正常；毛粗糙无光泽、色灰暗；羊体营养

状况较差，有异嗜癖，表现为相互啃食被毛，喜吃塑料袋、地膜等异物。进入枯草期后，羊毛逐渐失去光泽，皮肤表面有大量尘土，变为土黄色，皮肤粗糙，弹性稍差。

早期可见局部被毛蓬松突起，羊毛松动易拔起，继而发生脱落。脱毛多发生于腹下、胸前、后肢。一般从腹下开始，然后波及体侧向四周蔓延，直至全身脱光（图 3－24、图 3－25）。脱毛后露出的皮肤柔软，呈淡粉红色，不肿胀，不发热。动物无疼痛和瘙痒，病期较长的皮肤增厚，出现皮屑。多数羊边掉毛边长出纤细的新毛。严重发病羊只表现为腹泻、大面积脱毛，直至发生死亡。绝大多数羊至 5 月中旬后自愈，但到枯草季节后又再度脱毛。

图 3－24　患病绵羊被毛大片脱落，甚至全身脱光

寄生虫病性脱毛症，发生剧痒，患部皮肤出现丘疹、结节、水疱，严重形成脓疱，破溃后形成痂皮和龟裂。体重下降，日趋消瘦，最终因极度衰竭而死亡。在患病部位与健康被毛交界处可以找到螨虫。

传染病引起的脱毛只是局部的掉毛不会引起大片脱毛。

诊断　本病的诊断主要根据临床症状和发病史。发病缓慢，病程较长，一般为 1～3 月。发病率较高，为 40%～60%，死亡率较低。发病具有明显的季节性，一般从 10 月枯草期开始，至翌年 2 月达到高峰，5 月中旬后一般可自愈。发病主要为怀胎母羊和哺乳母羊，公羊很少发病。

防治　营养代谢性脱毛症的防治原则在于加强饲养管理，合理调整日粮，保证全价饲养，特别是对于产毛量高的高产羊。对毛用羊脱毛影响最大的微量元素为锌，硫也是一个不可或缺的元素。在不同的生理阶段应根据机体生理需要，及时、合理地调整日粮结构。同时定期开展对动物营养的早期检测，了解各种营养物质代谢的变动，预测畜体的营养需要，为进一步采取防治措施提供依据。

目前，在国内外对于预防缺微量原素性脱毛症主要采用将动物可食的矿物质元素压制成砖状，让动物根据自身需要自由舔食的方法。其中，补饲复合营养舔砖是当前国内研究最多的一种低成本、高效且简便易行的矿物质营养补充方法。国内外大量的试验研究证明补饲矿物质复合营养舔砖对提高动物的营养水平、生产性能以及治疗与预防该病起到了显著的效果。

图 3－25　山羊脱毛症，羊毛松动易拔起

矿物质缓释丸是通过控制释放速度缓慢将矿物质元素释放到瘤胃或网胃中来发挥效应的。从而使每天所溶解释放的微量元素等营养物质能够满足动物机体的需要但又不导致中毒。缓释丸的主要成分是缓释基质和营养元素，营养元素则是在缓释基质于胃消化液中逐渐分解的过程中被释出的。此方法可以根据不同地区矿物质元素缺乏的状况，设计成不同的缓释丸剂，预防微量元素性脱毛症。

对于寄生虫性脱毛可按动物外寄生虫防治方法进行预防。

十六、羊维生素 A 缺乏症

维生素 A 缺乏症是由维生素 A 或其前体胡萝卜素缺乏或不足所引起的一种营养代谢性疾病。其典型特征为脑脊髓功能不全、晕厥、共济失调、生长发育缓慢、角膜结膜干燥、夜盲症、机体繁殖机能障碍及免疫力下降。有时可出现羔羊先天性缺陷。

病因　本病的发生主要是由于饲料中维生素 A 或其前体胡萝卜素缺乏或不足所致。维生素 A 仅存在于动物源性饲料中例如：鱼粉等，而胡萝卜素存在于植物性饲料中例如：胡萝卜、青草、南瓜、黄玉米等，而谷类及其副产品如米糠、麸皮等含维生素 A 极少。因而长期使用配合饲料，未补充青绿饲料易产生维生素 A 缺乏症。

饲料在加工、调制及贮存过程中方法不得当，例如热喷、高温制粒、储存时间太长均可造成维生素 A 或胡萝卜素变质、流失，长期饲喂该种饲料即可引起发病。

维生素 A 及胡萝卜素是脂溶性物质，它的消化吸收必须在胆汁酸的参与下进行。因此动物患有消化道和肝脏疾患时，对维生素 A 或胡萝卜素的吸收、转化、储存、利用发生障碍也易患此病。

维生素A不能通过胎盘，故初生羔羊容易患病，初乳中维生素A含量较高，它是羔羊获得维生素A的唯一来源。母羊分娩后死亡、无奶等易发生缺乏症。

维生素E可促进维生素A的吸收，同时作为抗氧化剂，防止维生素A在肠道氧化。饲料中蛋白质低，其吸收率下降，这些因素最终均会引起维生素A的缺乏。

此外，饲养管理不善，圈舍拥挤、污秽，运动量不足，没有充足的阳光照射都可诱发该病的发生。

症状　病羊特别是羔羊的早期症状是夜盲症，早晨、傍晚或月夜朦胧时，病羊盲目前进，不时碰撞障碍物，行动迟缓；共济失调、后躯瘫痪，眼里分泌一种浆液性分泌物，随后角膜角化，形成云雾状（图3－26），有时呈现溃疡和羞明。

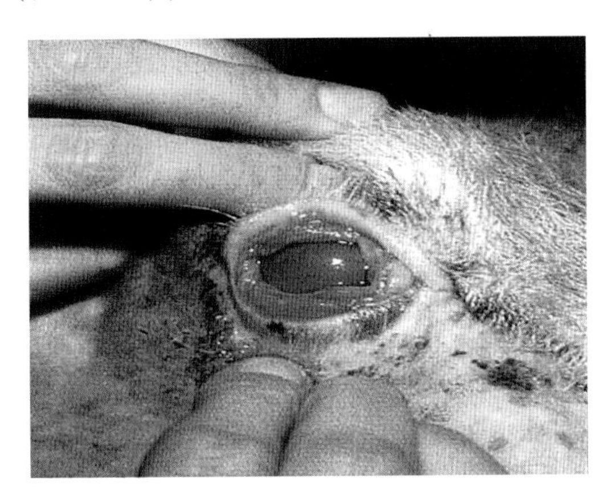

图3－26　患病羊眼角膜角化，形成云雾状
（引自吴树清）

皮肤干燥、脱屑、皮炎、被毛粗乱、无光泽，脱毛、蹄、角生长不良。

繁殖障碍，公羊精液品质不良，母羊发情紊乱，受胎率下降，胎儿发育不全，先天性缺陷，畸形或胎儿吸收、流产、早产、死胎、幼畜体弱生命力低下。易患支气管炎、肺炎、胃肠炎等。

诊断　本病可根据临床症状及血液检查血浆中的维生素A和胡萝卜素含量下降，可做出诊断。

预防　加强饲养管理，对饲料的加工、贮存方法要得当，防止维生素A被破坏。在寒冷季节要保证有青贮饲料或胡萝卜，并备有青绿干草为佳。

治疗

（1）日粮中加入青绿饲料及鱼肝油，可以迅速获得治愈，鱼肝油的口服剂量为20～50毫升/次。

（2）当消化系统紊乱时，可以皮下或肌肉注射鱼肝油，用量为5～10毫升/次，分为数点注射，每隔1～2天1次。

（3）亦可用维生素A注射液进行肌肉注射，用量为2.5万～5万单位/次。

（4）饲料中加AD_3粉，剂量参照使用说明书。

（5）病重羊肌内注射ADE注射液，成年羊5毫升/只，羔羊1～2毫升/只。

（6）对眼部病变的羊，结膜应用红霉素眼膏，1次/天。

（7）增加病羊运动量及光照时间，同时补充优质牧草和胡萝卜等。

十七、山羊遗传性甲状腺肿

绵羊及山羊的甲状腺肿病（以下简称甲肿）一般认为系碘缺乏或致甲状腺肿物质所引起。各种原因引起的甲状腺肿大都直接或间接地影响生物个体的正常生长发育。轻者发育不良，严重的引起死亡。目前这一类型的疾病在许多动物如牛、狗、绵羊、山羊都有报道，范围也遍布世界各地。

病因 简单讲引起临床上先天性甲肿有以下两方面原因：即第一外部环境因素；第二机体内各种因素造成的生化合成及代谢缺陷或障碍。

（1）碘及其他微量元素作用引起甲肿

低碘性甲肿：家畜在生长发育过程中需要每天有足够量的碘的供应，若长期摄碘不足，

就不能合成维持其正常生长所需的甲状腺素，必然通过反馈作用机制，刺激甲状腺的肿大。

高碘性甲肿：怀孕期母羊碘摄入量过高同样也可引起胎儿甲状腺肿大。其生化机理是：

① 过量碘化物中游离 I^-（离子）与“活性碘”结合成 I_3^-，使“活性碘”失去碘化酪氨酸残基的能力；② 过量碘化物可抑制 TPO（过氧化物酶）的活性，从而影响碘的氧化和酪氨酸碘化作用；③ 过量碘还可使甲肿腺内 NADPH（还原性辅酶Ⅱ）生成减少，从而使 H_2O_2（过氧化氢）产量下降，进一步降低了“活性碘”的产生；④ 过量碘对谷胱甘肽还原酶有抑制作用，使甲球蛋白水解不能进行。所有这些情况，都事实上造成了畜体对甲状腺素供应量降低，结果同样会出现甲状腺的肿大。

此外，研究成果也显示，食物及饮水中钙、氟、有机酸复合物含量较高时，在缺碘或高碘条件下可使甲肿发病率明显增高。

（2）致甲肿物质引起的甲肿

致甲肿物质要么通过影响甲状腺从食物中摄碘过程，要么通过对机体内甲状腺素代谢的影响导致甲状腺肿。例如：某些十字花科植物根、叶、卷心菜含有的硫脲类物质，就其代学成分而言基本上属于硫酰胺类和苯胺类物质，它们能抑制 TPO 活性，从而影响碘的氧化和 ATG（未碘化的甲状腺球蛋白）的碘化作用，使甲状腺素合成障碍而引起甲肿。另外，某些蔬菜内含有的高氯酸盐、硫氰酸盐、硝酸盐等能抑制甲状腺细胞的聚碘作用造成机体实际上的供碘不足。此外，洋葱含有的二硫化物及多硫化物，大豆、黄豆含有的可吸附甲状腺素物质，可阻碍由胆汁排泄的内生甲状腺的重吸收，促进了甲状腺素的丢失。豆粉中某些肽类还可抑制甲状腺对碘的吸收及碘的有机化过程。因此在母羊怀孕期过多摄入上述致甲肿物质就可能发生新生羔羊甲状腺肿大。

（3）遗传及其他因素引起机体物质合成及代谢障碍而引起的甲肿

这类甲肿最重要的当首推过氧化物酶合成障碍及甲状腺球蛋白合成缺陷而引起的甲肿。目前报道的遗传性甲状腺肿大多属于这种类型。

在胎儿期，甲球蛋白合成缺陷，引起其代谢异常从而形成过量的碘化蛋白和仅少量的甲状腺素，其循环甲状腺素水平也相应降低，脑下垂体由反馈作用机制刺激产生促甲状腺素的释放，这样就促进甲肿的产生。

浓集于甲状腺细胞内的碘化物必须先转化为“活性碘”才能使 ATG 分子中的酪氨酸残

基碘化。碘的活化是一个以 H_2O_2 为氧化剂，以甲状腺过氧化物酶（TPO）为催化剂的氧化过程。

某些遗传或其他因素引起的腺细胞分泌 TPO 缺乏就可使 I^- 无法活化，出现甲状腺素产量不足的现象，进一步导致一系列甲状腺功能失调，引起甲肿。另外，从理论上讲由于遗传性原因，还可造成以下几方面功能性缺陷，但这些情况不太普遍：① 碘捕获缺陷，特征是甲状腺不能从血液中浓集碘；② 由于偶合酶功能性缺陷产生的碘化酪氨酸偶合障碍，使碘化蛋白不能偶合为 T_3、T_4（三碘甲腺原氨酸，四碘甲腺原氨酸）；③ 碘化酪氨酸脱碘酶功能性缺陷，该酶在甲状腺内碘的再循环中是必需的，该酶缺乏时，可促进碘化酪氨酸在甲状腺内的释放，明显加快脱碘速度并积累性流溢到血液中，外围组织内的该酶缺失，则使碘化蛋白不能脱碘，直接逃溢到尿中，使机体呈现缺碘症状。总之，各种功能性缺陷都可引起 T_3、T_4 分泌量降低，刺激脑垂体代偿性分泌促激素，从而导致甲肿。

症状　甲状腺肿羔羊异常特性主要表现在耳、面和腿关节等部位。甲状腺肿大明显，重量 5～198 克，超过正常羊的 5～100 倍，两叶呈蛋形，沿长轴长 2.54～7.62 厘米，有时膨大两叶高度分离，同时峡部形成一个融合的“U”或“V”形体。鼻孔周围区域变成背腹平，皮肤横隔（鼻皱）超过鼻骨，特别在鼻孔旁明显糊糙，两耳高度水肿并凸出颈部。腕关节膨大，腿特别是前腿向里或外成弓形，结果蹄子的跖部成斜面状。另外毛发稀少，皮肤粗糙，行动迟缓（图 3－27）。由于甲状腺病变，体温调节能力极差，对环境剧变应激能力很低，因此，羔羊的死亡率极高。据报道遗传性甲肿羔羊其存活期一般仅几小时到几天，最多也未超过 42 天时间。

图 3－27　羊遗传性甲状腺肿病

组织学特性主要表现在甲状腺被不规则无结节组织包围，腺体分为两种类型：第一种类型由许多立方上皮嵌入囊腔中形成许多小囊，其小囊结构或空状或包含少量稀薄物质，有时呈 PAS 阳性反应。第二种类型：上皮细胞呈小泡状排列，类似固状水肿组织，这样的结构似乎是被高度增生上皮挤压而形成的。随着上皮折叠入滤泡囊，其形状和大小变化巨大。从裂缝状残存口到十分明显的囊，这些上皮细胞胞浆丰富并有亚核液泡形成。这类核含少量胞浆，常常包含 PAS 阳性反应颗粒，位置在面向囊的细胞的顶部，整体排列为单排液泡化柱状细胞层，液泡的普遍形成使得柱状细胞变成圆形。液泡将核推挤到细胞的边缘，形成所谓的“戒指状”，在腺体的一侧纤维素也常见到。无论哪种类型，腺体中血管相当丰富。

防治　目前对于这类疾病主要根据发病原因采取相应措施来达到预防的目的。如缺碘性甲肿，可以通过在怀孕期给母羊补碘得到预防，硫氰酸盐造成的甲肿也可采取这一办法，因为其作用可以通过甲状腺选择性浓缩碘来得到抑制。相反补碘不能预防致甲肿物质 Goitrin 和 Thiooxalidone 引起的甲肿，因为它们是通过阻断甲状腺素的启动来发生效力的。对于常染色体隐性遗甲病预防，则难度较大，目前，只能借后代观察，淘汰父母来降低发病率，因此根除隐性基因的任务还相当艰巨。

十八、羊硒中毒

硒中毒是动物采食大量含硒牧草、饲料或补硒过多而引起动物出现精神沉郁、呼吸困难、步态蹒跚、脱毛、脱蹄壳等综合症状的一种疾病。急性中毒（又名瞎撞病）以出现神经系统症状为特征；慢性中毒（又名碱病）则以消瘦、跛行、脱毛为特征。

病因

（1）土壤含硒量高，导致生长的粮食或牧草含硒量高，动物采食后引起中毒。一般认为土壤含硒 1～6 毫克/千克，饲料含硒达 3～4 毫克/千克即可引起中毒。一些专性聚硒植物，如豆科黄芪属某些植物的含硒量可高达 1 000～1 500毫克/千克，是羊硒中毒的主要原因。此外，有些植物如玉米、小麦、大麦、青草等，在富硒土壤中生长亦可引起动物硒中毒。

（2）人为因素　多因硒制剂用量不当，如治疗白肌病时亚硒酸钠用量过大，或动物饲料添加剂中含硒量过多或混合不均匀等都能引起硒中毒。此外，由于工业污染而用含硒废水灌溉，也可使作物、牧草被动蓄硒而导致硒中毒。

症状

（1）急性中毒时，羊表现为不安，后则精神沉郁无力，头低耳耷，卧地时回头观腹（图 3－28），呼吸困难，运动障碍，可视黏膜发绀，心跳快而弱，往往因虚脱、窒息而死。中毒羊死前高声鸣叫，鼻孔流出白色泡沫状液体（图 3－29）。

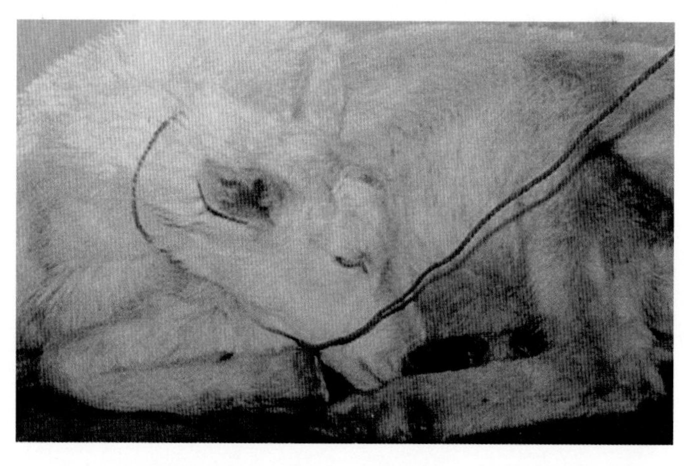

图 3－28　病羊精神沉郁，卧地，回头观腹（引自陈怀涛，2004）

（2）慢性中毒时，动物表现为消化不良、逐渐消瘦、贫血、反应迟钝、缺乏活力。此外，慢性硒中毒还可影响胚胎发育，造成胎儿畸形及新生仔畜死亡率升高。

（3）病理变化主要为：① 急性中毒羊表现为全身出血，肺脏充血、水肿，腹水增多，肝肾变性。急性硒中毒羊的气管内充满大量白色泡沫状液体（图 3－30）。② 亚急性及慢性

中毒时，组织器官的病变见于肝、肾、心、脾、肺、淋巴结、胰脏和大脑。病理组织学检查表现为组织细胞变性、坏死，细胞核变形，毛细血管扩张充血、出血。肺泡毛细血管扩张、充血，细支气管扩张、充满大量红色均染物质（图 3－31）。心肌变性。肝脏中央静脉与肝窦隙扩张，甚至破裂、出血，并出现局灶性坏死。肾脏常见肾小球毛细血管扩张、充血，部分胞核增生、深染，肾小管上皮变性坏死（图 3－32）。

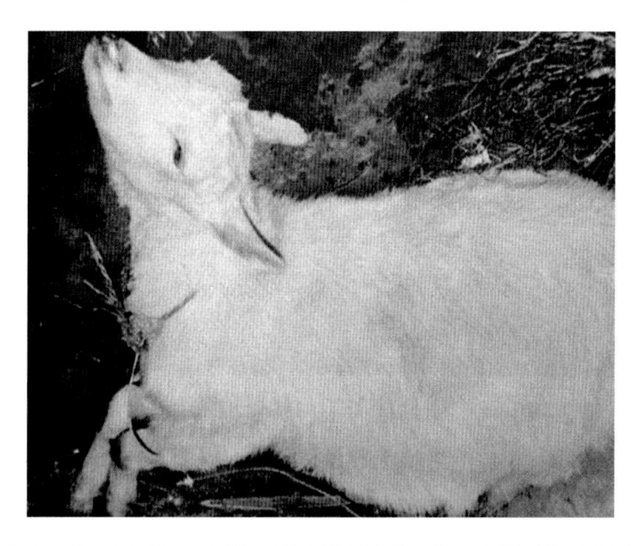

图 3－29　病羊死前哀叫，鼻孔流出泡沫（引自陈怀涛，2004）

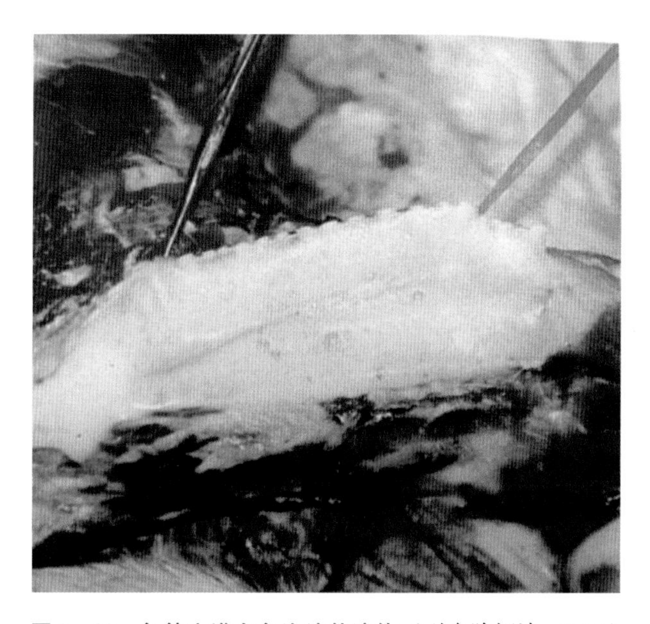

图 3－30　气管充满白色泡沫状液体（引自陈怀涛，2004）

诊断　本病可根据放牧情况（如在富硒地区放牧或采食富硒植物）以及有硒制剂治疗史，再结合临床症状，病理变化以及血液中 RBC 红细胞及 Hb 血红蛋白下降等，可做出初步诊断。

此外，血硒含量高于 0.2 微克/克可作为山羊硒中毒的早期诊断指标。

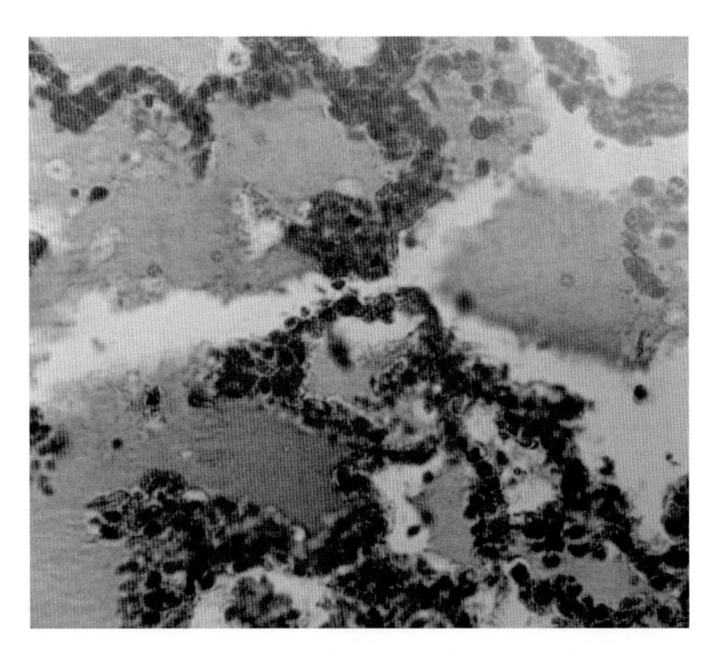

图 3－31　肺充血、出血，细支气管和肺泡含有大量浆液（HE ×400）
（引自陈怀涛，2004）

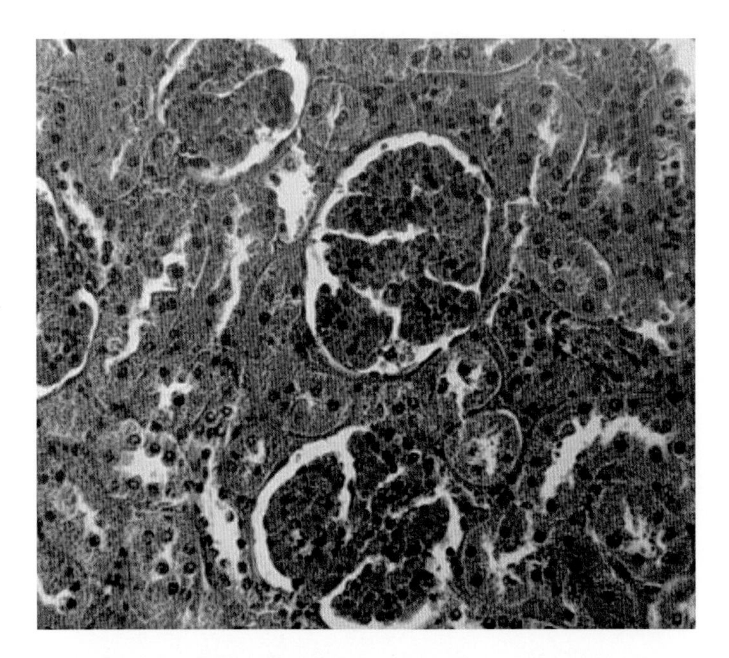

图 3－32　肾小球和间质毛细血管充血，肾小管上皮细胞变形（HE ×400）
（引自陈怀涛，2004）

预防

（1）高硒牧场中，土壤加入氯化钡并多施酸性肥料，以减少植物对硒的吸收；在富硒地区，增加动物日粮中蛋白质、硫酸盐、砷酸盐等含量，以促进动物对硒的排出。

（2）在缺硒地区，临床预防白肌病或饲料添加硒制剂要严格掌握用量，必要时，可选小范围试验再大范围使用。

治疗 急性硒中毒尚无特效疗法；慢性硒中毒可用砷制剂内服治疗。亚砷酸钠 5 毫克/千克加入饮水服用，或 0.1% 砷酸钠溶液皮下注射。或对氨基苯胂酸按 10 毫克/千克混饲，可以减少硒的吸收。此外，用 10% ~20% 的硫代硫酸钠以 0.5 毫升/千克静注，有助于减轻刺激症状。

十九、羊瘤胃酸中毒

瘤胃酸中毒即谷物酸中毒，羊大量采食谷物或富含碳水化合物的精饲料，长期大量饲喂酸度过高的青贮饲料，致使瘤胃内容物异常发酵，产生大量乳酸，瘤胃微生物及纤毛虫活性降低，从而导致急性代谢性酸中毒的发生。临床上以消化障碍、精神高度兴奋或沉郁，瘤胃兴奋性降低，蠕动减慢或停止，瘤胃内容物 pH 值降低，脱水，衰弱为典型特征。本病呈散发性、冬春季多发，该病常引起死亡。

病因 饲养管理差是发生本病的根本原因。当羊采食大量的玉米、大麦、小麦、稻谷、高粱等富含碳水化合物的饲料或日粮中精饲料比例过大，长期饲喂酸度高的青贮饲料或过量采食含糖量高的青玉米、马铃薯、甜菜、甘薯等，导致瘤胃内容物乳酸产生过剩，pH 值迅速降低，酸度增高，其结果造成瘤胃内的细菌、微生物群落数量减少和纤毛虫活力降低，引起严重的消化紊乱，使胃内容物异常发酵，导致酸中毒。

症状 该病最急性病例往往在过量采食后几小时内突然死亡而无任何临床症状或仅有精神沉郁、昏迷等。

急性病例，行动缓慢、站立不稳、喜卧、四肢强直、心跳加快、每分钟 100 次以上，呼吸急促，气喘，每分钟达 40 ~60 次，常于发病后 1 ~3 小时死亡。

病情较缓的，病羊表现精神高度沉郁，食欲废绝，反刍停止，鼻镜干燥，无汗，眼球下陷，肌肉震颤，走路摇晃。有的排黄褐色或黑色、黏性稀粪，有时含有血液，少尿或无尿；有的卧地不起，此种类型多发生于分娩后 3 ~5 小时，初卧地时多呈犬坐姿势，不久即横卧地上，开始时头尚能抬起，但不久即放下，四肢强直，双目紧闭，头有时向背部弯曲或甩头、呻吟、磨牙，体温正常或稍高（39.5℃左右），心跳加快，伴发肺气肿（图 3 -33）。

瘤胃液 pH 值降低、还有些病例有视觉障碍。

诊断 根据以上病史和临床症状，可诊断为瘤胃酸中毒。但应与相关病例加以区别：

（1）急性胃肠炎伴有体温升高。

（2）母羊产后瘫痪无酸中毒的鼓胀等全身症状。

（3）单纯瘤胃鼓气发病急、腹围显著鼓胀，扣诊呈鼓音。

预防 加强饲养管理是防止本病发生的关键。具体措施为，供给充足的粗饲料，严格控制精饲料的饲喂量，禁止过量采食谷物，当青贮饲料酸度过高时，可适当进行碱化处理后再饲喂，母羊产前产后精料添加的比例较高，要进行动物尿样检测，当发现尿液 pH 值下降，酮体阳性时要马上调整和治疗。

治疗 主要进行对症治疗。

(1) 手术疗法，对发病急、病情严重的可实行瘤胃切开术，排出胃内容物，并用 3% 碳酸氢钠溶液或温水反复冲洗胃壁，以除去残留的乳酸。

（2）中和胃酸，用5%的碳酸氢钠溶液或石灰水（生石灰1 000克，加水5 000毫升，充分搅拌，取上清液）用胃管灌入胃部反复冲洗，直至胃液呈碱性为止。

（3）强心补液，5%葡萄糖盐水100～200毫升，10%樟脑磺酸钠2毫升，混合静脉注射。

（4）健胃，可应用一些中草药进行健胃轻泻，如大黄苏打片10～15片、橙皮酊10毫升、豆蔻酊5毫升、石蜡油100毫升、加水，一次口服。

（5）控制和消除炎症，可注射抗生素，如青霉素、链霉素、四环素等。

（6）当病羊不安，严重气喘或休克时，可静脉注射山梨醇或甘露醇，剂量为150～250毫升，每天早晚各一次。

（7）病羊全身中毒症状减轻，脱水有所缓解，但仍卧地不起时，可适当注射水杨酸类和低浓度（5%以内）的钙制剂。

图3－33　瘤胃酸中毒羊

二十、羊有机磷中毒

有机磷制剂在我国广泛用于农业杀虫和家畜内外寄生虫的驱杀及环境卫生方面杀灭蚊蝇等。由于它种类繁多，用途广泛，且对人和动物具有一定的毒性，各地不断出现农药残留、环境污染、人畜中毒的报道。为提高人们的警惕性，在医学和兽医学上，按其毒性将其分为剧毒、强毒和弱毒。

在我国生产和应用较多的有机磷制剂有：剧毒类：对硫磷、内吸磷、甲基对硫磷等；强毒类：敌敌畏、乐果、甲基内吸磷等；弱毒类有敌百虫、马拉硫磷等。羊由于接触、吸入、或食入一定量的某种有机磷制剂，而引起中毒。临床上以流涎、口吐白沫、瞳孔缩小、腹泻和肌肉强直性痉挛为典型特征。该病发病快，病死率高。

病因　有机磷制剂是一种毒性较强的接触性神经毒，通常可经消化道和皮肤引起中毒，中毒的主要原因有：

（1）羊误食喷洒过有机磷制剂的牧草或农作物、青菜等，误饮被有机磷制剂污染的水源。

（2）违反农药的保存和安全操作规程，乱用盛装农药的容器和包装袋存放饲料和饮水。

（3）运输过程中有机磷制剂与饲料混杂装运。在饲料库存放有机磷制剂，特别是在饲料库内配制或搅拌有机磷制剂。

（4）用有机磷杀虫剂对动物进行驱虫、药浴时剂量过大，或使用方法不得当等也可引起羊的中毒。

诊断　潜伏期短，发病急。初期表现为烦躁不安，食欲反刍停止，肌肉振颤，流涎、运动失调等。根据中毒的途径不同，发病的时间有所不同，经呼吸道吸入引起中毒，可在几分钟内出现症状；经口食入，半小时至数小时，最多不超过 24 小时即出现症状；经皮肤侵入，症状出现的时间快的几分钟，慢的可达几个月。不论中毒途径如何基本上表现为胆碱能神经受体乙酰胆碱的过渡刺激引起的兴奋现象。临床上将这些复杂的症状归纳为以下 3 种。

（1）毒蕈碱样症状：病羊食欲减退或不食，流涎，口吐白沫，肠音初期增强，排大量稀便，有时大小便失禁，并排血便，腹痛，多汗，瞳孔缩小，可视黏膜发绀，呼吸困难，重者可引起肺水肿。

（2）烟碱样症状：运动神经过度兴奋，主要表现为肌纤维震颤至肌肉痉挛。

（3）中枢神经症状：病初兴奋不安，奔跑，转圈，恐惧，然后出现精神委靡，意识模糊，甚至陷于昏迷状态，最后因呼吸肌挛缩而引起死亡。

有机磷制剂的毒性除按化学性质的不同而有很大的差异外，动物中毒病例的发生，尚受许多复杂条件的制约。

（1）易感动物不同的品种、品系、年龄、性别、体质状况等，对有机磷制剂反应的敏感性不同。

（2）同一有机磷制剂不同的剂量、浓度、用法、所施的作物品种及生长期等其毒性效果有所不同。

（3）施用有机磷制剂当天及其后的日照、降雨、灌溉、风速、空气的干湿度及气温不同中毒的效应不同。

由此可见有机磷制剂的中毒发生情况极其复杂，对任何一种中毒病例必须通过全面的综合分析（例如：接触史、典型的临诊症状、血液胆碱酯酶活性降低等），才能得出正确的判断。

预防　严格管理农药的存放和使用。应用农药喷洒过的植物饲料时，一定要停药 10 天以后并用水冲洗干净或药残达标方可饲喂，用敌百虫驱虫时，要严格掌控剂量和使用方法，避免和碱性药物同时使用。

治疗　有机磷中毒最危险的是发病 24 小时以内，因此要在此时迅速采取有效措施。

（1）解除毒物，可用 2% 的碳酸氢钠（敌百虫中毒除外）反复洗胃以分解毒物；或口服碳酸氢钠 20～30 克及木炭末 20～30 克，延缓毒物的吸收；或用盐类泻剂如硫酸镁或硫酸钠 30～40 克，加水适量，一次内服。

（2）使用特效解毒药。1% 硫酸阿托品注射液，0.5～1 毫克/千克体重，皮下或肌内注射，如效果不明显，可在1小时后重复使用，直到见效为止。解磷定，20毫克/千克体重，用5%葡萄糖稀释成2.5%溶液，缓慢静注，每2~3小时重复给药一次，直至症状消除为止。有些中毒需两种药物联合应用，才能有效。所以首先要确定哪种有机磷制剂中毒，然后再选择用药。

(3) 对症治疗。在解毒过程中，还要根据病情进行对症用药。兴奋呼吸时，用尼克刹米，0.25~1克，静注或肌注一次。强心补液时，用洋地黄制剂，按说明使用。肠炎或肺炎，用抗生素或磺胺类药。

二十一、羊硝酸盐和亚硝酸盐中毒

硝酸盐和亚硝酸盐中毒是羊采食了含有大量硝酸盐或亚硝酸盐的饲草料（主要是腐败变质和堆积发酵而产生的大量硝酸盐或亚硝酸盐），引起高铁血红蛋白贫血症。临床上以皮肤、黏膜发绀等缺氧征候为特征。本病一年四季均可发生，但以春末、秋冬发病较为集中。尤其以农区舍饲育肥羊多见。

病因 对于动物来说，硝酸盐是低毒的，亚硝酸盐是高毒的，自然界中有许多微生物能把硝酸盐还原为亚硝酸盐。在适宜的温度下（20~40℃）这类细菌迅速生长繁殖。

许多多汁饲料（如块根类：甜菜、萝卜、马铃薯等；叶菜类：油菜、小白菜、菠菜、青菜等），成堆放置过久，特别是经过雨淋或烈日暴晒，发生腐烂变质或发酵，使硝酸盐还原成亚硝酸盐，羊采食后引起中毒。

羊过多采食富含硝酸盐的饲草，经瘤胃微生物作用也可产生亚硝酸盐而引起中毒。

少数情况下，羊误食喷洒过除草剂、施过硝酸盐类化肥的稻田水、牧草等而引起中毒。

症状 发病急，常常在大量采食富含硝酸盐的饲草料后1~4小时突然发病，早期主要表现尿频，呼吸急促，随后发生呼吸困难，分泌增强而大量流涎，腹部疼痛，腹泻。可视黏膜发绀，精神萎靡不振，脉搏加速细弱，体温正常或偏低。机体末梢血管中血液量少而凝滞，呈黑红褐色。肌肉震颤，步态踉跄，后期出现倒地强直性痉挛。

诊断 通过调查饲料种类、质量、调制过程、保存时间地点及发病过程、临床症状，病理变化、治疗效果，可作出初步诊断。如需确诊，则需将可疑饲料、饮水、呕吐物、胃肠内容物进行化验室诊断。

预防 加强饲草料的存放和管理，接近收割的青绿饲草料严格禁止施硝酸盐类化肥和农药；收割后的青绿饲草料最好摊开敞放，干燥后再贮存。

禁止饲喂腐烂变质和发热、发酵的青绿饲草料；对疑似亚硝酸盐含量过高的饲草料、饮水，要先进行检验，合格后方可饲喂。

治疗

(1) 特效药治疗。

① 应用亚甲蓝（美蓝）溶液，配比为1%，按0.1~0.2毫升（5~20毫克/千克）体重，肌注，还可用5%葡萄糖溶液稀释后静脉注射。见效慢时，可在1~2小时后重复使用一次。

② 5%甲苯胺蓝溶液，按0.1~0.2毫升/千克体重，静注或肌注。

③ 配合应用5%维生素C 10~20毫升，50%葡萄糖溶液30~50毫升，静注。

④ 瘤胃内注入抗生素和大量饮水，以阻止硝酸盐的还原，达到解毒目的。

（2）对症治疗。强心、缓解呼吸困难，迅速排出瘤胃内容物等。

二十二、羊尿素中毒

尿素是农业上广泛应用的一种速效肥料，又名碳酰二氨，化学分子式为 $CO(NH_2)_2$，反刍动物瘤胃内的微生物可将尿素中的非蛋白氮转化为蛋白质，因此，它又可以作为反刍动物（牛、羊）的蛋白质补充饲料，也可用于麦秸的氨化。用途较为广泛，但若用量不当，则可导致反刍动物尿素中毒。本病常见于舍饲育肥羊及种羊。

病因

（1）使用尿素作为反刍动物的蛋白质补充饲料，补饲时没有按照逐渐增加的原则，初次就按规定量饲喂，容易引起中毒。

（2）不按规定量添加，喂量过多，或喂法不当，或大量误食也可引起中毒。

（3）在补饲尿素的同时喂饲富含脲酶的豆饼等可增加动物中毒的危险性。

（4）研究表明羊对尿素的耐受性的差异很大，但每天的供给量 0.5 克/千克体重是安全的，但在饥饿、低蛋白饲养的情况下，使用尿素要特别注意。

症状　羊过量采食尿素后 30～60 分钟即可发病。病初表现不安，呻吟，流涎，肌肉震颤，体躯摇晃，步样不稳。继而反复痉挛，呼吸困难，脉搏增数，从鼻腔和口腔流出泡沫样液体。末期全身痉挛出汗，眼球震颤，肛门松弛，急性中毒病例 1～2 小时即可因窒息死亡。如果延长 1 天左右，则可能发生后躯不完全麻痹。

一般情况下血氨为 8.4～13 毫克/升就可出现中毒症状。当达到 50 毫克/升动物即死亡。

诊断　通过了解发病史及临床表现一般可以确诊。

预防　严格化肥保管使用制度，防止羊误食尿素。用尿素作饲料添加剂时，严格掌握用量，体重 50 千克的成年羊，用量不超过 25 克/日。尿素以拌在饲料中喂给为宜，不得化水饮服或单喂，喂后 2 小时内不能饮水。如日粮蛋白质已足够，不宜加喂尿素。

治疗

发现羊中毒后，立即停止补饲尿素并灌服食醋或醋酸等弱酸溶液，如 1% 醋酸 1 升，糖 250～500 克，常水 1 升分 5 次灌服，以抑制瘤胃中脲酶的活力，并中和尿素的分解产物－氨，减少氨的吸收。或静脉注射 10% 葡萄糖酸钙液 100～200 毫升，或静脉注射 10% 硫代硫酸钠液 100～200 毫升，同时应用强心剂、利尿剂、高渗葡萄糖等疗法。

另外也有人提出用甲醛 1～3 毫升加常水 100 毫升溶解后缓慢灌服，可使瘤胃中的氨与其生成乌洛托品被迅速排出体外。

二十三、羊直肠脱出

直肠脱出是直肠末端的一部分向外翻转，或其大部分经由肛门向外脱出的一种疾病。

病因　发病原因是肛门括约肌脆弱及机能不全，直肠黏膜与其肌层的附着弛缓或直肠外围的结缔组织弛缓等，均可促使本病的发生。直肠脱出多见于长期便秘、顽固性下痢、直肠炎、母羊分娩时的强烈努责，或久病体弱，或受某些刺激因素的影响，使直肠的后部失去正常的支持固定作用而引起。

症状　病初仅在排粪或卧地后有小段直肠黏膜外翻，排粪后或起立后自行缩回。如果长期反复发作，则脱出的肠段不易恢复，形成不同程度的出血、水肿、发炎（图 3－34），甚至坏死穿孔等。病羊排粪十分困难，体况逐渐衰退。

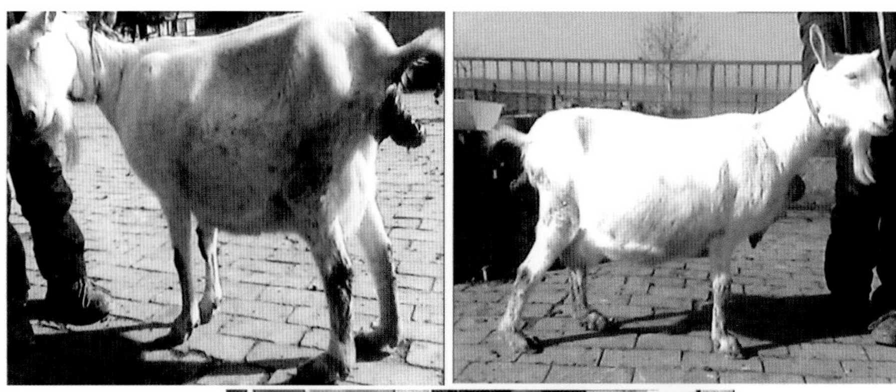

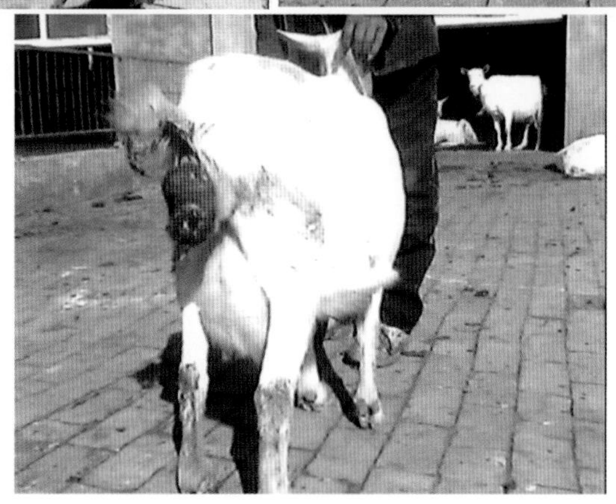

图 3-34 产后山羊直肠脱

诊断 根据病羊临床症状及脱出的肠段来判断本病。

防治 首先要排除病因，及时治疗便秘、下痢、阴道脱出等原发病。认真改善饲养管理，多给青绿饲料及各种营养丰富的柔软饲料，并注意适当饮水，这是预防发病和提高疗效的重要措施。

1. 病初，若脱出体外的部分不多，应用1%明矾水或0.5%高锰酸钾水充分洗净脱出的部分，然后再提起患羊的两后腿，用手指慢慢送回。

2. 脱出时间较长，水肿严重时，可用注射针头乱刺水肿的黏膜，用纱布衬托，挤出炎性渗出液。对脱出部的表面溃疡、坏死的黏膜，应慎重除去，直至露出新鲜组织为止。注意不要损伤肠管肌层，然后轻轻送回。为了防止复发，可在肛门上下左右分四点注射1%普鲁卡因酒精溶液20毫升；也可在肛门周围作烟包袋口状缝合，缝合后宜打以活结，以便能随意缩紧或放松。

3. 对黏膜水肿严重及坏死区域较广泛的病羊，可采用黏膜下层切除术。在距肛门周缘1厘米处，环形切开直达黏膜下层，向下剥离，翻转黏膜层，将其剪除，最后将顶端黏膜边缘，用丝线作结节缝合，整复脱出部分，肛门口再作烟包袋口状缝合。

术后注意护理，并结合症状进行全身治疗。

二十四、羊创伤

是指皮肤或黏膜因受各种机械性外力作用而引起组织开放性损伤。如果只是皮肤的表皮被破坏的，称其为擦伤。

病因　由各种机械性外力作用于羊体组织和器官而引起。如铁器砍伤、刺伤、戳伤，羊角的抵伤，直检时引起的黏膜损伤等。

症状　创伤具有的共同症状是创口裂开、出血、疼痛、肿胀、机能障碍。若出血不止可引起贫血或休克死亡。创伤时间长，引起感染时，出现脓汁。恢复期有肉芽组织和上皮生长。创伤根据致伤物的不同有以下几种表现：

(1) 挫创，有明显的挫面组织，肌肉呈部分或全部撕裂、创缘不整齐，有创囊，出血少，疼痛明显，污染严重。

(2) 刺创，创口小，创道深，出血较少，异物易留创内，易形成瘘道而造成厌氧性感染。

(3) 砍创，创口裂开大，组织损伤严重，出血较少，疼痛剧烈。

(4) 裂创，组织发生撕裂或剥离，创缘及创面不整齐，创内深浅不一，出血较少，疼痛剧烈。

诊断　根据临床症状就可诊断本病。

预防　加强管理，尽量减少损伤的发生。

治疗

(1) 新鲜创的治疗：第一步先行止血，主要方法有，压迫、钳夹、结扎等。然后清创、消毒，具体为用消毒纱布覆盖创腔，对创围剪毛、清洗、消毒并清理创腔，使用的药物主要有0.1%的新洁尔灭或0.1%高锰酸钾、雷佛诺尔消毒液，对创口、创腔进行彻底处理。撒布抗菌消炎药（磺胺类或抗生素），缝合包扎。再行辅助治疗，直至愈合为止。

(2) 化脓创的治疗：治疗的基本原则是控制扩大感染，清除创内坏死组织和异物，加速炎症净化，保证脓汁排出通畅，防止转为全身性感染，促进伤口愈合。

① 清洁创围。

② 冲洗创腔：用杀菌较强的防腐药液反复冲洗创腔，彻底洗去浓汁。常用的药液有0.2% 高锰酸钾溶液、3%过氧化氢溶液、0.01% ~0.05%新洁尔灭溶液。

③ 外科处理：扩大创口，除去深部异物，彻底清除坏死组织、创囊、脓汁。如创囊过大过深、排脓出现障碍时，可作辅助切口排脓。

④ 用药：一般在急性炎症期，治疗的药物应具有抗菌、增强淋巴渗出、降低渗透压、使组织消肿和促进酶类作用正常化的特性。如20%硫呋溶液、10%食盐溶液、10%硫酸钠溶液、10%水杨酸钠溶液等，由于高渗作用，能使创液从组织深部排除于创面，因而促进淋巴渗出，加速炎症净化，有良好疗效。因此，常用于灌注、引流或湿敷。一般应用3 ~4 次后，脓汁逐渐减少和出现肉芽组织。

当急性炎症减轻、化脓现象缓和时，可应用魏氏流膏、碘仿蓖麻油、磺胺乳剂等灌注或引流。也可撒布去腐生肌散等。

⑤ 创伤引流：用纱布条浸上述药液，特别是浸以高渗剂进行创伤引流，效果良好。

化脓创经上述处理后，一般不包扎绷带，施行开放疗法。

⑥ 全身疗法：根据需要进行抗菌消炎、强心补液等。

（3）肉芽创的治疗：肉芽创的治疗原则是促进肉芽组织生长，保护肉芽组织不受损伤和继发感染，加速上皮新生，防止肉芽赘生，促进创伤愈合。

① 清洁创围。

② 清洁创面：由于化脓性炎症逐渐平息，创内生长鲜红色肉芽组织，因此清洁创面时，不可使用刺激性强的药液冲洗，不可强力摩擦或刮削肉芽创面，以免损伤肉芽组织，继发感染和延缓创伤愈合。用生理盐水清洗即可。

③ 应用药物：应选择刺激性小，促进肉芽组织生长的药物调制成流膏、油剂、乳剂或软膏使用。主要有磺胺软膏、青霉素软膏、金霉素软膏等。为了促进创缘上皮新生，可用氧化锌水杨酸软膏、加水杨酸的磺胺软膏。也可以用小剂量紫外线照射。

④ 清除赘生物：当肉芽组织赘生时，选用硫酸铜腐蚀。

二十五、羊脐疝

脐疝是指腹部脏器（主要是小肠和网膜）通过脐孔脱出进入皮下而形成疝。一般以先天性为主，多见于出生时，或出生后数天及数周。羔羊的先天性脐疝多数在出生后数月逐渐消失，只有少数愈来愈大。

病因 脐孔发育不全没有闭锁，脐部化脓或腹壁发育缺陷等。胎儿的脐静脉、脐动脉和脐尿管通过脐管走向胎膜，它们的外面包围着疏松结缔组织。当胎儿出生后脐带被扯断，血管和脐尿管就变成空虚不通，而在四周则结缔组织增生，在较短时间内完全闭塞脐孔。如果不正确的断脐（如扯断脐带血管及尿囊管留得太短），腹壁脐孔则闭合不全，在强烈努责或用力跳跃时，促使腹内压增加，肠管容易通过脐孔而进入皮下形成脐疝（图 3－35）。

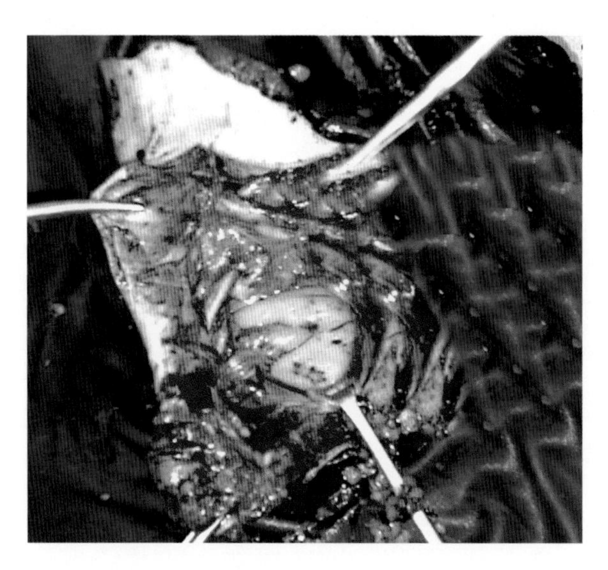

图 3－35　脐疝（引自马玉忠，2009）

症状 脐疝的主要临床表现是脐部明显突出，肉眼可见球形或半球形可复性肿物。患羊多无自觉症状。

诊断　脐部呈局限性球形肿胀，质度柔软，也有的紧张，但缺乏红、热、痛等炎症反应。病初多数能在改变体位时将疝的内容物还纳回到腹腔，并可摸出疝轮，听诊可听到肠蠕动音。羔羊脐疝一般由拳头大小可发展至小儿头大，甚至更大。由于结缔组织增生及腹压大，往往摸不清疝轮。通常发生的并发症有脱出的网膜与脐轮粘连，或肠壁与疝囊粘连，也有疝囊与皮肤发生粘连的。羊的脐疝如果疝囊膨大，由于皮肤磨破伤及粘连的肠管也能形成粪瘘。箝闭性脐疝虽不多见，一旦发生就呈现典型的全身症状，病羊极度不安，出现程度不等的疝痛。食欲废绝，由于肿胀和疼痛很快发生腹膜炎而体温升高，脉搏加快。如不及时进行手术则常会引起死亡。

防治

（1）保守疗法：适用于疝轮较小，年龄较小的羊。术前禁食 24 小时，然后保定、消毒，采用局部浸润性麻醉，随后将疝内容物还纳回腹腔，并以消毒好的疝夹或止血钳贴紧脐孔处夹住疝囊的根部，夹紧。用缝合针将疝囊围绕夹子进行缝合。还有用 95% 酒精（碘液或 10% ~15% 氯化钠液代替酒精），在疝轮四周分点注射，每点 3 ~5 毫升，可取得一定效果。

（2）手术疗法：此疗法比较可靠，但有时遇到缝合后 10 天左右恢复至原来状态者，这说明缝合之处未能按时愈合而重新裂开。本手术应按无菌技术要求仔细小心地切开皮肤，切口为菱形，分离并切开疝囊（根据需要），特别要注意剥离肠管的粘连部分。若无粘连即可将疝内容物直接还纳（一般做仰卧保定或半仰卧保定时疝内容物可自然的还纳至腹腔），并作袋形缝合以封闭疝轮。如病程稍长，疝轮的边缘坚硬而厚者最好将疝轮削薄成一新鲜创面，再用重叠式褥状缝合，皮肤作结节缝合。

二十六、羊腹壁疝

病因　外伤性腹壁疝可发生于各种家畜，是由于腹肌或腱膜受到钝性外力的作用而形成腹壁疝的较为多见。也可由剖腹产、胚胎移植手术中因腹膜缝合不严造成。马牛羊多发部位是前方下腹壁。这里由腹外斜机、腹内斜机和腹横肌的腱膜所构成，肌肉纤维很少，对于外伤的抵抗能力很低，这个特点是形成腹壁疝的诱因。羊的腹底壁疝多为胚胎移植的后遗症。

症状　外伤性腹壁疝的主要症状是腹壁受伤后局部突然出现一个局限性扁平、柔软的肿胀（形状、大小不同）（图 3 –36）。

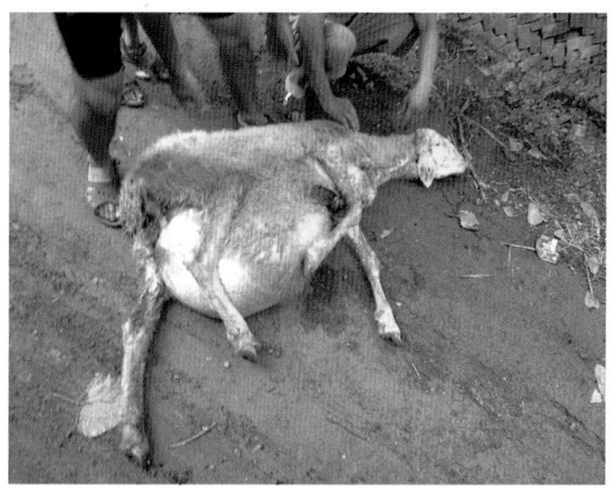

图 3 –36　腹壁疝母羊

诊断 触诊时有疼痛，常为可复性，多数可摸到疝轮。伤后两天，炎性症状逐渐发展，形成越来越大的扁平肿胀并逐渐向下、向前蔓延。

防治 治疗方法目前采用保守疗法和手术疗法。

（1）保守疗法：适用于初发的外伤性腹壁疝，凡疝孔位置高于腹侧壁的1/2以上，疝孔小，有可复性，尚不存在粘连的病羊，可试做保守疗法。

（2）手术疗法：母羊保定麻醉后进行手术，切口部位的选择决定于是否发生粘连。在病初尚未粘连的，可在疝轮附近作切口；较小的疝，也可作正中切口。如已粘连须在疝囊处作一皮肤梭形切口。钝性分离皮下组织，将内容物还纳入腹腔，缝合疝轮，闭合手术切口。

二十七、羊蹄腐烂病

蹄腐烂病又称为慢性坏死性蹄皮炎，是羊的蹄底皮肤和软组织受外界各种致病因子的刺激，病原菌感染引起蹄真皮或角质层腐败、蹄间皮肤及其深层组织腐败化脓为特征的局部化脓坏死性炎症，具有腐败、恶臭特征，夏、秋多雨季节易发病。

病因 此病主要由于圈舍泥泞不洁，在低洼沼泽牧场放牧，坚硬物如铁钉刺破趾间，造成蹄间外伤，或由于饲料中蛋白质、维生素、微量元素不足等引起蹄间抵抗力降低，而被各种腐败菌感染所致。

羊的蹄腐烂病，在患蹄部经常可以分离到坏死杆菌、节瘤拟杆菌、结节状梭菌、化脓性棒状杆菌、包柔氏螺旋体、弯曲杆菌、产黑色系杆菌、葡萄球菌和链球菌等。现以证明节瘤拟杆菌为腐蹄的原发性病原菌。节瘤拟杆菌能产生蛋白酶，消化角质，使蹄的表面及基层易受侵害，并在坏死厌气丝杆菌、坏死梭杆菌等病菌的协同作用下，可引起明显的腐蹄病损害。

坏死梭杆菌是从患蹄中最常分离到的细菌，在环境中、瘤胃和粪便中普遍存在，在土壤中存活时间可以长达10个月，它属于生物A型和AB型，能产生毒素引起感染组织坏死（腐烂）。坏死梭杆菌还常和其他细菌合并感染，在这种情况下只要有少量的坏死梭杆菌就可以引起腐蹄病。

另外，研究证明，微量元素锌是许多金属酶类和激素（如胰岛素）的组成部分，与皮肤的健康有关，而蹄是皮肤的衍生物，日粮中缺锌，影响蹄角化过程，容易发生蹄腐烂病。

在舍饲育肥羊过程中，日粮精粗饲料搭配比例失调也是动物肢蹄病发生的重要原因，盲目加大精饲料含量，导致育肥羊日粮中粗饲料不足，引起瘤胃酸度过高，并且产生大量的组织胺，导致腐蹄病的发生。

一些疾病也可继发蹄腐烂的发生。蹄腐烂病决不是一种病因引起的，而是几种病因共同作用的结果，并且是一个很复杂的过程。

症状 患肢跛行及剧烈疼痛为典型的临床症状。

诊断 羊的蹄腐烂，主要表现为跛行症状，病程发展比较缓慢，病轻的只在蹄底部、球部、轴侧沟有很小的深棕色坑。严重时病变小坑融合在一起，形成长沟状，沟内呈黑色，引起腐烂。最后在糜烂的深部暴露出真皮。糜烂可形成潜道，球部偶尔也可发展成深度糜烂，并长出恶性肉芽组织，引起剧烈疼痛而出现跛行。还有的病例可发展到深部组织，引起指（趾）间蜂窝织炎，患蹄恶臭，严重时蹄匣脱落（图3－37）。

预防

（1）针对发病的原因，蹄部要避免过度潮湿，不要在潮湿沼泽地长期放牧，经常进行蹄部的检查、修理，防止蹄部刺伤，防止蹄部角质软化。

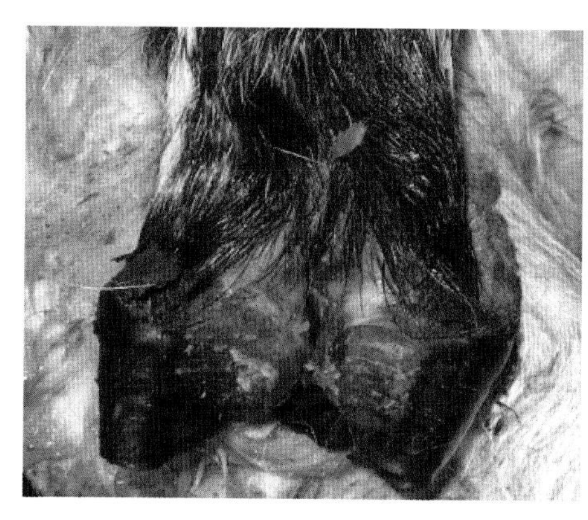

图 3－37 患羊蹄部（引自马玉忠，2009）

（2）锌制剂对预防该病有明显效果。高纯一等（1992）报告了舔食含锌等微量元素盐砖对绒山羊腐蹄病的防治作用。未舔食盐砖的绒山羊腐蹄病发病率为 24.14%～46.55%，而常年舔食盐砖的羊群腐蹄病发病率仅为 1.47%～1.54%。

经口补锌防治羊腐蹄病操作简便、经济、较安全，只需事先添加一定量锌制剂（如硫酸锌、氧化锌、氨基酸锌等）于牛羊饲料中或事先放置一些含锌的饲料盐砖于羊圈舍或运动场即可，且防治效果较好。

（3）疫苗研究，国外学者在联合疫苗上主要针对的是节瘤拟杆菌和坏死梭杆菌等。比如 IT-aMaBak（南斯拉夫）HekoBax（牛用联苗俄罗斯）都有较好的作用。国内学者利用重组技术研制出了免疫原性好、价格低廉的腐蹄病纤毛蛋白基因工程疫苗（节瘤拟杆菌 A、E 型纤毛蛋白基因工程疫苗和 E 型纤毛蛋白与绵羊 IL_2 联合基因工程疫苗）。

（4）预防性药物浴蹄：将浴蹄池设置在被感染羊每天必经之地，每天进行两次浴蹄，常用的浴蹄液有 4% 的硫酸铜溶液。现在有人研究证明用 10% 硫酸锌溶液浴蹄防治绵羊腐蹄病也有非常好的效果。

治疗 应先用蹄刀完全除去分离的角质。对过长的蹄壁宜加修整。然后扩开所有的创道。局部用 0.1% 高锰酸钾溶液或 2% 来苏尔冲洗，然后涂擦碘酊或涂 10% 的氯霉素酒精溶液，疗效很好。涂布 10% 的甲醛溶液，也有疗效。

为了防止病原的传播，可用 10% 硫酸铜溶液对病羊进行蹄浴。如果出现全身症状可对症治疗，抗菌消炎、补充营养等。

二十八、羊乳房炎

羊乳房炎是由于乳房受到机械性、物理性、化学性和生物性的致病因素作用，引起乳头或乳腺组织的炎症或增生，严重影响了泌乳功能，造成泌乳量减少，乳汁性质发生改变，质量下降。该病多发生于泌乳期。

病因 引起羊乳房炎的病因比较复杂，种类繁多，主要可分为以下几种。

1. 细菌感染：主要有停乳链球菌、金黄色葡萄球菌、大肠杆菌、化脓性棒状杆菌、放线菌等，细菌通过乳头管侵入乳房，感染发病。还有一些传染病如口蹄疫、布氏杆菌病、结核病等发病时也往往伴发乳房炎。

2. 机械性损伤：当乳房遭受摩擦、打击、挤压、刺划等机械性的作用，或幼畜吃奶时用力冲撞、咬伤乳头时，即可引起乳房炎。

3. 环境卫生：乳房炎是接触感染性疾病。圈舍、运动场不卫生等容易使致病菌经乳头管侵入乳腺引起发炎。这也是乳房炎发生的主要途径之一。

4. 诱发因素：泌乳期饲喂过多精料使乳腺分泌机能过强，应用激素治疗生殖器官疾病引起的激素平衡失调等也可诱发乳房炎的发生。

5. 奶山羊挤乳时方法不当，造成乳房损伤；挤乳前乳房清洗和挤乳员手消毒不彻底，使乳头感染从而引发乳房炎。

6. 对于产单羔母羊，如果母羊产奶量较高，但是，产羔后护理不周，羔羊只吃一边奶头，另一边正常泌乳，这样容易形成偏奶，诱发乳腺炎。母羊产后保证两边乳头都能让羔羊吃到，另外，如果羔羊开始太小不能吃完乳汁，必须挤掉不能吃完的奶汁，保证母羊乳腺正常泌乳，不发生乳腺炎。

症状

1. 急性乳房炎：患病乳区极度肿大、红肿、热痛症状明显（图 3－38）。乳房上淋巴结肿大，乳汁排出不畅或困难，泌乳量急剧减少或停止，乳汁稀薄，混有絮状或颗粒状物，还有的混有血液和浓汁。严重时，乳汁可呈淡黄色水样或红色水样，镜检时可发现乳汁中含有大量乳腺上皮细胞。同时伴有不同程度的全身症状，主要表现为食欲减退或废绝，瘤胃蠕动减缓或停止，反刍停止，体温高达 41～42℃，呼吸和脉搏加速，眼结膜潮红。后期呈现纤维素性乳房炎或化脓性乳房炎，眼球下陷，精神委顿。患病羊起卧困难，长时间站立不愿卧地，体温升高，持续数天而不退，急剧消瘦，常因败血症而死亡。

2. 慢性乳房炎：多因急性乳房炎没有彻底治愈转化而成。一般没有全身症状，患病乳区组织弹性下降，硬度增强；触诊时，有大小不等的硬块；乳汁稀薄，泌乳量明显减少，乳汁中混有颗粒状物或絮状凝块；有时乳汁无肉眼可见变化，但通过实验室检验乳汁中含有病原菌及白细胞。严重时患病乳区纤维化，泌乳停止。

3. 隐性乳房炎：临床上不表现任何症状，乳汁没有可见肉眼变化，但是，一旦条件成熟很容易转变成临床型乳房炎。隐性乳房炎诊断方法很多，在我国一般采用化学检验方法（CMT）、物理检验方法和体细胞检测法进行诊断。

诊断　临床型乳房炎根据乳房的红、肿、热、痛及内有硬块等较易确诊。隐性乳房炎无明显症状，依靠乳的观察和实验室诊断综合分析判断。

预防

（1）加强饲养管理，改善圈舍的卫生条件，及时清除污物，定期消毒圈舍和运动场，经常保持圈舍的清洁和干燥；对病羊要隔离饲养，防止致病菌扩散和传播。

（2）放牧羊群在枯草季节要适当补饲草料，避免严寒和烈日暴晒，减少应激。

（3）乳用羊挤奶要定时，一般每天挤奶 2 次为宜，一般母羊当产奶特别多而羔羊吃不完时，可人工将剩奶挤出或适当减少精料饲喂量。

（4）怀孕后期对奶山羊要逐渐停乳，停乳时将抗生素注入每个乳头管内，停乳后注意乳

房的充盈度和收缩情况，发现异常及时检查处理。

（5）分娩时如乳房过度肿胀，应适当减少精料及多汁饲料；分娩后，乳房过度肿胀，应控制饮水，并增加运动和挤乳次数。

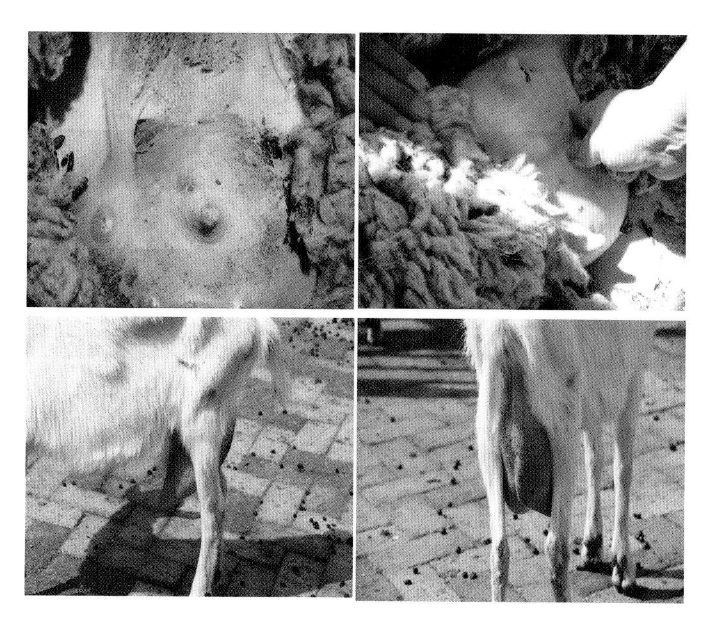

图 3－38　羊患病乳区极度肿大、红肿

治疗

（1）局部疗法

A. 乳房内注入药液。方法是在挤净患病羊乳房内的乳汁及分泌物以后，将消毒的乳导管经乳头孔轻轻插入乳池内，然后慢慢注入青霉素 40 万单位，0.5% 普鲁卡因溶液 5 毫升（将青霉素溶解于普鲁卡因溶液中），而后轻揉乳房腺体部，使药液分布于乳腺中，每天 1～2 次。现有人研究证明利用纳米银乳房注射对轻度乳房炎有一定的效果，且不产生有抗奶。

B. 封闭疗法：①会阴神经封闭法：在阴唇下联合，即坐骨弓上方正中的凹陷处，局部消毒后，左手拇指按压在凹陷处，右手持封闭针头向患侧坐骨小切迹方向刺入 1.5～2 厘米，注入青霉素 80 万单位，0.5% 普鲁卡因溶液 10～20 毫升。②乳房基部封闭：在乳房前叶或后叶基部，紧贴腹壁刺入 8～10 毫米，每个乳叶可注入 0.25%～0.5% 盐酸普鲁卡因 10～15 毫升，加入青霉素、链霉素可提高疗效，注射时注意扩大浸润面。后乳叶的刺激点在乳房中线旁 2 厘米。

C. 冷敷、热敷及涂擦刺激剂。为了促进炎性渗出物吸收和消散，在炎症初期需要冷敷，2～3 天后可施热敷。用 10% 硫酸镁溶液 1 000毫升，加热至 45℃，每天外洗热敷 1～2 次，连用 4 次。也可用红外线照射等，患病乳区涂擦樟脑软膏或鱼石脂软膏等药物，促进吸收，消散炎症。

对化脓性乳房炎，宜向乳房脓腔内注入 0.1%～0.25% 雷夫奴尔溶液，或 3% 过氧化氢溶液，或 0.1% 高锰酸钾溶液冲洗脓腔，引流排脓。

（2）全身疗法

A. 减食疗法。为了减轻乳房负担，促使炎症早日消散，采取暂时降低泌乳机能的措施，即减少精料喂给量，少喂多汁饲料，限制饮水。待病情好转后再给予正常的饲喂。在体温升高时，应用磺胺类药物内服或新霉素、四环素等药物静脉注射，以消除炎症。

B. 中草药疗法。急性病例可用当归 15 克，蒲公英 30 克，二花、龙胆草各 12 克，连翘，赤芍，川芎，瓜蒌，生地，山枝各 6 克，甘草 10 克，共研为细末，开水调制，每天 1 剂，连用 5 天，亦可将上述中草药煎水灌服，同时积极治疗继发病。

二十九、羊子宫内膜炎

子宫内膜炎是子宫黏膜的炎症，常因分娩、助产、子宫脱出、阴道脱出、胎衣不下、腹膜炎、胎儿死于腹中等，继发细菌感染而引起（图 3－39）。大多发生于母羊分娩过程或产后，是羊产科疾病中的一种常见病。

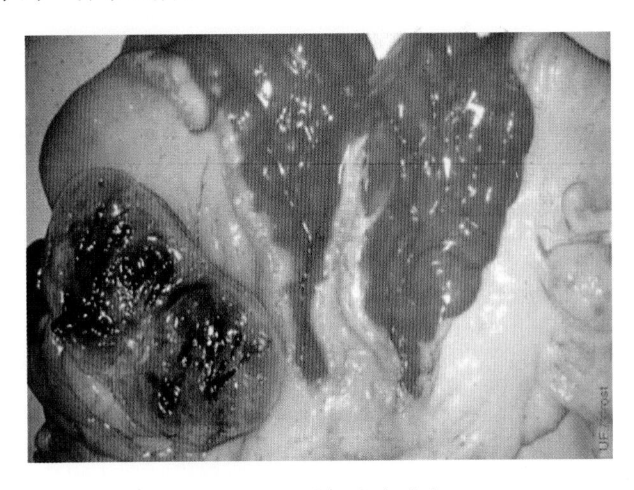

图 3－39　羊子宫内膜炎

病因

（1）胎衣不下、阴道脱出或子宫脱出之后，继发细菌感染引起子宫内膜的炎症。

（2）母羊生产、难产助产时消毒不严，或配种、人工受精、阴道检查时，器械和生殖器官外部消毒不严，继发细菌感染，导致阴道炎症或子宫颈炎症而引起。

（3）羊舍不洁，特别是羊圈潮湿，粪尿积聚，母羊外阴部容易感染细菌并进入阴道及子宫，引发本病。

（4）有实验研究证明环境中的许多病原微生物通过上述途径感染子宫而成为子宫内膜炎的致病菌，例如：葡萄球菌、链球菌、大肠杆菌、绿脓杆菌、沙门氏菌、真菌、支原体等，这些病原微生物可以单独感染也可混合感染。

（5）某些传染病和寄生虫病的病原体通过血液、淋巴侵入子宫，如布氏杆菌、李氏杆菌、结核杆菌、滴虫等引起此病。

症状　本病按病程可分为急性和慢性两类。

（1）急性子宫内膜炎（图 3－40）：一般发生于分娩过程或流产后或继发于胎衣不下，病羊表现体温升高，精神委靡，食欲降低，反刍减少或废绝；常见拱背、努责，常作排尿姿势，从阴门中不断流出混浊、带有絮状的黏液性或脓性渗出物，有时夹有血液，卧下时排出量较多，有腥臭味，阴道检查见阴道及子宫颈外口黏膜充血肿胀。严重时，病羊昏迷，甚至

死亡。

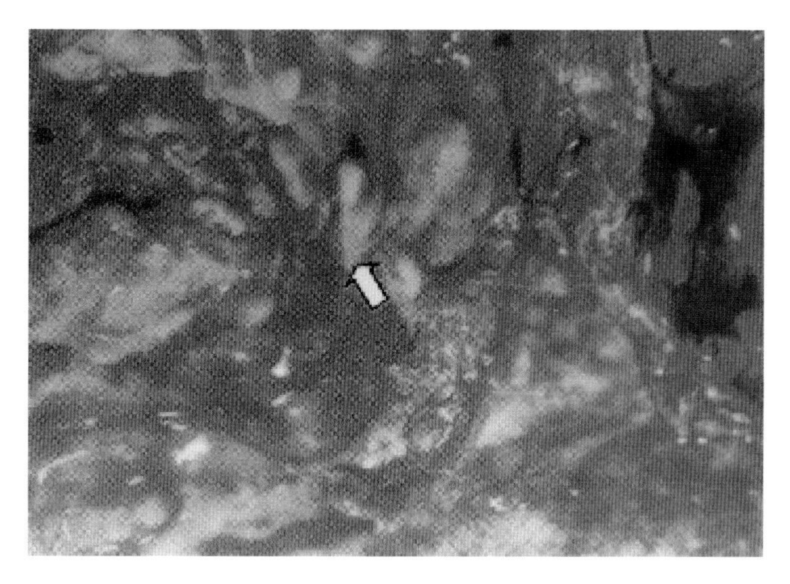

图 3－40　急性子宫化脓，蓄积脓性分泌物

（2）慢性子宫内膜炎（图 3－41）：根据分泌物的性质又分为慢性黏液性子宫内膜炎和慢性化脓性子宫内膜炎。前者多由急性炎症转变而来，病羊有时体温升高，食欲、泌乳减少；卧下或发情时，从阴道排出混浊带有絮状物的黏液，有时虽排出透明黏液，但含有小块状絮状物；阴道及子宫颈外口黏膜充血、肿胀、颈口略微开张；阴道底部常积聚上述分泌物；子宫角变粗、壁厚、粗糙、收缩反应微弱。后者从病羊阴道中排出灰白色或黄褐色较稀薄的脓液，阴道黏膜和子宫颈黏膜充血，往往粘有脓性分泌物，子宫颈稍开张。

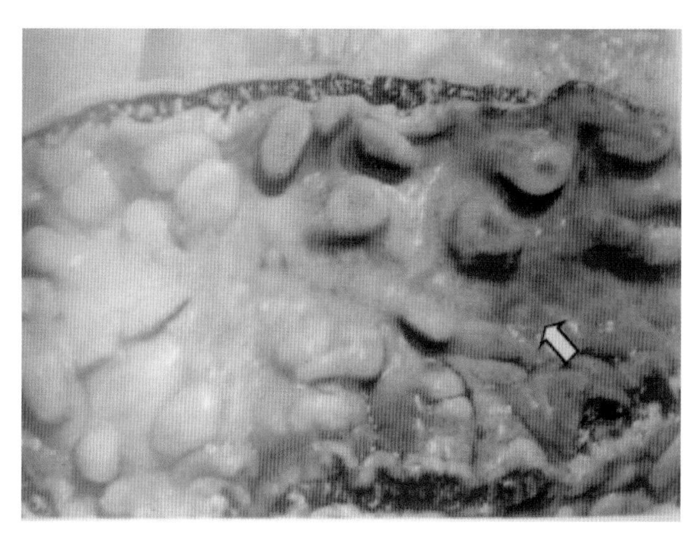

图 3－41　慢性子宫内膜炎，有灰色分泌物

诊断　根据分娩史，从发病羊体温升高、弓背、努责、不时作排尿姿势、阴户中流出黏性或脓性分泌物或乌红色分泌物、发情不规律或停止、屡配不孕等临床表现，以及病因分析

就可判断出该病。

预防

（1）注意保持圈舍和产房的清洁卫生；助产时，术者手臂和母羊外阴部要注意消毒；尽量减少对母羊产道的损伤；对产道损伤、胎衣不下及子宫脱出的病羊要及时治疗，防止继发感染。

（2）产后一周内，对母羊要经常检查，尤其要注意对阴道排出物的检查，注意有无异常变化，如有臭味或排出的时间延长，更应仔细检查，及时治疗。

（3）定期对种公羊进行检查，看是否存在传染性生殖器官疾病，防止借配种进行传播或感染。

（4）人工配种时，工作人员的手臂和使用的器械，以及难产时，助产人员的手臂及使用器械都要严格消毒，操作时注意用力程度，以免消毒不严或操作不慎而致本病发生。

治疗

（1）冲洗净化子宫。常用的冲洗液为：0.1% ~0.2% 雷夫奴尔溶液，0.1% 复方碘溶液，0.1% ~0.3% 高锰酸钾溶液，0.1% ~0.2% 碳酸氢钠溶液与等量的 1% 明矾溶液混合液，取其中之一约 300 毫升，灌入子宫腔内，然后用虹吸法排出灌入子宫内的消毒液，每天 1 次，可连做 3 ~4 次，直到排出的液体透明为止。

（2）为促进子宫收缩，减少或阻止渗出物吸收。可用 5% ~10% 氯化钠溶液 200 ~300 毫升每天或隔天冲洗子宫 1 次。随着渗出物减少和子宫收缩力的提高，冲洗液浓度逐渐降为 1%，用量也相应减少。同时皮下或肌内注射己烯雌酚、垂体后叶素或缩宫素等。

（3）子宫内灌注抗生素进行消炎。可在冲洗排液后，选用如下药物向羊子宫内注入：青霉素、链霉素各 50 万 ~100 万单位，或土霉素 0.5 克溶于 100 毫升鱼肝油中，再加入垂体后叶素 5 单位，注入子宫内，每天 1 次，4 ~6 天后隔天 1 次；必要时用青霉素 80 万单位、链霉素 50 万单位，肌内注射，每天早晚各 1 次。慢性子宫内膜炎，如渗出物不多，可选用 1∶2 ~4 碘酊石蜡油、1∶2 ~1∶4 碘甘油等量石蜡油复方碘溶液 10 ~20 毫升注入子宫内。

（4）缓解自体中毒。用 10% 葡萄糖注射液 100 毫升、林格氏液 100 毫升、5% 碳酸氢钠溶液 20 ~50 毫升，一次静脉滴注；同时，肌内注射维生素 C 200 毫克。

（5）中药治疗。急性病例，用连翘 10 克，赤芍 4 克，黄芩 5 克，丹皮 4 克，桃仁 4 克，香附 5 克，延胡索 5 克，薏苡仁 5 克，蒲公英 5 克，水煎候温，一次灌服；慢性病例，用益母草 5 克，当归 8 克，蒲黄 5 克，川芎 3 克，茯苓 5 克，桃仁 3 克，五灵脂 4 克，香附 4 克，水煎候温加黄酒 20 毫升，一次灌服，1 次/天，2 ~3 天为一个疗程。

三十、羊难产

难产是由于母体或胎儿异常所引起的胎儿不能顺利通过产道的一种分娩性疾病。难产不仅能造成胎儿死亡，而且会影响母羊的生命。

病因　根据其发生原因不同，分为母羊异常性难产和胎儿异常性难产两种。

1. 母羊异常性难产　主要发生在秋、冬季节，引起的原因有如下几种。

① 母羊提早配种，骨骼发育不全，产道没有发育成熟，骨盆、阴门、阴道、子宫颈等产道狭窄，加之胎儿过大，不能顺利产出。

② 怀孕的母羊营养失调，体质瘦弱或过于肥胖，运动不足，尤其是老龄或患有全身性

疾病的母羊，常因子宫及腹壁收缩无力导致阵缩及努责微弱，胎儿难以产出。

③ 怀孕母羊因患有某些传染病或产科病而使子宫的肌纤维发生了退行性变化，如布氏杆菌病及子宫内膜炎等都会引发难产。

④ 其他原因 怀孕母羊子宫扭转；子宫过度扩张，子宫壁变薄及肌纤维过度伸张均使收缩力量减弱；腹腔积水以及腹壁疝气等使腹压不足；助产失当等。

2. 胎儿异常性难产　引起的原因主要有以下几点。

① 胎儿的姿势不正或方向异常，胎儿过大、过多或畸形，羊水过多。

② 胎膜破裂过早，羊水流尽，使胎儿不能产出。

③ 胎膜破裂过迟，以致分娩过程延长，致使子宫平滑肌出现疲劳性麻痹。

④ 胎儿及胎膜发生腐败，由于毒素的作用，降低了子宫平滑肌的兴奋性，以致子宫收缩无力或麻痹。

症状　初见孕羊间歇性腹痛，起卧不安，时而卧地努责，进而起立，前蹄刨地，拱腰努责，回头顾腹，不停的咩叫，阴门肿胀，从阴门流出红黄色浆液，有时露出部分胎衣，有时可见胎蹄或胎头，但胎儿长时间不能产下（图 3－42）。

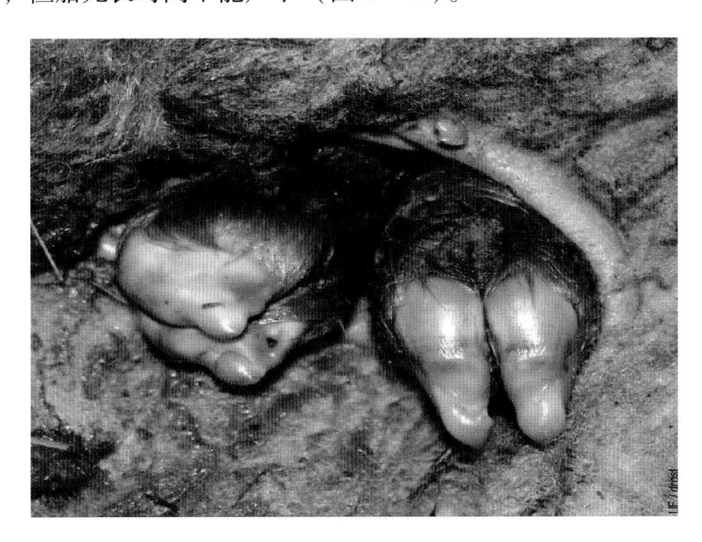

图 3－42　可见胎蹄或胎头，但胎儿长时间不能产下
（引自吴树清）

在阵缩微弱时，往往表现有强烈的腹压（尤其是山羊），但因子宫肌肉收缩不足仍然排不出胎儿。

诊断　一般情况下难产的诊断并不困难，孕羊从出现分娩症状开始长时间胎儿不能产出，就可确诊为难产。

预防

（1）不要过早进行配种（母羊体成熟前），尤其是公羊、母羊混群放牧时更应注意，羔羊 3 个月大以后，公羊，母羊应该分群饲养，防止偷配现象出现。

（2）加强孕羊的饲养管理，制定怀孕母羊各期的饲养和营养标准，避免体型过瘦或过于肥胖；适当运动以增强体质。

（3）分娩前要做好接羔助产的各项准备工作，分娩时要有专人负责，发现分娩过程异常要及时助产。助产以手术为主，必要时辅以药物治疗。

治疗

（1）如果胎位正常，胎膜尚未破裂，可不必忙于干预，只需轻轻按摩腹壁，并将腹部下垂部分向后上方推压，以刺激子宫平滑肌的收缩，常可收到较好的效果。

（2）若胎位正常，羊水已经流出，但子宫收缩无力，原则上可以使用增强子宫收缩药物，以增强子宫的收缩力，帮助分娩。通常应用的有缩宫素及垂体后叶素等，尤其是缩宫素注射液，是兽医上常用的催产药物，可使子宫产生生理性收缩，加快正常分娩过程。但是，往往催产药物对羊不太适用，因为它可以使子宫更紧的包裹胎儿，使助产更加困难。故此时要进行人工助产。消毒手臂和母羊会阴部，将手伸入产道用手缓缓从产道内拉出胎儿。

（3）若胎位正常，产道狭窄。首先向阴门黏膜上涂布或向阴道内灌注温肥皂水，然后用线绳缓缓牵拉胎头或前肢，助产者尽量用手扩张阴门或阴道。若试拉无效时，应切开狭窄部，拉出胎儿，立即缝合切口。

（4）若胎位不正，先矫正胎位，然后再进行助产。

（5）若子宫颈扩张不全或闭锁时，或骨骼变形，致使骨盆狭窄，胎儿的产出受机械性障碍时，或胎位异常又不易矫正时，应尽早施行剖腹产手术，取出胎儿。

（6）以上无论以何种方式取出胎儿后，均应立即皮下注射缩宫素 10 ~ 50 单位或肌肉内注射垂体后叶素 10 单位，对于止血、促进胎衣排出及防止子宫内翻均有良好效果。

三十一、羊生产瘫痪

生产瘫痪又称乳热病或低血钙症。是母羊分娩前后发生的一种严重的营养代谢性疾病。绵羊和山羊均可发生，但以山羊多见，尤其是高产奶山羊。

病因 分娩前后血液中钙的浓度急剧降低是导致本病发生的根本原因。母羊在怀孕后期，由于营养需要而处于高钙水平，从而使甲状旁腺机能降低，当大量泌乳开始后，钙随乳汁大量流失，造成血钙水平急剧下降，而机体又不能及时补充而引起发病。

决定产褥热的一个重要因素是机体分娩时体液的酸碱平衡状态，代谢性碱中毒时会破坏甲状旁腺的生理机能，影响机体钙稳态调节系统的调节能力，使血钙降低，产生低血钙症，最后发生产乳热。

在围产期羊的低血钙和产褥热的另外一个重要因素是低血镁，低血镁可造成甲状旁腺分泌 PTH（甲状旁腺激素）减少，影响机体钙稳态调节系统的调节能力，使血钙降低发生产乳热。

饲料中阳离子，特别是钾离子含量过高，会造成羊机体血液呈碱性，阳离子是带正电荷的矿物质元素，包括钾、钠、钙、镁等，饲料中的阳离子被吸收后血液碱性增强，造成机体代谢性碱中毒。

妊娠期间饲料中维生素和钙不足，钙磷比例不平衡，母羊分娩前后胃肠消化机能减弱，使得钙的吸收率降低，也可引起本病的发生。

症状 以突然发病，低血钙，全身肌肉无力而站立不起为典型特征。该病主要在产前或产后 1 ~ 3 天内发生，偶尔可见怀孕其他时期。

诊断 发病突然，病程进展快。病初主要表现食欲不振或废绝，反刍减少至停止，瘤胃蠕动减慢或消失，步态不稳，呼吸常见加快，随后出现瘫痪症状，后肢不能站立，头向前

冲，进食、排泄完全停止，针刺反射降低，全身出汗，肌肉震颤，心音减弱、速率增加，有些羊出现典型的麻痹症状，体温下降，进入濒死期，治疗不及时而引起死亡。

病情较轻时，其症状除不发生瘫痪外，主要特征是头颈呈"S"状弯曲，精神沉郁而不昏迷，反射减弱而不消失，能站立却站不稳，体温下降却不低于37℃。一般轻型症状占多数。

预防 加强妊娠后期的饲养管理。

（1）在生产前饲喂一些低钙高磷饲料。

（2）注意适当运动，但不可过量。

（3）对易发本病的羊分娩后要及时预防注射，首选的药物为5%氯化钙注射液40～60毫升、25%葡萄糖注射液80～100毫升、10%安钠咖注射液5毫升，混合后，一次静脉注射。

（4）在分娩前后1周内，每天饲喂蔗糖15～20克。

（5）降低饲料中的钠、钾含量，即增加青贮玉米的饲喂量。

（6）现在的研究已经证明产前饲料中添加阴离子可以预防该病的发生，例如铵、钙、镁的氯化物用做致酸阴离子已获得成功。

治疗

（1）补钙，10%葡萄糖酸钙注射液50～100毫升，静注，或5%氯化钙注射液40～60毫升、10%葡萄糖注射液120～140毫升、10%安纳咖注射液5毫升，混合后，一次静脉注射。

（2）乳房送风，将空气送入乳房使乳腺受压，引起泌乳减少或暂停，使得血钙不再流失。送风一次效果不明显时，再重复进行一次。

（3）其他，补磷补糖，补钙后，大多伴有低磷血症，要及时进行补磷，20%磷酸二氢钠溶液50～100毫升，一次静脉注射。当大量补钙后，血液中胰岛素的含量提升而引起血糖降低，因此在补钙的同时要适当补糖。

三十二、羊流产

流产是指胚胎或胎儿在妊娠过程中受不良因素影响，破坏了与母体的正常生理关系，从而导致母羊妊娠终止。流产可发生在妊娠的各个阶段，但以怀孕早期发生居多。其临床表现为产出死胎或不足月的胎儿（图3－43、图3－44），或胚胎在子宫中被吸收。

病因 传染性流产是病原微生物感染引起的，主要病原有布鲁氏菌、衣原体、弯杆菌、毛滴虫等。

非传染性流产的原因主要有：

（1）先天性的子宫畸形，胎盘坏死，胎膜炎和羊水增多症等。

（2）肺炎、肾炎、有毒植物中毒、食盐中毒等。

（3）外伤、蜂窝织炎、败血症等。

（4）长途运输不当、饲草料供应不均、饲喂腐败变质及冰冻饲料等。

（5）饲料或牧草中某些微量元素的严重缺乏。

以上诸多原因都可直接或间接引起羊流产的发生。

症状 流产由于时期的不同，其临床表现也各有不同，主要有以下几种情况。

（1）隐性流产　怀孕初期胚胎还没形成胎儿，死亡后其组织液化而被母体吸收或排出，其表现主要是怀孕后一段时间腹围不再增大反而缩小，妊娠 6～10 周时母羊再次发情而被发现。

图 3-43　羊流产

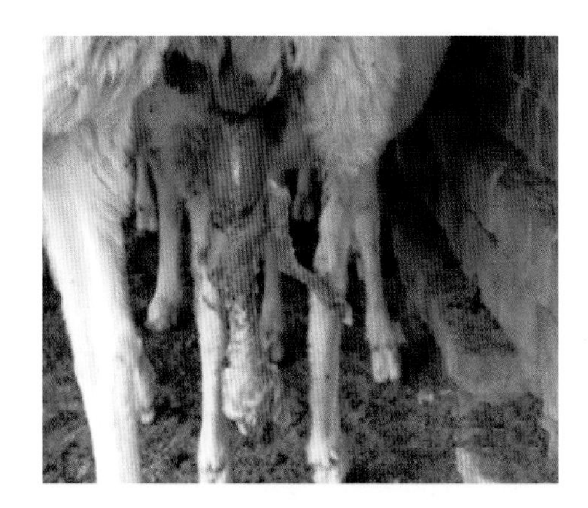

图 3-44　没有分娩征兆，突然排出死胎

（2）早产　排出不足月的活胎，有正常分娩的征兆和过程（如腹痛起卧，努责，不食等），但不太明显，一般在胎儿排出前 1～2 天，乳房和阴唇稍有肿胀。

（3）小产　排出的是没有发生变化的死胎，但胎儿及胎膜都很小，一般没有分娩征兆而突然发生，所以常常不被发现。

（4）延期流产　也叫死胎停滞，死胎长期滞留子宫。

诊断　对于群发性流产要考虑传染病，或营养代谢性疾病的可能性，特别是布鲁氏菌病和衣原体等病原微生物引起的流产，可以通过血清学、病原学等手段进行鉴别、确诊。

预防　加强妊娠母羊的孕期管理，提供优质牧草、饲料并适当添加多种维生素。改善圈舍卫生环境，严禁挤压、碰撞等损害情况的发生。严禁饲喂冰冻、发霉饲草料，运动要合理、适当。发现流产征兆时，及时采取有效保胎措施。

治疗

（1）对出现流产征兆的母羊要及时进行保胎、安胎。黄体酮注射液 15～25 毫克，肌内注射，两天 1 次，连用 3 次。同时辅助应用维生素 E 注射液 5～10 毫克，肌内注射。

（2）当流产发生时，要采取措施确保胎儿完全流出体外，流产不完全时，要进行人工辅助生产，待胎儿及胎膜等完全排出，无异常时，不需特殊处理。但出现异常要进行处理，如死胎没及时排出或延期滞留，要采取人工方法帮助胎儿排出，并彻底清理子宫。母羊出现感染症状时，要及时进行对症治疗。

（3）对流产后的母羊要加强饲养管理，提供优质饲草料和清洁饮水，加强对体能的恢复，加强护理，使之能尽快进入下一个妊娠周期。

（4）对于布鲁氏菌病等病原微生物引起的流产，按照传染病的相关规定进行处理。

三十三、羊胎衣不下

胎衣不下也称胎衣滞留。是指母羊分娩后，胎衣超过了正常时间（羊为 3.5 小时，山羊为 2.5 小时）仍不排出，并已经超过 14 小时，即为胎衣不下。

病因

（1）产后子宫收缩无力，主要因为怀孕期间饲料单纯，缺乏无机盐、微量元素和某些维生素，或是产双胎，胎儿过大及胎水过多，使子宫过度扩张。

（2）怀孕期缺乏运动或运动不足，往往会引起子宫弛缓，因而胎衣排出缓慢。

（3）分娩时母羊肥胖，可使子宫复旧不全，因而发生胎衣不下。

（4）其他能够降低子宫肌和全身张力的因素，都能使子宫收缩不足。

（5）胎儿胎盘和母体胎盘发生愈着，患布鲁氏菌病的母羊常因此而发生胎衣不下。

（6）此外，流产和早产等原因也能导致胎衣不下。

症状 胎衣不下，初期一般没有全身症状，经1～2天后，停滞的胎衣开始腐败分解，从阴道内排出污红色混有胎衣碎片的恶臭液体（图3－45），腐败分解产物若被子宫吸收，可出现败血型子宫炎和毒血症，患羊表现体温升高、精神沉郁、食欲减退、泌乳减少等。

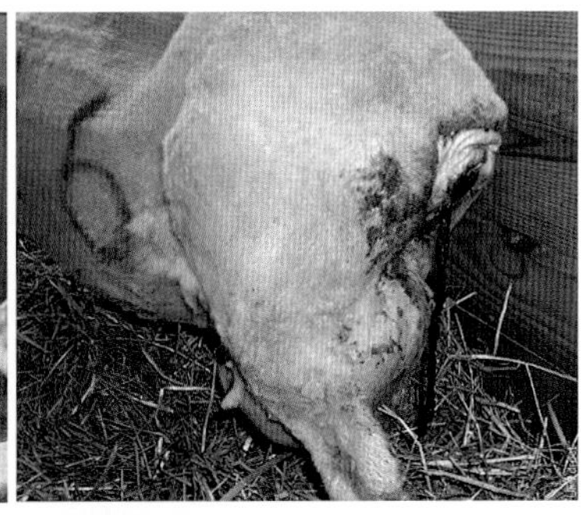

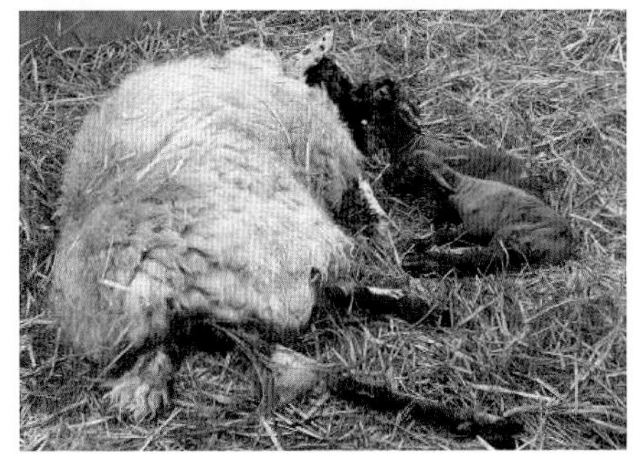

图3－45 羊胎衣不下（引自吴树清）

诊断 本病的诊断主要根据临床症状。此病往往并发败血病、破伤风或气肿疽，或者造成子宫或阴道的慢性炎症。如果患羊不死，一般在5～10天内全部胎衣发生腐烂而脱落。山羊对胎衣不下的敏感性比绵羊为大。

防治 促进子宫收缩，加速胎衣排出：皮下或肌肉注射垂体后叶素50～100单位。最好在产后8～12小时注射，如分娩超过24～48小时，则效果不佳。也可注射催产素10毫升（100单位），麦角新碱6～10毫克。

手术剥离：先用温水灌肠。排出直肠中积粪，或用手掏尽。再用0.1%高锰酸钾液洗净外阴。后用左手握住外露的胎衣，右手顺阴道伸入子宫，寻找子宫叶。先用拇指找出胎儿胎盘的边缘，然后将食指或拇指伸入胎儿胎盘与母体胎盘之间，把它们分开，至胎儿胎盘被分离一半时，用拇、食、中指握住胎衣，轻轻一拉，即可完整地剥离下来。如粘连较紧，必须慢慢剥离。操作时须由近向远，循序渐进，越靠近子宫角尖端，越不易剥离，尤须细心，力求完整取出胎衣。

预防胎衣不下，当分娩破水时，可接取羊水 100～200 毫升于分娩后立即灌服，可促使子宫收缩，加快胎衣排出。

附　录

羊病防控相关法律、法规及标准

1. 口蹄疫防治技术规范
2. 绵羊痘/山羊痘防治技术规范
3. 炭疽防治技术规范
4. 山羊和绵羊布鲁氏菌病检疫规程 SN/T 2436—2010
5. 种畜禽调运检疫技术规范（GB16567—1996）
6. 畜禽产地检疫规范 GB l6549—1996
7. 进出境种羊检疫操作规程（SN/T 1997—2007）
8. 绵羊进行性肺炎抗体检测方法 琼脂免疫扩散试验（SN/T 1223—2003）
9. 山羊关节炎-脑炎抗体检测方法 酶联免疫吸附试验（SN/T 1171. 1—2003）
10. 山羊关节炎-脑炎抗体检测方法 琼脂免疫扩散试验（SN/T 1171. 2—2003）
11. 山羊关节炎/脑炎琼脂凝胶免疫扩散试验方法（NY/T 577—2002）
12. 绵羊痘和山羊痘诊断技术（NY/T 576—2002）
13. 羊螨病（痒螨/疥螨）诊断技术（NY/T 1470—2007）
14. 牛羊胃肠道线虫检查技术（NY/T 1465—2007）
15. 丝状支原体山羊亚种检测方法（NY/T 1468—2007）
16. 羊寄生虫病防治技术规范（GB/T 19526—2004）
17. 供港澳活羊检验检疫管理办法
18. 国家进境动物隔离检疫场管理办法
19. 国家中长期动物疫病防治规划（2012—2020 年）
20. 中华人民共和国动物防疫法
21. 国家突发重大动物疫情应急预案
22. 中华人民共和国进出境动植物检疫法

参考文献

[1] 丁伯良. 羊的常见病诊断图谱及用药指南 [M]. 北京：中国农业出版社，2008

[2] 马玉忠. 简明羊病诊断与防治原色图谱 [M]. 北京：化学工业出版社，2009

[3] 陈怀涛. 牛羊病诊治彩色图谱 [M]. 北京：中国农业出版社，2004

[4] 邢福珊，林青等. 常见羊病防治技术. 杨凌：西北农林科技大学出版社，2007

[5] 王怀友. 动物普通病. 北京：中国环境科学出版社，2009

[6] 王福传，段文龙. 图说羊病防治新技术. 北京：中国农业科学技术出版社，2012

[7] 田玉平，张和平. 舍饲羊疾病防治实用技术丛书—产科疾病. 银川：黄河出版传媒集团，宁夏人民出版社，2009

[8] 田玉平，张和平. 舍饲羊疾病防治实用技术丛书—内科疾病. 黄河出版传媒集团，宁夏人民出版社，2009

[9] 沈基长. 羊病防治关键技术——彩插版. 北京：中国三峡出版社，2006

[10] 刘湘涛，刘晓松. 新编羊病综合防控技术. 北京：中国农业科学技术出版社，2011

[11] 崔春兰. 畜禽普通病诊疗. 北京：中国农业大学出版社，2011

[12] 宋铭忻，张龙现. 兽医寄生虫学 [M]. 北京：科学出版社，2009：263～268

[13] 孔繁瑶，周源昌，刘群等. 家畜寄生虫学（第二版修订版）[M]. 中国农业大学出版社，2010：70～76

[14] 汪明. 兽医寄生虫学 [M]. 北京：中国农业出版社，2006：325～327

[15] 秦建华，张龙现. 动物寄生虫病学 [M]. 北京：中国农业大学出版社，2013

[16] 陈应江，扬凌，杨智青等. 盐城地区山羊球虫病的调查及防治 [J]. 畜牧兽医杂志. 2006，25（4）：10～12

[17] 刘全元，史万贵，詹芳等. 甘肃省羊球虫病感染情况调查 [J]. 畜牧兽医科技信息，2011，11：36～37

[18] 王永立，崔彬，张子宏等. 绵羊肠道寄生虫感染情况调查 [J]. 中国畜牧兽医，2008，35（5）：86～88

[19] 郭晓梅，门芳艳，齐晓峰. 绵羊焦虫病的诊治报告 [J]. 中国兽医寄生虫病，2006，10：16

[20] 陈顺珠，杨跃光. 山羊焦虫病的诊治 [J]. 中国兽医寄生虫病，2006，13（4）：46～47

[21] 吴志仓. 甘肃省永靖县羊泰勒虫病流行病学调查 [J]. 畜牧与兽医，2011，43 (2)：77～80

[22] 王永立，崔彬，菅复春等. 河南省绵羊隐孢子虫病流行病学调查 [J]. 中国兽医科学，2008，38 (2)：160～164

[23] 晁学元，罗海青，王国庆等. 山羊泰勒虫病的综合防治 [J]. 中国兽医杂志，2007，43 (9)：38～39

[24] 菅复春，宁长申，张龙现. 羊寄生虫病防控措施 [J]. 农村养殖技术，2011，10：23～24

[25] 骆佳锐，徐文福，俄木阿迁等. 绵羊片形吸虫病和线虫病病情程度的检测与治疗试验 [J]. 中国兽医寄生虫病，2003，11 (4)：46～48

[26] 王燕，刘国华，李佳缘等. 中华双腔吸虫线粒体 coxl 基因的克隆及序列分析 [J]. 中国畜牧兽医，2012，12 (5)：52～54

[27] 丽娟，王洮生. 绵羊细颈囊尾蚴病的解剖与诊治 [J]. 畜牧兽医杂志，2012，31 (3)：104～105

[28] 孙宝权，王小新，蔡守兵等. 山羊细颈囊尾蚴病诊治 [J]. 四川畜牧兽医，2010，37 (11)：11

[29] 徐宝成，程丽萍，王俊江. 羊狂蝇蛆病的诊治 [J]. 畜牧与饲料科学，2009，30 (9)：183

[30] 周家敏. 羊常见寄生虫病的防治 [J]. 畜牧与饲料科学，2011，32 (2)：124～125

[31] 王永濛，白玉辉，王明珠. 羊虱病的发生与诊治 [J]. 中国兽医寄生虫病，2005，13 (3)：3

[32] 魏永红，李有全，殷宏. 动物寄生虫病的综合防治研究进展. 中国动物保健，2011，2：21～22

[33] 陈怀涛. 牛羊病诊治彩色图谱（第二版）. 北京：中国农业出版社，2010，

[34] 侯从远. 三十多年来我国在羊传染性脓疱口膜炎研究方面的进展情况 [J]. 畜牧兽医杂志，1984，2：41～44

[35] 史宗勇，史新涛，古少鹏等. 羊传染性脓疱研究进展 [J]. 养殖与饲料，2010，11：35～37

[36] 孙德云. 浅析羊口疮病的综合防治 [J]. 草业与畜牧，2010，3：41～42

[37] 卫广森. 兽医全攻略－羊病. 北京：中国农业出版社，2009：128～132

[38] 曹宁贤，张玉焕. 羊病综合防控技术. 北京：中国农业出版社，2008

[39] 钱存忠. 羊场羊病防控技术. 北京：化学工业出版社，2009

[40] 林汉亮，冉多良. 蓝舌病研究进展 [J]. 新疆畜牧业，2008 (1)：4～7

[41] 刘景利，孙建宏，管雪婷等. 蓝舌病研究进展 [J]. 畜牧兽医科技信息，2005，09

[42] 刘淑英，马学恩. 绵羊肺腺瘤病研究进展 [J]. 动物医学进展，2003，24 (1)：19～22

[43] 陆承平. 兽医微生物学. 北京：中国农业出版社，2001

[44] 陈溥言. 兽医传染病学（第5版）. 北京：中国农业出版社，2007：99～101
[45] 刘秉阳. 布鲁氏菌病学. 北京：人民卫生出版社，1989
[46] 何生虎. 羊病学. 银川：宁夏人民出版社，2006
[47] 王建辰，曹光荣. 羊病学（第1版）. 北京：中国农业出版社，2002
[48] 岳文斌，孙效彪. 羊场疾病控制与净化. 北京：中国农业出版社，2001
[49] 张泉鑫，朱印生. 羊病中西医综合防治. 北京：中国农业出版社，2004
[50] 俞乃胜. 山羊疾病学. 昆明：云南科学技术出版社，1999